石油化工施工技术管理及标准应用指南

中国石油化工集团有限公司工程部　编

U0264500

中国石化出版社

内 容 提 要

本书主要介绍石油化工工程建设涉及的土建、钢结构、静设备、储罐、管式加热炉、锅炉、动设备、管道、焊接与热处理、电气、电信、仪表、防腐、防火、绝热、筑炉衬里、吊装运输专业的相关施工技术管理及标准应用等内容。本书由从事施工现场一线管理的技术人员执笔,以专业施工程序为主线,主要针对标准执行上容易产生的问题进行阐述。

本书可作为工程建设现场施工技术人员的工具书,也可供质量监督检查人员和从事工程建设活动的有关管理人员使用,亦可作为大学生入职培训的教材。

图书在版编目(CIP)数据

石油化工施工技术管理及标准应用指南／中国石油化工集团有限公司工程部编 . —北京:中国石化出版社,2020.12
ISBN 978-7-5114-6089-9

Ⅰ.①石… Ⅱ.①中… Ⅲ.①石油化工-建筑工程-工程施工-指南 Ⅳ.①TU745.7-62

中国版本图书馆 CIP 数据核字(2020)第 258696 号

中国石化出版社出版发行
地址:北京市东城区安定门外大街 58 号
邮编:100011 电话:(010)57512500
发行部电话:(010)57512575
http://www.sinopec-press.com
E-mail:press@sinopec.com
北京富泰印刷有限责任公司印刷
全国各地新华书店经销

*

787×1092 毫米 16 开本 17.75 印张 437 千字
2021 年 1 月第 1 版 2021 年 1 月第 1 次印刷
定价:88.00 元

《石油化工施工技术管理及标准应用指南》
编审委员会

编写人员：（按参加编写的篇、章顺序排序）

孙桂宏　　葛春玉　刘小平　董存良　杨荣伟　张永栋

王余来　　石　真　韩新兰　李天栋　韩跟平　居　健

李胜梁　　潘吉龙　唐元生　张胜男　杨　峻　张权发

林志权　　沈美菊　王　娟　胡　伟　江坚平　吕振亮

崔建操

审查人员：李永红　孟德苏　金锦荣　董文寰　翁德斌　肖　然

王孟抚　南亚林　王永红　宋嘎子　马迎宾　胡燕萍

赵小未　牛宗志　邱献文　张奉忠　胡联伟　吕铁英

关慰清

责任编辑：张桂红　李跃进

前　　言

　　近年来工程建设迅猛发展，施工现场点多面广，而现场施工技术人员呈现年轻化现象。技术人员对于数以百计的现行国家标准、行业标准，往往短期难以应对。为提高工程技术人员标准应用水平，满足工程建设施工技术管理的需要，中国石油化工集团有限公司工程部组织中国石化所属宁波工程有限公司、南京工程有限公司、第四建设有限公司、第五建设有限公司和第十建设有限公司编写了《石油化工施工技术管理及标准应用指南》。

　　《石油化工施工技术管理及标准应用指南》以石油化工施工标准为基础，以专业施工程序为主线，对施工技术管理和标准应用进行全面梳理。针对标准执行上容易产生问题的内容进行阐述，介绍标准编制背景及相关执行要求，避免在执行中片面理解和随意使用。

　　本书分为概述和专业技术管理两篇。涵盖了工程建设土建、钢结构、静设备、储罐、加热炉、锅炉、动设备、管道、焊接与热处理、电气、电信、仪表、防腐、防火、绝热、筑炉衬里、吊装运输等专业。每个专业根据各自的特点，列出了本专业常用的法律法规和现行标准，便于使用查阅。

　　《石油化工施工技术管理及标准应用指南》可供工程建设现场施工技术人员使用，也可供质量监督检查人员和从事工程建设活动的有关管理人员使用，亦可作为大学生入职培训的教材。

　　参加本书的编写人员有：孙桂宏（第一篇第一章），葛春玉（第一篇第二章），刘小平（第一篇第三章、第二篇第十章），董存良、杨荣伟（第二篇第一章），张永栋（第二篇第二章），王余来（第二篇第三章），石真、韩新兰（第二篇第四章），李天栋（第二篇第五章），韩跟平（第二篇第六章），居健（第二篇第七章），李胜梁、潘吉龙（第二篇第八章），唐元生、张胜男（第二篇第九章），杨峻（第二篇第十章），张权发、林志权（第二篇第十一章），沈美菊（第二篇第十二章），王娟（第二篇第十三章），胡伟（第二篇第十四章），江坚平（第二篇第十五章），吕振亮（第二篇第十六章），崔建操（第二篇第十七章）。

　　本书的编辑出版，得到了各有关部门和各有关施工企业的大力支持与配合，在此谨表谢意！由于时间紧、内容多，书中难免有疏漏或不妥之处，敬请批评指正。

目 录

第一篇 概述

第二篇 专业技术管理

第一篇　概述

第一章　石油化工工程建设概述

我国石油化工是 20 世纪 50 年代发展起来的，随着科学技术的发展和资源的开发，石油化工已经从传统的以石油和天然气为原料，扩展到以石油、天然气、煤炭、页岩气等为原料生产油品和化工产品的大工业。石油化工包括炼油和化工，炼油以原油为主要原料，通过蒸馏（常、减压蒸馏）、催化裂化、加氢裂化、石油焦化、催化重整以及炼厂气加工、石油产品精制等工艺过程，炼制汽油、煤油、柴油等液体燃料，同时生产润滑油、石蜡、沥青、油焦等石油产品，并为化学工业提供原料。化工是以原油、天然气、煤炭、页岩气等为原料，通过一定的工艺过程生产化学产品的工业，主要产品有基本有机原料（乙烯、丙烯、丁二烯、芳烃等）、合成树脂（聚乙烯、聚丙烯、聚苯乙烯、聚氯乙烯、ABS 等）、合成橡胶（丁苯橡胶、顺丁橡胶、丁腈橡胶、氯丁橡胶、乙丙橡胶等）、合成纤维原料（精对苯二甲酸、乙二醇、丙烯腈、己内酰胺等）。石油化工工程建设就是通过工程设计、制造、施工等环节，建成特定装置、实现相应工艺过程的全部活动。

第一节　石油化工工程建设特点

石油化工工程建设是伴随着石油化工产业的出现而发展的，因此，石油化工工程建设的特点和石油化工的特点是密切联系的。

第一，石油化工工艺过程复杂。石油是多种碳氢化合物组成的复杂混合物，要将其中不同物质分离出来，可以采用物理方法；要将其中大分子物质生成小分子燃料或原料，又必须采用化学方法。由于生成物多种多样，同时技术的不同带来工艺参数、生产方法和产品的多样性、复杂性，表现在工程建设上就是设备种类多，包括反应类设备、分离类设备、换热类设备、储存类设备以及各种转动设备。由于工艺过程复杂，存在高温、高压、有毒、易燃易爆等因素，工程上使用的材料也会有很多种类，既有常见的碳钢、合金钢、不锈钢，也有镍基合金钢、钛材、锆材等特种金属材料以及非金属材料等。从工程施工角度表现为专业分工多，主要专业有土建、钢结构、设备、管道、电气、仪表、防腐防火绝热、焊接、吊装和运输等。

第二，石油化工装置的大型化、综合化。随着工业产品需求量的增加，石油化工工程建设规模不断增大，单系列装置规模不断刷新。常减压蒸馏装置规模达到 10Mt/a，重油催化裂化装置规模达到 5Mt/a，加氢裂化装置规模达到 4.5Mt/a，乙烯装置规模达到 1.5Mt/a，这对工程建设能力提出了新的要求。随着设备增大，吊装能力需随之提高，目前国内石化工程建设流动式起重机吊装能力已达到 4000t。由于受运输条件的限制，很多大型设备需要现场组焊。由于设备布置紧凑，使得施工作业空间受到限制，很多设备需要采用模块化施工形式，在预制场地预制成模块，然后现场组装。

第三，石油化工一体化是炼化企业发展的大趋势。通过装置优化组合，进一步提高效率，降低成本，提高安全性，从而增强竞争力。这就要求石油化工一体化工厂装置的联动操作更加严密，各装置之间生产相应配套，控制系统更加先进，并进一步朝着智能化发展，当前新建装置均实现了远程自动化控制和集成控制。在工程施工中表现为专业施工难度和复杂程度更大，技术含量更高。

第四，石油化工工程建设具有高危险性。现场高空作业、交叉作业、受限空间作业多，存在有毒有害、易燃易爆和高温高压环境，同时施工程序复杂多样、质量要求高、安全管理难度大，给工程建设施工管理提出了更高的要求。

第五，石油化工工程建设生产组织形式多样化。石油化工工程建设程序包含工程项目的立项、勘察设计、采购、施工、试生产和竣工验收等阶段，各阶段工作应遵循相应的制度和标准。目前石油化工工程实施过程的主要管理模式有三种，即项目一体化管理模式、EPC总承包模式和建设单位直管模式。

项目一体化管理的执行权由建设单位授予，管理单位代表建设单位对项目的整体规划、项目进度、工程招标、质量安全检查和后续验收工作进行全面管理。

EPC总承包模式即建设单位通过相应的招投标，选择具备一定能力的总承包单位，委托该单位对整个建设过程中的勘察、设计、采购、施工等进行承包。

建设单位直管模式指的是建设单位成立项目部，委托勘察单位、设计单位、监理单位和施工单位开展相应的工作。

第二节　主要石油化工装置简介

炼油装置主要有常减压装置、催化裂化装置、催化重整装置、加氢裂化装置和延迟焦化装置等；化工装置主要有乙烯装置、聚乙烯装置、聚丙烯装置、合成橡胶装置、芳烃联合装置、环氧乙烷/乙二醇(EO/EG)装置、煤气化装置和甲醇制烯烃(MTO)装置、空分装置等。

一、常减压装置

常减压装置通常指常压蒸馏和减压蒸馏装置。它是通过精馏过程，在常压和减压的条件下，根据各组分相对挥发度的不同，在塔盘上气液两相进行逆向接触、传质传热，经过多次汽化和冷凝，将原油中的汽油、煤油、柴油分馏出来，生产合格的汽油、煤油、柴油、蜡油及渣油等。常减压蒸馏基本上属物理过程。常减压蒸馏又被称为原油的一次加工，包括三个工序：原油的脱盐脱水、常压蒸馏、减压蒸馏。

常减压装置的关键设备包括加热炉、常压塔、减压塔、脱盐罐、换热器、塔底泵。施工重点和难点有常压塔、减压塔现场吊装、加热炉的制作安装等。

二、催化裂化装置

催化裂化是最重要的石油炼制过程之一。主要原料为重质馏分油、脱沥青渣油、常压渣油或减压渣油，原料在高温和催化剂的作用下发生裂化反应，转变为裂化气、汽油和柴油等的过程。催化裂化作为生产燃料和提供部分低碳烯烃的主要工艺，是炼油企业最主要的原油二次转化和重油深度加工工艺。在反应过程中由于不挥发的类碳物质沉积在催化剂上，缩合为焦炭，使催化剂活性下降，需要用空气烧去，以恢复催化活性，并提供裂化反应所需热量。

催化裂化装置的关键设备包括反应器、再生器和分馏塔等。施工重点和难点有两器的现场组装、合金钢管道焊接、主风机组安装等。

三、催化重整装置

催化重整是在催化剂的作用下，汽油馏分中的烃类分子结构重新排列成新的分子结构的过程，它是生产芳烃和高辛烷值汽油组分的主要工艺方法。重整的反应温度为 $490 \sim 525\text{℃}$，反应压力为 $1 \sim 2\text{MPa}$。重整过程中的副产物氢气可作为炼油厂加氢操作的氢源。

催化重整装置的关键设备包括反应器、加热炉和氢气压缩机等。施工重点和难点有四合一加热炉安装、反应器安装、循环压缩机组安装等。

四、延迟焦化装置

延迟焦化是以贫氢的重质油为原料，在约 500℃ 高温下进行深度的热裂化和缩合反应，生产汽油、柴油、蜡油和焦炭的技术。延迟焦化是指将焦化油（原料油和循环油）经过加热炉加热迅速升温至焦化反应温度，不在加热炉管内发生焦化，而进入焦炭塔后再进行焦化反应的一种半连续工艺过程。一般为一炉二塔或二炉四塔，加热炉连续进料，焦炭塔轮换操作。残留在焦炭塔中的焦炭以钻头或水力除焦卸出，焦炭塔恢复空塔后再进热原料。

延迟焦化装置的关键设备包括加热炉、分馏塔、焦炭塔和原料缓冲罐等。施工重点和难点有焦炭塔现场制造安装、除焦设备安装、合金钢管道焊接等。

五、加氢裂化装置

加氢裂化是在较高的压力和温度（操作压力 $6.5 \sim 13.5\text{MPa}$，操作温度 $340 \sim 420\text{℃}$）下，重质油在催化剂作用下与氢气发生加氢、裂化和异构化反应，转化为轻质油（汽油、煤油、柴油或催化裂化、裂解制烯烃的原料）的加工过程。加氢裂化由于氢的存在，原料转化的焦炭少，可除去有害的含硫、氮、氧的化合物，产品收率较高，质量好。

加氢裂化装置的关键设备包括加氢反应器、高压换热器、高压空冷器、高压分离器、反应加热炉、新氢压缩机、循环氢压缩机、自动反冲洗过滤器等。施工重点和难点有反应器吊装、高压合金管道安装、压缩机组安装。

六、乙烯装置

以直馏石脑油、重石脑油、加氢尾油、加氢裂化石脑油以及 C_5/C_6 组分、C_3/C_4 液化气、乙烷、丙烷等为原料，通过裂解炉高温裂解，得到粗裂解气（即：氢气、甲烷、乙烯、乙烷、丙烯、丙烷、丁二烯、裂解汽油、裂解燃料油等组分的混合物），然后经废热锅炉急冷、油冷、水冷至常温，经压缩机多段压缩，逐段冷却和分离除去重烃、水，再经碱洗去除酸性气体得到精裂解气；精裂解气经脱水、深冷、加氢和精馏等分离工序，获得高纯度的乙烯、丙烯，同时得到氢气、甲烷、液化石油气、混合 C_4 馏分及裂解汽油等副产品。

乙烯装置中的关键设备包括裂解炉、三机组（乙烯压缩机、丙烯压缩机、裂解气压缩机)、利弗拉阀以及急冷塔、丙烯塔、乙烯塔等大型塔类设备和冷箱、低温罐组等贮存设备。施工重点包括裂解炉安装、大型压缩机组安装调试、大型塔类设备(内件)安装、高温高压厚壁合金钢管道施工，以及设备及管道的保冷保温等。

七、芳烃联合装置

芳烃联合装置包括芳烃抽提、精馏、歧化、异构化以及吸附分离等单元，主要原料为重整油，通过芳烃抽提萃取出混合芳烃，其主要成分为苯、甲苯、对二甲苯、邻二甲苯及间二甲苯等，再经精馏单元对混合芳烃进行分馏，其中苯、甲苯等芳烃通过烷基化反应生成混合二甲苯，混合二甲苯经歧化反应生成对二甲苯，对二甲苯生成物经吸附塔进一步分离出高纯度对二甲苯。

芳烃联合装置的关键设备包括吸附塔、二甲苯塔、塔底泵、加热炉等。施工重点和难点有二甲苯塔现场组装制造、吸附塔内件安装及吸附剂装填、加热炉安装、压缩机组安装等。

八、环氧乙烷/乙二醇(EO/EG)装置

环氧乙烷/乙二醇(EO/EG)装置是以乙烯以及空分装置的氧气为原料，将乙烯氧化生成环氧乙烷，并进一步水合生成乙二醇。EO/EG 装置主要生产单元包括：环氧乙烷反应单元、CO_2 脱除单元、环氧乙烷汽提与再吸收单元、环氧乙烷精制单元、乙二醇反应单元、乙二醇多效蒸发单元、乙二醇和多乙二醇精制单元。

EO/EG 装置的关键设备包括环管反应器、压缩机、大型塔器等。施工重点和难点有大型设备吊装、大型机组安装、氧气管道施工等。

九、煤气化装置

煤气化装置是以煤为原料，与高纯度氧气在高温高压下发生非催化部分氧化(气化)反应，生成粗合成气的装置。按照煤进料方式，煤气化可以分为气流床气化、碎煤加压气化和循环流化床气化。以气流床煤气化装置激冷流程为例，煤气化装置由原料煤制备(备煤单元)、煤加压输送、煤气化及合成气激冷洗涤、除渣、灰水处理单元组成。煤经加压输送至气化炉内发生高温气化反应，生成1500℃以上的高温合成气及熔渣，随后经激冷后形成粗合成气，温度降低再经进一步除灰后送至下游变换装置。激冷后形成的粗渣经渣锁斗排出。洗涤合成气的黑水和灰水经液固分离、澄清后返回高压系统，用于合成气激冷和洗涤，分离的固态滤饼送出装置。

煤气化装置的关键设备包括气化炉、合成气冷却器、煤处理设备等。施工重点和难点有气化框架的混凝土施工和钢框架施工、大型设备和大型钢结构框架的吊装、合金钢管道安装、氧气管道安装等。

十、甲醇制烯烃(MTO)装置

甲醇制烯烃(MTO)装置以煤或合成气制成的甲醇为原料，在高温环境下经催化剂作用制成乙烯、丙烯等烯烃产品，包括甲醇制烯烃和轻烯烃回收两个单元。甲醇自原料罐预热后，进入甲醇进料闪蒸罐，从进料闪蒸罐出来的甲醇蒸气经中压蒸汽进一步加热成为过热甲醇蒸气，再进入反应器进行反应，反应生成气经旋风分离器除去所夹带的催化剂后引出，经

换热器降温后，送至急冷塔，从急冷塔顶部出来的气体混合物进入产品分离器，从产品分离器出来的烯烃产品送至烯烃分离单元进行压缩、分馏和提纯。

甲醇制烯烃(MTO)装置中的关键设备为反应–再生器、大型压缩机组、大型塔器等，施工重点和难点为大型设备吊装，大型设备现场组焊以及大型压缩机组安装等。

十一、空分装置

空气分离装置是指将原料空气中的氧、氮、氩等组分进行分离的生产装置，简称空分装置。它是利用空气中各组分物理性质的不同，采用深度冷冻、吸附、膜分离等方法从空气中分离出氧气、氮气，同时提取氩、氦、氖、氙等稀有气体。大型空分装置通常采用深度冷冻法将空气冷凝成低温液体，按照空气中各组分蒸发温度的不同将所需产品分别从空气中分离。空分装置主要由动力系统、预冷系统、纯化系统、制冷系统、热交换系统、精馏系统、产品输送系统、液体贮存系统等组成。

空分装置关键设备包括冷箱系统、空气压缩机组、氮气压缩机组等。施工重点和难点为机组安装、冷箱系统安装和氧气管道安装等。

第二章 石油化工工程建设标准化

第一节 行业概述

我国石油化工工程建设行业标准起步于 20 世纪 50 年代，石油部规划设计院组织编制炼油工程标准(SYJ)，石油部批准发布。中国石油化工总公司于 1983 年成立，开始组织编制中国石油化工总公司工程建设标准(SHJ)。1988 年颁布了《中华人民共和国标准化法》，中国石油化工总公司工程建设标准改为石油化工行业标准(SH)，标准的立项、审批、发布和管理由中国石油化工总公司负责。

1998 年国务院实施机构改革，中国石油化工总公司重组为中国石油化工集团公司，取消了其政府职能，石油化工行业标准的审批和发布等职能由国家石油和化学工业局管理。石油化工行业标准的立项计划、编制组织等工作则由中国石油化工集团公司工程建设管理部(现名为工程部，同属集团公司和股份公司)归口管理。2000 年国家石油和化学工业局撤销后，石油化工行业标准的立项、审批和发布等职能划归国家经济贸易委员会管理；2003 年国家经济贸易委员会撤销后，划归国家发展和改革委员会管理；2008 年工业和信息化部成立后，划归工业和信息化部管理。30 多年来，无论国家主管部门的工作职能发生怎样的变迁，专业技术基础工作始终持续有效进行，形成了系统配套的标准体系，为石油化工工程建设提供了有力的技术支撑。

我国石油化工工程建设国家标准起步于 20 世纪 70 年代。1978 年，编制完成了国家标准 YHS 01《炼油化工企业设计防火规范》；1984 年，编制完成了 GB 50074《石油库设计规范》，并经 2014 年完成修订版；1992 年，编制完成了 GB 50160《石油化工企业设计防火规范》，并于 2018 年公告发布其局部修订版；2002 年，修订完成了国家标准 GB 50156《汽车加油加气站设计与施工规范》等。

截至 2019 年底，中国石油化工集团有限公司负责起草、制定了石油化工工程建设现行国家标准 53 项、行业标准 322 项、集团公司企业标准 212 项。近年来，一批具有较大影响力的标准发布实施，如国家标准 GB/T 50484《石油化工建设工程施工安全技术标准》、GB 50798《石油化工大型设备吊装工程规范》、GB/T 51296《石油化工工程数字化交付标准》等，行业标准 SH 3501《石油化工有毒、可燃介质钢制管道工程施工及验收规范》、SH/T 3503《石油化工建设工程项目交工技术文件规定》、SH/T 3567《石油化工工程高处作业技术规范》等。石油化工国家标准、行业标准(工程建设施工)现行目录见附录一。这些标准的发布实施，不仅有利于保证石油化工工程安全和工程质量，也为相应专业工程建设、安全监管提供了技术依据。

第二节 石油化工工程建设标准体系

1. 目的及原则

石油化工工程建设标准体系，是指导当前和今后一定时期内标准制定、修订和科学管理的基本依据，可促进工程建设标准化的改革与发展，提高标准化管理水平，减少标准之间的重复与矛盾，确保标准制修订工作的最佳秩序。标准体系的制定运用系统分析的方法，以合理的资源投入获得最大标准化效果。

2. 标准体系总体构成

《工程建设标准体系（石油化工部分）》是由综合、工艺系统与工厂设计、静设备工程、工业炉工程、机械设备工程、总图运输工程、管道工程、自控工程、电力电信工程、土建工程、储运工程、粉体工程、给水排水工程、消防工程、环境工程、安全工程、工程抗震减灾、施工技术规程、工程信息技术应用等 19 个标准分体系组成，其中，综合标准是石油化工工程建设中涉及多专业共同遵守的标准。标准体系结构示意见图 1-2-1。

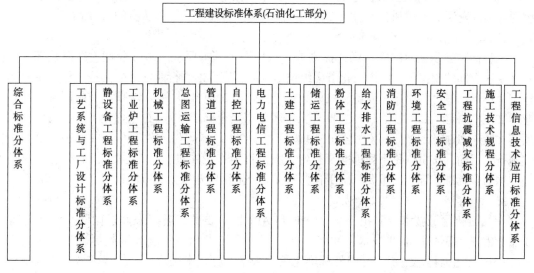

图 1-2-1 标准体系结构图

3. 标准体系体现的重点

标准体系规划了未来 10 年内待制定的标准和近 3 年需要修订的标准，加强了标准计划性，也适应了标准化管理体制和运行机制的改革需要，并侧重于以下内容：

（1）适应产业发展的需要，更加贴近生产、贴近实际、贴近市场。

（2）标准分体系覆盖了石油化工工程建设主要专业，体现了专业技术水平。

（3）增加了能源、健康、安全与环保项目，适应石油化工工程建设发展的需要。

（4）适应新技术的发展，推广了新技术、新工艺、新材料和新设备的应用。

4. 标准体系中标准数量

标准体系所列入的标准应随产业发展进行动态调整。截至 2019 年底，《工程建设标准体系(石油化工部分)》所列标准共 531 项，其中现行国家标准和行业标准 369 项，在编标准 80 项，待编标准 82 项。

第三节　石油化工工程建设标准国际化

随着我国工程建设飞速发展，在政府倡导的"走出去"和"引进来"的发展要求下，石油化工行业利用"一带一路"契机，把握"一带一路"国家的经济发展需要，强化中国工程建设标准体系建设，加快其国际化进程，以促进"走出去"，特别是加快了走向"一带一路"沿线国家和地区的步伐。

1. 建立"国外标准信息库"

2006 年起已连续 14 年，中国石化建立了"国外标准信息库"(简称"外标库")。外标库具有标准信息全面系统、更新及时、查询方便、使用面广等特点，有效地解决了集团公司各单位在获取国外标准时分散收集、分别投入、资源不能共享等问题。外标库订阅范围涵盖了美国机械工程师学会(ASME)、美国国家防火协会(NFPA)、美国石油学会(API)等常用国外标准，以及UOP 标准和美国材料试验协会标准(ASTM)等标准化组织近 14 万项标准。为工程技术人员利用国外标准资源提供便利，有力地支持了中国石化工程建设和工程队伍的"走出去"。

2. 工程标准逐步推向国际市场

工程标准逐步推向国际市场，提供英文版标准是基本要求。2012 年起，在财政部、住房和城乡建设部的支持下，中国石化着手组织本领域国家标准和行业标准的翻译工作。主要涵盖建筑、环保、电力、储运、设备、机械等专业，截至 2019 年共完成 57 项英文版国家标准和行业标准(英文标准目录见附录二)。此外，集团公司企业标准《中国石化炼化工程建设标准》212项英文版于 2009 年 12 月由集团公司(中国石化科〔2009〕651 号)文件发布，自 2010 年 3 月 1 日起施行。目前，该批炼化系列标准及其英文版修订工作正在进行。"英文版"的编制完成是推进中国石化标准国际化的重要基础工作，对提高企业国际竞争力具有深远意义。

3. 参与国外标准化组织活动

中国石化领域技术专家担任了 ASME 和 API 技术委员，近年来通过国际交流活动有利于了解和掌握国外标准和技术，并将中国工程建设技术和经验融入国外标准中。2019 年 7月，中国石化工程部组织召开国外标准化组织来华专题技术交流会，住房和城乡建设部标准定额研究所和相关行业代表应邀出席，行业技术骨干 50 多人参加了会议。国外专家主要介绍 ASME、ASTM、API 等国际标准与法规的关系，以及美国法规、标准的管理情况等，使我们更好地了解国外法规和标准管理现状，为全文强制规范研编提供参考。这些活动促进了石化工程建设标准的国际化，引领了相应工程技术的发展。

4. 完成《中国标准外文版工作现状调查(石油化工部分)》

配合住房和城乡建设部标准定额研究所进行了中国石化涉外项目调研工作，完成了《中国标准外文版工作现状调查(石油化工部分)》。调研涉及中国石化承担的美国、沙特、马来西亚、泰国、哈萨克斯坦、俄罗斯等国家的工程项目，这些项目除按照国际惯例采用了ISO、IEC、ANSI、ASME、API、NACE 等国际标准外，部分项目还采用了中国标准。结合海外工程承包项目，推广中国标准，以中国标准"走出去"，带动我国的产品、技术、装备、服务"走出去"。

第四节　石油化工工程建设标准化改革

1. 标准体制改革要求

针对目前国家深化标准化改革后，全文强制规范将形成我国技术法规，成为全社会共同遵守的基本要求，也是政府监管工程建设的底线要求。全文强制规范的编制，正在住房和城乡建设部统一规划下进行。因为具有开创性，先从研编开始，探索积累经验，再转入正式编制。国家标准和行业标准等政府标准，作为推荐性标准，将与全文强制标准相配套，侧重于保基本、兜底线。

（1）全文强制规范研编工作。在住房和城乡建设部、工业和信息化部指导下与各相关行业共同研编。石油化工行业共承担《炼油化工工程项目规范》《炼油化工辅助设施通用规范》《地下水封洞库项目规范》《石油库项目规范》《汽车加油加气站项目规范》《工业电气设备抗震通用规范》等6项研编任务。经过一年多的努力，经历研编草案的前期准备、中期评估和征求意见，现在已全部顺利通过了研编成果验收。根据验收结果，除《炼油化工辅助设施通用规范》合并于《炼油化工工程项目规范》外，《炼油化工工程项目规范》等5项已列入正式编制计划。

（2）现行推荐性国家标准和行业标准，面临修订调整。推荐性国家标准《石油化工工程术语标准》等基础标准，作为全文强制标准的支撑，由中国石化工程建设有限公司作为第一起草单位正在进行编制。

2. 石油化工工程建设施工标准体系

石油化工标准由国家标准、行业标准和企业标准三个层级构成，现行工程建设国家标准和行业标准近百项（标准目录见附录一）。按照标准改革的新要求，施工标准体系也在进行精简、整合，梳理体系所遵循的原则是：将涉及工程施工、工程监理和质量监督、工程建设等多方共检要求的标准，继续保留在国家标准、行业标准层面，作为政府标准；而将只限于施工企业应用的标准，涵盖内容主要涉及施工工艺、施工程序和方法等的行业标准，从政府层面转化为市场层面，如企业标准等，并根据产业发展需求，提出年度企业标准立项计划。

行业标准经体系梳理，拟转化为企业标准的有22项。2019年，经中国石化集团有限公司批准列为企业标准项目计划16项；2020年经（集团工单科〔2020〕3号）文件批准，又有2项行业标准转化为集团公司企业标准。同时，行业标准也在进一步优化，形成一体化标准，即设计、制造和施工内容体现在一本中。这类标准占比呈上升趋势，也更加适合国际通行惯例。集团公司企业标准体系也在优化发展，适应今后以市场自主制定标准为主的发展趋势。目前，积极联合相关社会团体，为形成团体标准进行技术储备。

长期以来，特别是改革开放后，石油化工工程建设标准支撑、引领了石油化工工程建设发展。随着"一带一路"倡议的深入实施和石油化工行业世界一流科技创新体系的建设，结合新的《中华人民共和国标准化法》的实施，对标准体系建设提出了新的要求。标准化工作更要以创新性思维、国际化理念为驱动，建设科学、完善的工程建设标准体系，提高石油化工工程建设技术水平。

第三章 施工技术管理

施工技术管理在工程建设中占有重要地位，其任务是正确制定施工技术方案，合理安排施工工序，提供全面的技术工作依据，确保工程施工符合设计文件、相应标准和合同的规定，满足安全、质量、进度和费用等要求。

施工技术管理主要包括施工技术管理体系、施工技术管理责任制、施工前技术准备、施工过程技术管理以及交工技术管理等内容。

锅炉、压力容器、压力管道、起重机械、电梯等特种设备安装的技术管理还应执行特种设备安全技术监察机构的规定。

第一节 施工技术管理体系建设

施工技术管理体系是施工单位内部建立的，主要由技术管理组织机构、人员、职责、运行四个基本要素组成的有机整体。

一、技术管理体系组织机构及人员构成

（1）施工单位层面技术管理体系实行公司总经理领导下的公司技术负责人（总工程师）负责制，由公司技术负责人（总工程师）、技术部负责人等组成。

（2）施工单位成立以公司技术负责人（总工程师）为核心的技术委员会，负责审议和决定公司的科学技术发展战略和重大技术问题。

（3）施工单位技术管理一般实行公司、项目部分级技术管理，各级技术负责人对本单位技术工作负管理责任。在技术工作上，下级技术负责人受上级技术负责人领导。施工项目应成立技术部门，按照公司的技术管理制度，结合项目的实际情况，开展技术管理工作。

（4）施工项目应建立质量管理体系，根据需要建立特种设备安装质量保证体系。项目技术人员是上述体系人员的主要组成部分。项目技术部门对项目质量体系中的技术系统负有部署、执行、督促、检查等管理责任。项目技术人员除了完成技术管理工作外，还应按照相关质量体系的要求和 SH/T 3508—2011《石油化工安装工程施工质量验收统一标准》、SH/T 3500—2016《石油化工工程质量监督规范》等质量标准的要求，进行质量管理工作，如在项目质量策划时，参与确定工程项目单位工程、分部分项工程的具体划分。

二、技术管理体系岗位责任制

1. 公司技术负责人（总工程师）

（1）负责组织建立本单位技术管理体系，落实技术负责人（总工程师）负责制。

（2）主持制定本单位技术体系管理制度，并付诸实施；督促技术管理部门对实施情况进

行跟踪管理。

（3）按分工和受委托组织或参与重大项目、技术改造、技术引进、重大技术开发的前期论证，提出决策建议。

（4）负责组织重大项目装备、软件引进的技术论证。

（5）负责组织公司级技术方案评审。

（6）负责组织技术人才的策划、培育和评价工作，组织开展工程技术人员的职称评审工作。

（7）主持本单位技术管理会议。

2. 项目技术负责人（总工程师）

（1）参加组建项目技术管理系统，审核项目技术人员的需求计划；根据本单位技术管理制度和本工程的具体情况，组织编制实施细则和相关的管理制度、计划，并督促贯彻执行。

（2）组织项目专业之间图纸核查，参加图纸会审和设计交底。

（3）参与施工组织设计编制。

（4）审批项目一般技术方案，审核项目专项技术方案、重大技术方案，组织重大技术方案的交底；审核工程联络单。

（5）定期组织项目技术检查，有权停止违纪作业的行为，并对违纪作业提出处理意见。

（6）负责项目部对外对内的技术联络、协调，参与组织编制项目施工进度计划；及时解决项目工程中遇到的关键技术问题。

（7）检查指导项目技术体系人员的工作。

（8）参加对分包施工单位的资质及其质量管理、技术管理体系的考核；参加对分包合同的审查；督促项目技术部门对分包工程技术活动进行监控。

（9）负责本项目部科技进步工作的组织实施，负责审定项目所使用标准的有效性。

（10）负责组织项目施工技术文件和交工技术文件的编制，对施工和交工技术文件编制的准确性和资料移交的及时性负责。

（11）负责组织编制项目技术总结，协助项目经理对项目及时做出技术经济分析与评价。

3. 项目专业工程师

（1）贯彻执行公司和项目部的技术管理制度。

（2）参加施工组织设计编制工作，并按批准的施工组织设计开展专业工作。

（3）负责本专业施工技术方案的编制、交底、实施监督；负责本专业施工的变更、签证管理工作。

（4）组织对本专业施工图纸的核查；参加本专业与相关专业间的图纸核查；参加设计交底。

（5）协助控制工程师编制本专业施工进度计划；监督现场设备、材料检验和试验工作；审核本专业用料计划和材料请购计划。

（6）现场检查技术工作；参加停检点和共检点的检查；发现和解决施工中的技术问题；纠正或制止施工违规现象，重大问题及时汇报。

（7）对分包施工单位进行现场施工技术指导，对质量进行监督和检查。

（8）对班组施工安全技术和环境保护技术工作负责。

（9）组织提出本专业技术创新的实施计划，并负责实施。

（10）负责本专业施工记录和验收记录的收集，同步整理本专业施工技术文件和交工技术文件。

（11）负责编制本专业施工技术总结。

三、技术管理体系运行机制

1. 技术管理流程

需要公司技术负责人（总工程师）审定的各类事项，由主办单位（部门）履行相应审核、会签程序，报公司技术负责人（总工程师）审议、签字确认后方可发出。

2. 技术管理体系建立

施工单位所属项目部均应建立技术管理体系，各项目均应任命技术负责人（总工程师）。

公司技术部门定期发布公司技术体系表，明确当前公司技术体系框架和相关技术负责人。

3. 技术会议组织

公司各级技术系统应定期或不定期召开各级技术工作会议（如：公司技术工作会议、技术负责人工作例会、技术工作月例会、公司科学技术委员会专题技术研讨会等），传达上级技术部门工作要求，通报前期技术工作任务落实情况，研究存在的困难和问题，交流技术管理工作经验，布置今后技术管理工作任务。

4. 技术工作汇报制度

为了使公司技术负责人（总工程师）及时、准确了解各单位、各项目的技术信息，掌握公司技术体系运行状况，公司各级技术体系人员应定期向上级技术部门提交工作情况信息。

5. 技术体系运行考核评价

上级技术部门通过监督检查和信息反馈掌握下级单位技术体系运行情况和各项技术工作完成情况，并对各单位进行技术考核。

第二节 施工准备阶段技术管理

技术准备是施工准备的核心，通过详细而充分的技术准备工作，使工程开工后能有条不紊地顺利进行。

一、项目部技术人员配备

（1）项目技术体系负责人和各专业技术人员应配备齐全并到岗到位。

（2）技术人员的数量应与专业工程需要相匹配。

（3）对项目技术人员进行必要的技术管理、专业技术培训和能力评价。

二、技术标准、资料准备

（1）项目技术负责人（总工程师）组织各专业技术人员，根据项目合同、设计文件和公司发布的最新技术标准有效目录清单，提出本项目施工需要的各专业标准的有效清单，进行配备。

（2）收集当地政府对建设工程颁布的相关管理规定和施工记录表格。

（3）收集建设单位和总承包方提供的相关技术资料。

三、现场核对

（1）在施工组织设计编制前，应了解工程规模、主要工作量、工程特点、技术难点以及设计进度、设备材料到货进度等情况。

（2）必要时进行现场查看。

（3）根据已掌握的工程设计情况及技术要求，必要时组织技术人员调研或在关键设备出厂前到制造厂检查验收。

四、项目技术工作计划

项目技术负责人（总工程师）应根据工程具体情况，分阶段组织编制项目技术工作计划，以指导整个项目的技术工作。项目技术工作计划包括但不限于以下内容：

（1）施工组织设计和施工技术方案编制计划；

（2）技术工作例会制度；

（3）技术工作报告制度；

（4）技术攻关计划、工法编制计划；

（5）必要的技术培训、调研计划；

（6）施工过程和交工技术文件编制计划；

（7）施工技术总结编制计划。

五、施工图纸等技术文件管理和发放

技术文件（包括施工图纸、设计变更通知单、施工组织设计、施工技术方案、工程联络单、随机资料等）的接收和发放都应建立台账，按照项目规定签字发放；技术文件的版次变更后，应及时回收作废版本的文件，并根据需要保存或作废处理。

（1）根据合同规定，从建设单位、设计或总承包单位领取规定份数的施工图纸，并由项目资料人员按照施工图纸管理规定进行登记发放；原则上，不是施工蓝图不应作为施工依据，除非施工白图上已有设计签章或有建设单位等相关方的书面要求。

（2）施工组织设计和施工技术方案的管理应符合本节"八、施工技术文件管理"的要求。

（3）设计变更通知单应有设计人员和设计总代表的两级签字并加盖设计专用章方为有效，并由项目技术负责人（总工程师）审核后，项目资料人员负责下发。

（4）当发生下列情况之一时，项目部应及时办理工程联络单：

① 设计文件本身存在错误；

② 设计文件与项目实际情况不符；

③ 施工条件发生变化，导致原设计无法实施；

④ 第三方提供的设备、材料的规格、品种、数量、质量不符合设计和标准要求；

⑤ 项目部提出的合理化建议。

（5）工程联络单应由项目专业工程师提出，经项目技术负责人（总工程师）审核后方可

对外送交。工程联络单应详细反映工程施工的变更部位和变更内容；工程联络单反映事项应经设计认可方可施工。

六、施工图纸核查和会审

（1）施工图核查由施工单位组织，图纸会审由建设/监理单位组织。施工图核查和图纸会审应在设计交底之前完成，分批到货的图纸分别组织进行会审。

（2）施工单位专业图纸核查由专业工程师组织，技术人员等参加；专业之间的图纸核查由项目技术负责人（总工程师）组织，相关专业工程师、技术员及相关部门人员参加。

（3）施工图核查后应及时填写核查记录，记录表见 SH/T 3543-G110。

（4）组织项目部相关人员参加图纸会审。

（5）施工图核查主要内容包括：

① 专业图纸核查应领会设计意图，明确施工阶段执行的标准和施工技术要求。核查时要注意鉴别设计选用的标准的适用性。

② 对照设计文件目录核查设计图纸是否缺少，根据施工工序核查相关图纸是否齐全。图纸上设计的设、校、审签字和设计资格印章是否完备。

③ 核查设计是否符合国家有关技术法规、标准规定，图纸的范围和设计深度能否满足施工需要。

④ 设计采用的"四新"技术在施工技术、机具和物资供应上有无困难，构件划分和加工要求是否在施工能力范围之内，是否适应合理的预制和安装分离施工的需要。

⑤ 材料表中给出的数量、材质以及尺寸与图面表示是否相符，是否满足施工需要。

⑥ 设计图纸上结构、基础的尺寸、方位、标高是否有差错，是否相互碰撞。

⑦ 有关联的施工图之间的尺寸、标高和接线等有无矛盾，图纸说明是否一致。

⑧ 设备布置及构件尺寸能否满足其运输及吊装要求。

⑨ 扩建工程的新老系统之间的衔接是否吻合，施工过渡是否可能，除按图面检查外，还应按现场实际情况校核。

（6）专业之间施工图核查主要内容：

① 对各专业之间的设计是否协调进行核查。如设备外形尺寸与基础设计尺寸、土建和安装对建（构）筑物预留孔洞及预埋件的设计是否冲突；设备与系统连接部位、管道之间、电气与仪表之间相关设计等是否冲突。

② 一项工程分别由多个施工单位施工的，由项目部负责组织对各施工单位结合部分的相关内容进行重点核查。

七、设计交底

（1）设计交底应在工程开工之前进行，由建设单位组织，监理单位、项目部技术、质量、工程、供应、经营等部门有关人员参加。

（2）在设计图纸分批交付的情况下，设计交底可分批进行。

（3）设计单位对设计意图、工程特点、采用标准、施工（制造）重点和关键质量要求等进行交底，并对图纸会审提出的问题进行答疑。

（4）设计交底完成后，由组织单位整理设计交底纪要，经参会各方签字确认后发给参加交底的相关单位，并作为施工依据。

（5）未经图纸会审和设计交底的工程不得施工。

八、施工技术文件管理

施工技术文件是施工单位编制的、用以指导工程施工的技术类文件总称。施工技术文件的管理应执行 SH/T 3550 –2012，其中专项施工技术方案的管理还应符合住房和城乡建设部 2018 年 3 月 8 日下发的《危险性较大的分部分项工程安全管理规定》（建设部 37 号令）以及 2018 年 5 月 22 日下发的"关于实施《危险性较大的分部分项工程安全管理规定》有关问题的通知"（建办质〔2018〕31 号）。

施工组织设计和施工技术方案经施工单位内部审批，报建设单位/监理单位批准后实施。

特种设备安装前，项目部还应向当地特种设备安全技术监察机构履行告知手续。

施工技术文件应数据准确、技术先进、经济合理。

1. 施工技术文件组成

（1）施工技术文件主要包括施工组织设计、施工技术方案及施工作业指导书。

（2）施工技术文件的分类如下：

① 施工组织设计、专项施工组织设计；

② 重大施工技术方案、专项施工技术方案及一般施工技术方案；

③ 施工作业指导书。

2. 施工技术文件适用范围

（1）对新建、改建、扩建及检修改造的建设工程项目，应编制施工组织设计，并宜按施工项目单独成册。当承建的建设工程项目由多个单项工程组成时，可编制施工组织设计综合册与单项工程分册；经建设/监理单位同意后，独立承建的建筑、安装单位工程和检修改造工程，依工程规模，可不编制施工组织设计，但应编制施工技术方案。

（2）按照 SH/T 3550 编制专项施工组织设计、重大施工技术方案。

（3）结合 SH/T 3550 和下列情况编制专项施工技术方案：

① 开挖深度超过 3m（含 3m）的基坑（槽）的土方开挖、支护、降水工程；

② 搭设高度 5m 及以上，或搭设跨度 10m 及以上，或施工总荷载 $10kN/m^2$ 及以上，或集中线荷载 $15kN/m$ 及以上，或高度大于支撑水平投影宽度且相对独立无联系构件的混凝土模板支撑工程；

③《危险性较大的分部分项工程安全管理规定》（建设部 37 号令）规定的其他工程。

（4）超过一定规模的危大工程（范围见《危险性较大的分部分项工程安全管理规定》）专项施工技术方案应组织专家论证。

（5）重大施工技术方案和专项施工技术方案以外的工程施工应编制一般施工技术方案。

（6）施工作业指导书的编制计划应在施工技术方案中予以明确。

3. 施工技术文件编审要求

（1）施工组织设计及专项施工组织设计应由施工单位项目经理组织编制，公司技术负责人（总工程师）或生产总负责人批准，其他人员批准时应获得授权；一个建设工程项目分别由几个承包商施工时，各承包商需分别编制所承包工程的施工组织设计。

（2）重大施工技术方案应由项目技术负责人（总工程师）组织项目专业技术人员编制，

公司技术负责人(总工程师)批准。

(3) 专项工程施工技术方案应由施工单位项目经理组织项目有关管理人员和专业技术人员编制，安全主管部门参与审核，公司技术负责人(总工程师)批准。实行施工总承包的项目，专项方案应当由总承包单位技术负责人(总工程师)及相关专业承包单位技术负责人(总工程师)签字。

(4) 一般施工技术方案由项目技术人员编制，项目技术负责人(总工程师)批准。

(5) 施工作业指导书应由专业技术人员编制，项目技术负责人(总工程师)或专业技术负责人批准。

(6) 分包单位编制的施工技术方案应在项目施工组织设计的指导下编制，并完成分包单位内部的审核审批程序，项目技术部门应对该类文件进行审核后对外报批。

4. 施工组织设计编制

(1) 施工组织设计的编制应遵循工程建设程序，并符合下列规定：

① 遵守国家基本建设方针、政策、法律、法规及有关行政规章制度；

② 遵守国家和行业现行工程建设标准、规范、规程的规定；

③ 符合建设工程项目承包合同要求；

④ 积极推行新技术、新材料、新工艺；

⑤ 符合 HSE、质量和特种设备等管理体系的要求。

(2) 施工组织设计主要包括下列内容，当工程规模较小时，可对部分内容进行适当调整和合并，具体内容编写可参考 SH/T 3550"施工组织设计编制"：

① 建设工程项目基本情况；

② 建设工程项目合同关系、建设模式等；

③ 主要技术经济目标；

④ 建设工程项目施工总体部署，包括项目组织与管理、施工部署及各类计划等；

⑤ 建设工程项目施工技术方案编制计划，该计划应规划出各专业拟编制的重大施工技术方案、专项施工技术方案和一般施工技术方案；

⑥ 建设工程项目施工管理规划，包括 HSE 管理、质量管理、进度管理以及技术管理、物资管理、风险管理、信息管理等；

⑦ 建设工程项目临时设施规划及施工总平面设计。

5. 施工技术方案编制

(1) 在熟悉设计图纸、标准和有关资料，理解设计意图的基础上，由项目技术负责人(总工程师)组织专业技术人员为主要编制人，编制技术先进、针对性强、切实可行的施工技术方案，用以指导工程施工。

(2) 施工技术方案应依据批准的施工组织设计编制，并根据项目的规模、复杂程度和安全特性，分别编制重大施工技术方案、专项施工技术方案和一般施工技术方案。首次采用新技术、新材料、新工艺时，施工技术方案宜经过论证。

(3) 施工技术方案应包含的具体内容编写可参考 SH/T 3550"施工技术方案编制"。

(4) 重大施工技术方案除按 SH/T 3550 要求编制外，还应包括以下内容：

① 特殊的质量控制程序，包括作业前的条件确认、过程监督检查及质量责任的可追溯性要求；

18

② 工序质量控制的特殊要求；

③ 特殊的安全控制程序。

（5）专项施工技术方案除按 SH/T 3550 要求编制外，为确保施工安全，还需要明确下列要求：

① 作业人员的岗前培训、上岗资格及监督检查；

② 措施用材料的选用及材料验收；

③ 特殊的安全技术措施，包括作业前条件的确认、过程中的监控；

④ 特殊施工机、索具的维护、保养及检查确认。

（6）如发生下列情况，施工技术方案应进行变更，变更的施工技术方案应按原程序报审报批：

① 工程设计有重大修改，选定的施工方法无法实施时；

② 大型设备吊装、运输机具发生变化时；

③ 施工程序发生重大调整时；

④ 原施工方案存在重大缺陷时。

6. 施工作业指导书编制

（1）施工作业指导书按工序进行编制，描述工序操作要点、质量要求及检查方法。

（2）施工作业指导书包含的内容，在 SH/T 3550 中查阅。

九、施工技术文件交底

1. 施工组织设计交底

（1）施工组织设计经批准后应及时组织进行交底。交底由项目经理组织，项目技术负责人（总工程师）负责交底。

（2）参加交底人员为项目技术、质量、安全、工程、物供、经营部门主要管理人员、分包单位现场经理、相关部门负责人、施工班组班长及以上人员。交底过程做好交底记录，交底结束后参加交底人员应进行会签，并送项目资料室保存。

（3）交底内容包括：工程施工总体部署、工程质量目标、总工期、工程施工应达到的主要经济指标、关键施工技术、主要施工技术方法和重要工序交叉等。

2. 施工技术方案交底

（1）施工技术方案经批准后，在专业工程开工前，应及时组织技术方案交底。交底由项目部施工负责人组织，专业工程师或方案编制人负责交底，有关专业技术、质量、安全、施工、物供等有关管理人员、施工作业人员参加交底。

（2）技术交底应有的放矢，且具有针对性和指导性。要根据施工项目的特点、环境条件、季节变化等情况确定具体办法和方式。交底应注重实效，包括工程范围、施工工艺、技术要求、质量标准、安全技术措施、施工原始记录。

（3）交底会上，参加交底人员应在交底记录上签字；交底记录应送项目资料室保存。

（4）设计轻微修改或技术方案略有改动时可进行补充技术交底；设计修改较大或技术方案变动较多时，应重新组织技术交底，并重新填写技术交底记录。

（5）对工期较长的项目，根据项目施工实际情况，项目部应增加专业技术交底次数。在设计图纸分批交付的情况下，技术交底可分批进行。

（6）对在技术交底会以后进入施工现场的施工人员，也应接受专业技术交底。

（7）重大危险作业应每天进行班前会交底。

第三节　施工过程技术管理

施工过程技术管理是指施工技术人员按照既定的施工组织设计和施工技术方案，指导施工作业人员完成相关专业施工任务，并对施工作业进行检查、控制和确认。

一、施工工艺检查

（1）专业工程师负责对本专业施工人员执行施工技术方案、标准、图纸及变更单的情况进行日常的施工工艺检查。

（2）项目技术负责人（总工程师）应对施工过程中专业技术人员执行技术方案、标准、图纸及变更单的情况进行检查，以保证施工技术文件得到贯彻执行，检查结果应在项目技术工作例会中通报。

（3）施工单位技术部门应不定期对项目进行技术管理工作检查，重点检查施工技术体系运行的有效性、技术方案的编制及执行情况、法律法规和标准执行的正确性等。

二、施工技术问题处理

（1）施工技术问题如与建设单位、设计、监理或总承包等单位有关，应以书面、传真或电子邮件等记录媒体形式提出，提请相关方处理。

（2）当施工过程只涉及本专业一般工序或作业方式调整时，经项目专业工程师同意后即可实施，专业工程师应做好记录；当涉及技术质量要求或重大施工程序等不符合技术方案规定的变动时，应由专业工程师编制修改版方案，按原审批程序报批。

（3）施工技术问题应按按下列原则逐级处理：

① 专业技术问题一般由专业工程师负责处理；

② 跨部门、跨专业的技术问题由项目技术负责人（总工程师）协调处理；

③ 项目部无法处理的关键性、重大的技术问题应报施工单位技术部门牵头组织处理。

④ 属攻关性的技术问题，项目技术负责人（总工程师）应组织技术人员、施工班组开展攻关，并在攻关完成后及时总结。

三、施工工序控制

（1）属于质量控制点范围内的一般工序交接，由上道工序施工班组直接向下道工序施工班组进行交接；列入质量控制点的各类工序交接，在项目部内部，由上道工序专业工程师主持，下道工序专业工程师及质量检查人员参加，向下道工序施工班组办理交接；检查合格后，参加各方应在交接书上签字。

（2）施工记录应与工程实体同步，根据质量计划要求应进行报验的内容，专业工程师应及时整理，会同质量检查人员一起进行报验。

（3）列入 B 级及以上质量控制点的验收，需经施工单位自行验收合格后向监理单位或建设单位报验，验收合格后，参加验收各方应在相关记录上签字。

（4）引进设备的商品检验按订货合同和国家有关规定办理。

（5）属于隐蔽工程的工序，须经监理单位或建设单位专业工程师和项目专业工程师、质量检查人员联合检查；确认合格后，参加各方应及时在隐蔽工程记录上签字。隐蔽工程不得做紧急放行处理。

（6）工程施工收尾阶段，项目技术负责人（总工程师）应组织技术质量人员对工程进行核对检查。主要检查内容为：

① 各分项工程是否已按设计要求施工完毕；

② 各专业设备、管道、构件和配件的材质及安装方位是否正确；规格、型号及压力等级是否符合设计要求和有关标准的规定；

③ 施工技术文件及记录是否齐全、准确；

④ "三查四定"（三查：查设计漏项、查施工质量隐患、查未完工程；四定：对检查出的问题定任务、定人员、定措施、定整改时间）内容是否列出消项计划。

（7）试运转阶段，应成立试运组织机构，全面组织和安排试运准备和试运工作。编制变电所投电、单机试运等方案，并按施工技术方案审批程序报批。试运方案未列入的项目不得参加试运；未经试运负责人下达指令不得投电启动设备。

（8）各专业工程最终检查和试验的主要内容如下：

① 建筑物、构筑物、基础的最终测量；

② 静设备的压力试验；

③ 管道系统的压力试验和泄漏性试验；

④ 炉类设备的烘炉、煮炉；

⑤ 机泵的单机试车；

⑥ 电气工程的受电和送电；

⑦ 仪表性能试验。

第四节 交（竣）工阶段技术管理

工程中间交接标志着工程施工安装的结束，由单机试车转入联动试车阶段，是项目部向建设单位办理工程交接的一个必要程序。中间交接由建设单位组织，施工单位各专业工程师参与，按单元工程，分专业进行中间验收，并填写项目和分专业的工程中间交接证书。中间交接只是装置保管、使用责任的移交，不排除施工单位对工程质量应负的责任。

一、交工技术文件管理

按照本书第十七章。

二、施工技术总结

（1）项目技术负责人（总工程师）负责组织项目施工技术总结的编制，专业工程师负责本专业施工技术总结的编制。

（2）施工技术总结的主要内容和要求包括：

① 项目概况。

a. 项目名称及工作范围；

b. 建设单位、设计单位、采购单位、监理单位、监督单位的名称；

c. 主要技术经济指标；

d. 工程建设大事记（项目部组建、土建开工、设备安装开工、主要设备吊装就位、变配电室受电、管道试压、单机试车、中间交接等）；

e. 项目部技术人员分工一览表。

② 技术管理。

a. 本项目技术特点、难点及采取措施；

b. 本项目技术管理特色或亮点；

c. 本项目发生的主要技术问题分析（从设计、采购、施工、保运等方面分别阐述）；

d. 承包方的技术管理情况（技术管理模式、技术管理规定、技术人员配置及素质等）。

③ 技术开发与创新。

a. 新技术的开发和推广；

b. 设计技术或施工工艺的创新与改进；

c. 施工工具的革新与改进；

d. 本项目开发和应用的工法；

e. 本项目采用的通用施工工艺一览表。

④ 项目实施存在问题与经验教训。

（3）优秀的施工技术总结应成为编制或修订工法以及编制同类工程项目技术标书的基础资料。

第二篇　专业技术管理

第一章　土建工程

石油化工工程中的土建工程为土木工程和建筑工程的合称，为石油化工工艺装置及配套设施提供场地、基础支撑及操作场所等，其施工范围包括场地平整、地基与基础、建筑物、构筑物、总图竖向等。根据其施工阶段及结构特点，可划分为地基基础工程施工、钢筋混凝土结构施工（含设备基础、构筑物等）、建筑物施工、总图竖向施工等部分。根据石油化工施工分工惯例，钢结构工程及建筑物内建筑电气、暖通、智能建筑等工程常由相应的安装、电气、仪表等专业负责，其内容参见本书其他章节。

第一节　法律法规标准

项目开工前，根据工程合同、工程范围、设计技术文件和法规要求制定项目土建施工所需的标准明细，列出清单，作为项目施工技术文件编制依据。列清单时应注意标注版本的有效性。本文将土建工程使用频率较高、在本篇中引用到的法规、工程标准（现行版本）罗列如表 2-1-1 所示。

表 2-1-1　常用相关法律、法规、标准

序号	法规、标准名称	标准代号	备注
1	石油化工工程测量规范	SH/T 3100—2013	
2	石油化工建设工程项目交工技术文件规定	SH/T 3503—2017	
3	石油化工建设工程项目施工过程技术文件规定	SH/T 3543—2017	
4	石油化工设备混凝土基础工程施工质量验收规范	SH/T 3510—2017	
5	石油化工钢质储罐地基与基础施工及验收规范	SH/T 3528—2014	
6	石油化工企业厂区竖向工程施工及验收规范	SH/T 3529—2018	
7	石油化工混凝土水池工程施工及验收规范	SH/T 3535—2012	
8	全容式低温储罐混凝土外罐施工及验收规范	SH/T 3564—2017	
9	石油化工水泥基无收缩灌浆材料应用技术规程	SH/T 3604—2009	
10	石油化工设备混凝土基础工程施工技术规程	SH/T 3508—2011	拟转企标
11	危险性较大的分部分项工程安全管理规定	中华人民共和国住房和城乡建设部令第 37 号	
12	住房城乡建设部办公厅关于实施《危险性较大的分部分项工程安全管理规定》有关问题的通知	建办质〔2018〕31 号	
13	工程测量规范	GB 50026—2007	
14	烟囱工程施工及验收规范	GB 50078—2008	

序号	法规、标准名称	标准代号	备注
15	沥青路面施工及验收规范	GB 50092—1996	
16	地下工程防水技术规范	GB 50108—2008	
17	滑动模板工程技术规范	GB 50113—2005	
18	混凝土质量控制标准	GB 50164—2011	
19	土方与爆破工程施工及验收规范	GB 50201—2012	
20	建筑地基基础工程施工质量验收标准	GB 50202—2018	
21	砌体结构工程施工质量验收规范	GB 50203—2011	
22	混凝土结构工程施工质量验收规范	GB 50204—2015	
23	屋面工程质量验收规范	GB 50207—2012	
24	地下防水工程质量验收规范	GB 50208—2011	
25	建筑地面工程施工质量验收规范	GB 50209—2010	
26	建筑装饰装修工程质量验收标准	GB 50210—2018	
27	建筑防腐蚀工程施工规范	GB 50212—2014	
28	建筑给水排水及采暖工程施工质量验收规范	GB 50242—2002	
29	通风与空调工程施工质量验收规范	GB 50243—2016	
30	建筑工程施工质量验收统一标准	GB 50300—2013	
31	电梯工程施工质量验收规范	GB 50310—2002	
32	建筑边坡工程技术规范	GB 50330—2013	
33	屋面工程技术规范	GB 50345—2012	
34	大体积混凝土施工标准	GB 50496—2018	
35	建筑基坑工程监测技术规范	GB 50497—2009	
36	混凝土结构工程施工规范	GB 50666—2011	
37	通风与空调工程施工规范	GB 50738—2011	
38	建筑地基基础工程施工规范	GB 51004—2015	
39	尿素造粒塔工程施工及质量验收规范	GB 51138—2015	
40	建筑施工脚手架安全技术统一标准	GB 51210—2016	
41	混凝土强度检验评定标准	GB/T 50107—2010	
42	建筑防腐蚀工程施工质量验收标准	GB/T 50224—2018	
43	水泥基灌浆材料应用技术规范	GB/T 50448—2015	
44	建筑施工组织设计规范	GB/T 50502—2009	
45	大体积混凝土温度测控技术规范	GB/T 51028—2015	
46	建筑变形测量规范	JGJ 8—2016	
47	钢筋焊接及验收规程	JGJ 18—2012	
48	钢筋机械连接通用技术规程	JGJ 107—2016	
49	建筑地基处理技术规范	JGJ 79—2012	
50	建筑桩基技术规范	JGJ 94—2008	

续表

序号	法规、标准名称	标准代号	备注
51	建筑基桩检测技术规范	JGJ 106—2014	
52	建筑基坑支护技术规程	JGJ 120—2012	
53	建筑施工土石方工程安全技术规范	JGJ 180—2009	
54	建筑深基坑工程施工安全技术规范	JGJ 311—2013	
55	建筑施工门式钢管脚手架安全技术规范	JGJ 128—2010	
56	建筑施工扣件式钢管脚手架安全技术规范	JGJ 130—2011	
57	建筑施工模板安全技术规范	JGJ 162—2008	
58	建筑施工碗扣式钢管脚手架安全技术规范	JGJ 166—2016	
59	建筑施工工具式脚手架安全技术规范	JGJ 202—2010	
60	建筑施工承插型盘扣式钢管支架安全技术规程	JGJ 231—2010	
61	建筑施工临时支撑结构技术规范	JGJ 300—2013	
62	建筑工程大模板技术标准	JGJ/T 74—2017	
63	建筑工程冬期施工技术规程	JGJ/T 104—2011	
64	城镇道路工程施工与质量验收规范	CJJ 1—2008	

第二节 施工准备

土建工程施工准备是对工程总体施工准备的专业化分解和补充,是工程顺利开工的必要条件,也是工程开展安全、质量、进度、文明施工等的有效保障。依据 GB/T 50502 的规定,可分解为技术准备、场地准备、人员机具准备、材料准备等。

一、技术准备

通用的技术、资料准备内容参见第一篇第三章的相关内容,施工技术文件编审符合 SH/T 3550 的相关要求。土建工程施工前应重点关注如下内容。

1. 参与项目施工组织设计编制

做好项目所在地自然条件、技术经济条件及现场地质水文资料的收集,参与项目施工组织设计的编制,制定本专业主要施工方案的编制计划。

2. 明确土建工程质量验收划分

GB 50300 明确要求建筑工程施工质量验收应划分为单位工程、分部工程、分项工程和检验批,混凝土结构划分为一个子分部。然而在石油化工项目中,由于诸多设备基础分散于各装置单元中,有别于典型的建筑工程施工,简单地按照该规定进行划分不利于施工验收及资料填报和整理,应充分考虑项目特点、施工组织,从整个项目的土建工程着眼,参考 SH/T 3510 的相关规定,可按以下原则划分:

(1)具备独立施工条件并形成独立使用功能的单体建筑物或构筑物为一个单位工程(如配电室、厂房、烟囱等)。

（2）设备或钢结构基础按装置、单元、设备类型或工艺系统划为一个单位工程，应充分考虑施工顺序，避免施工间隔时间太长；装置或单元较大时可划分为若干个子单位工程。

（3）两层以上的设备构架应分为基础和主体结构两个分部工程。

（4）分项工程参照 GB 50300—2013 附录 B 划分。

（5）检验批可根据施工、质量控制和工序验收的需要，按工程量、楼层、施工段、变形缝进行划分。

3. 分阶段编制施工技术方案

根据施工计划，编制施工技术方案，重点、难点内容必要时单独编制。根据建设部令第 37 号及建办质〔2018〕31 号辨识危险性较大的分部分项工程范围，并按相应要求编制专项方案，超过一定规模的危险性较大的分部分项工程应进行专家论证。

4. 安全技术交底、作业指导书等指导性文件的编制和落实

（1）根据现场的实际水文、地质、气候条件、施工工序的特点，编制行之有效、针对性强的安全技术交底并遵照执行。

（2）根据不同作业的技术、质量、安全要求，编制作业指导书（如土方工程、钢筋预制及安装等）。

5. 确定交工技术文件及过程技术文件格式

SH/T 3503 及 SH/T 3543 分别对石油化工工程中的交工技术文件及施工过程技术文件做出了要求，是项目执行的通用要求。SH/T 3503 明确指出，"土建工程中的钢结构、房屋建筑工程及其附属建筑电气、暖通、建筑智能化等交工技术文件内容应执行建设工程项目所在地建设行政主管部门的规定，设备基础、构筑物等工程交工技术文件内容执行本标准。"工程开工前及时与相关部门联系，明确交工技术文件和过程技术文件编制所采用的标准，确认编制要求和归档要求。

6. 样板计划及制作

根据 GB/T 50502《建筑施工组织设计规范》要求，样板制作计划应根据施工合同或招标文件的要求并结合工程特点制定。石油化工工程普遍实行样板引路制度，作为指导现场施工的引领性工作，是对管理目标及合同目标的诠释和实物对照。

二、场地准备

1. "四通一平"工作的落实

"四通一平"是基本建设项目开工的前提条件，具体指水通、电通、路通、网通和场地平整。施工前与建设单位落实场地状态是否符合合同条件。

2. 场地移交

按照合同及规范要求进行施工场地的移交工作，主要包括以下内容：

（1）场地交接手续的办理；

（2）测量基准点的移交；

（3）方格网的绘制和确认。

3. 临时生产设施建造

根据 GB/T 50502 要求，现场准备应根据现场施工条件和实际需要，准备现场生产、生活等临时设施。

（1）加工设施（钢筋、模板加工区）、存储设施（原材、半成品等）的布置和建造；

（2）运输道路的设置和临时道路的建造；

（3）水平/垂直运输设施、供水供热设施、供电设施、排污设施等的建造。

三、人员、机具准备

1. 人员准备

人员包括直接作业人员和间接作业人员。应注意特种作业操作人员（如架子工、焊工、起重工、施工升降机操作工等）和其他取证人员（如测量工、取样员等）的资格审查和上报，需要进行入场实操考试的提前组织安排，合格后方可进行现场作业。

2. 机具准备

机具准备包含施工机具、检测器具的计划编制和配置，并根据工程实际情况安排进场、报批、复检等工作，并安排专人进行管理。

施工机具需根据现场土建工程施工的具体工序、工程量和工期等合理配置所需工机具。检测器具应按要求进行检定，使用时应在检定合格有效期内，如发现异常应及时重新检定校核。

四、材料准备

材料按采购主体可分为自采材料和甲供材料。施工前应确认到场材料满足现场施工需求，按相关标准进场验收及存储。

第三节　地基基础工程施工

地基基础工程主要包含土方工程及地基处理、桩基础、基坑支护等地下施工内容，钢筋混凝土基础施工见本章第四节。

一、地基基础施工典型程序

地基基础施工涉及的种类多，范围大，结合石油化工工程特点，一般分为两个施工阶段：其一为场地准备阶段，主要是项目前期的整体场地处理及整平，地基处理不能满足承载要求时，尚应进行桩基础施工。其二为基础施工阶段，主要是为基槽（基坑）服务的土方工程、基坑支护等，基坑挖至设计标高不能满足设计要求时，尚应按设计要求进行换填等基底地基处理措施。地基基础施工的基本程序如图 2-1-1 所示。

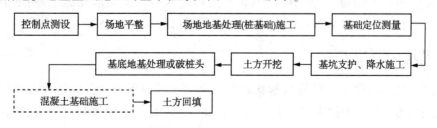

图 2-1-1　地基基础施工基本程序

二、施工基本规定

石油化工工程通常占地面积广，基础类型和数量多且分散，基坑大小深浅不一，形状也不规则，场内地基处理或桩基础形式差异化且不连续，安全危险因素很高，除了勘察、设计单位对工程主体安全的设计保障，施工单位对施工措施的方案设计也至关重要。

（1）GB 50201 要求，土方工程施工前，应对施工范围进行测量复核，根据测量结果进行土方调配，减少重复挖运。土方调配需要根据测量结果进行计算，同时要根据地质勘察报告考虑场内各层土是否可适用于回填，综合确定外运或弃土数量。

（2）基坑（槽）土方开挖前，施工现场应具备下列资料：

① 施工区域内建筑场地岩土工程勘察资料；

② 经批准的施工技术文件；

③ 施工区域临近建（构）筑物及地下埋设物资料；

④ 施工区域地基处理验收资料；

⑤ 定位及复测确认资料；

⑥ 经建设单位批准的动土许可证。

以上资料可根据合同文件及时向建设单位索取。SH/T 3510 要求，施工单位的测量成果应经建设/监理单位独立复测确认，以确保基础定位的准确。强调动工前的确认工作，减少或避免因准备工作不足造成的定位偏差、既有设施破坏等。

（3）施工现场存在膨胀土、湿陷性黄土等特殊性土时，基槽的挖填应符合《膨胀土地区建筑技术规范》（GB 50112）、《湿陷性黄土地区建筑基坑工程安全技术规程》（JGJ 167）等标准的相关规定。

SH/T 3510 考虑到膨胀土及湿陷性土的土质特殊性，在条文中做出提醒，分别按专项规范执行。GB 50202 对湿陷性黄土、冻土、膨胀土、盐渍土四类特殊土施工验收分别进行了规定。

（4）GB 50484 关于土石方作业、桩基作业、强夯作业及相关机械使用等提出了安全施工要求，可结合 JGJ 180 的相关规定，制定相应的符合性解决方案作为现场执行相关作业时的安全保证措施。

三、施工测量

石油化工建设土建施工测量包括建（构）筑物控制测量、施工测量及变形监测等内容，其中控制测量和施工测量参照 SH/T 3100 相关规定执行，变形监测施工参照 GB 50026，JGJ 8相关要求执行，钢制储罐基础的沉降观测尚应符合 SH/T 3528 的相关要求。

四、基坑（槽）施工

基坑（槽）是石油化工工程的地基基础施工中的主要表现形式，也是危险性较大环节，做好基坑（槽）施工过程中的支护、地下水控制及土方开挖，是保证基坑安全和基础施工的前提。

（一）基坑设计

一般来说坡率法开挖是基坑开挖最简单、最经济的办法，但经常会受场地条件和周边环境的限制，需设计支护系统以保证施工的顺利进行，并较好地保护周边环境。基坑工程具有较大的风险，过程中可利用信息化手段，通过施工监测数据的分析和预测，动态地调整设计和施工工艺。

1. 放坡设计

GB 50330 规定，当工程场地有放坡条件，且无不良地质作用时宜优先采用坡率法。坡率法中对放坡坡率及需要进行稳定性计算的情况进行了界定，边坡稳定性计算参考附录 A。基坑边坡应按规定划定安全等级，符合规范规定的边坡设计及施工应进行专门论证。对需要进行边坡稳定性评价的情况进行了规定，其中"由于开挖或填筑造成，需要进行稳定性验算的边坡"通常指超出 SH/T 3510 规定的边坡坡率范围的边坡。

2. 基坑支护设计

深基坑（基坑深度大于或等于 5m）或采取支护措施的基坑（槽）设计、施工，参照 JGJ 120、JGJ 311 的相关规定，其中基坑支护设计以 JGJ 120 为主。

根据 JGJ 120 要求，基坑支护应满足两大主要功能，一是保证基坑周边建（构）筑物、地下管线、道路的安全和正常使用，二是保证主体地下结构的施工空间。因此在设计时按第 3.2 节要求做好岩土勘察和周边环境调查并充分考虑施工操作面。第 3.1.3 条对支护结构安全等级的划分要求，决定了计算中的许多系数取值及监测项目选择。与普通建筑工程不同的是，石油化工建设中的基坑使用期限一般较短，在设计时可适当考虑。

支护结构选型可参考 JGJ 120，支挡式结构和土钉墙是石油化工建设较常用到的基坑支护方式。JGJ 120 中相关设计计算要求是现场基坑设计的主要依据，采用软件计算时应核对计算结果的合规性。需要引起注意的是，当采用内支撑结构设计时，要考虑内支撑的位置、安拆与主体地下结构的结构形式、施工顺序相协调，便于主体结构施工；内支撑材料选型、节点设计要注意强度及施工便利性。

3. 地下水控制设计

地下水控制包括截水、降水、集水明排、回灌等方法，现场可综合考虑其组合方式，基坑放坡或支护设计时要与地下水控制措施结合，以确定设计状态与基坑内、外地下水位的情况一致。GB 51004 列出了常用的地下水控制方法及适用条件，可结合地质勘察报告给出的建议作为设计的主要依据。涉及降水计算时，GB 51004 与 JGJ 120 给出的计算公式基本是一致的，JGJ 120 中涵盖完整井和非完整井的计算，更加全面。

（二）支护结构、地下水控制施工与验收

GB 51004、JGJ 120 和 JGJ 311 中皆对支护结构施工和地下水控制施工提出了要求，SH/T 3608 对基槽的排水、降水方法有较详细的介绍，施工中可结合四项标准与基坑设计情况制定切实可行的施工技术措施并遵照执行。

根据 GB 51004 要求，在基坑支护结构施工与拆除时，应采取对周边环境的保护措施，不得影响周围建（构）筑物及邻近市政管线与地下设施等的正常使用功能。

基坑支护工程验收应符合 GB 50202 的相关规定。

（三）基坑监测

深基坑监测要符合 GB 50497 的相关规定，要注意的是，在表 4.2.1 建筑基坑工程仪器监测项目表和表 8.0.4 基坑及支护结构监测报警值中，基坑类别划分引用的为 GB 50202 的表注内容，但在现行的 GB 50202 中已取消了该内容的表述，特摘录如下以供参考。

（1）符合下列情况之一，为一级基坑：

① 重要工程或支护结构做主体结构的一部分；

② 开挖深度大于 10m；

③ 与邻近建筑物、重要设施的距离在开挖深度以内的基坑；

④ 基坑范围内有历史文物、近代优秀建筑、重要管线等需严加保护的基坑。

（2）三级基坑为开挖深度小于 7m，且周边环境无特别要求时的基坑。

（3）除一级和三级以外的基坑属二级基坑。

基坑监测工作要注意监测频率及监测报警。GB 50497 中有详细的规定，尤其是规范中注明的情况应充分关注。

（四）土方开挖

基坑土方开挖是基坑工程重要组成部分，合理的施工组织、开挖顺序和挖土方法，可以保证基坑本身和周边环境安全。

（1）SH/T 3510 及 GB 50202 规定，基槽土方开挖的顺序、方法应与设计工况相一致，并遵循"开槽支撑，先撑后挖，分层开挖，不得超挖"的原则。有支护系统时应遵循，无支护系统的基坑可忽略"先撑"原则。土方开挖前应对降排水及支护系统检查验收。

（2）土方开挖要注意开挖方向、坡道设置，合理安排运输车辆的行走路线。GB 50202 有要求，合理的行走路线包括通行方便及地基承载能力等方面的考虑，开挖方向和合理的坡道设置决定机械与运输车的配合效率。

（3）在控制基坑变形、保护周边环境的原则下，根据对称、均衡、限时等要求，确定开挖方法。GB 51004 给出了放坡基坑开挖、带支护基坑开挖、盆式开挖、岛式开挖、狭长形基坑开挖、饱和软土场地开挖等各种不同情况基坑开挖时的具体要求，可据现场情况选用。

（4）GB 50201 规定，基坑、管沟边沿及边坡等危险地段施工时，应设置安全护栏和明显警示标志。夜间施工时，现场照明条件应满足施工需要。

（5）存在爆破作业的，按 GB 50201 爆破作业结合 JGJ 180 相关要求执行。

（6）土方开挖工程质量及检验可参照 SH/T 3510 的规定。

五、基坑（槽）验收

基坑（槽）验收是地基基础施工中的重要环节，是检验地基是否满足设计要求的关键步骤，需建设相关方共同参与。SH/T 3510 和 GB 50202 皆有明确的规定。

（1）地基基础工程必须进行验槽，验槽时，应根据地基情况按天然地基、地基处理和桩基础三种类型验收，验槽检验要点应符合 GB 50202—2018 附录 A 的规定。验槽完毕应根据 SH/T 3503—2017 填表 J201 "地基验槽（坑）记录"，地基验槽检查记录应由建设/监理、勘察、设计和施工单位共同验收签认。"检验结论"栏原则上应由勘察单位人员填写。若勘察或设计等单位委托监理单位执行该工作，应有相关的书面委托文件。地基验槽未通过，需要进行地基处理，应由勘察单位人员提出、设计单位出具处理意见和做法。

（2）天然地基验槽前应在基坑或基槽底普遍进行轻型动力触探检验，检验数据作为验槽依据。SH/T 3510 规定了进行轻型动力触探的范围，而 GB 50202—2018 附录 A.2 提出天然地基应普遍进行触探的规定，同时给出不需进行触探的情况。针对天然地基的情况，降低不均匀沉降风险，尤其对一些对不均匀沉降敏感的基础或构筑物，如水池、中大型储罐等尤为必要。

六、土方回填

土方回填通常分两种类型，一种为根据土方平衡需求进行大面积回填，另一种为基础完成后基坑内回填。

（1）基础土方回填应在基础隐蔽验收合格后进行。

（2）回填应分层进行，分层厚度及压实遍数应与回填压实机具匹配，符合 SH/T 3510 的规定，该规定与 GB 50202 的相关规定是一致的。

（3）土方回填工程质量及检验应符合 SH/T 3510 的规定。尤其应关注回填层数与压实取样数量。

（4）土方回填作业可参照 GB 51004 的相关规定执行。该标准中针对分层回填时的取样频率与 SH/T 3510 的要求有差异，设备基础施工中以 SH/T 3510 为准，其他情况执行 GB 51004 规定。

（5）钢制储罐基础环墙内填料层、砂垫层回填参照 SH/T 3528 的相关规定进行。

七、地基处理

地基处理是指为提高地基承载力，改善其变形性能或渗透性能而采取的技术措施。地基处理方法多样，分类形式亦不统一，施工时宜按照设计给出的具体要求对比现行国家标准选用。石油化工工程中常用的地基处理形式有：换填垫层、预压地基、强夯地基、各类复合地基等。

JGJ 79 详细地给出了各类地基处理的设计、施工要求和质量检验方法，GB 51004 和 GB 50202 分别针对不同的地基处理方法的施工过程控制和施工验收提供了依据。GB 50202 强调结果的符合性，而 GB 51004 和 JGJ 79 强调过程和方法，三项标准互为补充，可覆盖地基处理的整个过程。因此，在项目执行时，地基处理设计、施工可依据 JGJ 79 和 GB 51004 的相关规定，验收应符合 GB 50202 的相关规定。

八、桩基工程

桩基是指由设置于岩土中的桩和与桩顶连接的承台共同组成的基础或由柱与桩直接连接的单桩基础。石油化工工程中，通常按成桩方法将其分为预制桩和灌注桩两个大类，然后根据各自的不同特点进一步分类。预制桩按桩身形状分为方桩、预应力管桩、钢管桩等；灌注桩根据成孔方式分为泥浆护壁成孔灌注桩、长螺旋钻孔压灌桩、沉管灌注桩和内夯沉管灌注桩、干作业成孔灌注桩等。不同的桩型和成桩工艺适合不同的地质条件，设计单位会根据地质勘察结果、结构特点、经济性能等多方面综合比选后确定桩的类型，施工单位应根据地质勘察结果、项目周边环境、施工经验、施工设备及材料供应条件等选定成桩工艺。JGJ 94—

2008 附录 A 列出了不同桩型在穿越不同土层、桩端持力层、孔底挤密状态、地下水位影响及对环境影响等方面的适用情况，可作为桩基选型的重要参照。

JGJ 94 给出了各类桩基的设计、施工及质量验收要求，是桩基施工的主要参照标准，GB 50202 明确了各类桩基的质量验收标准，在施工各阶段验收时应符合其规定，桩承台的施工、验收尚应符合 GB 50204 的相关要求。

GB 50202 和 JGJ 94 规定，工程桩应进行承载力和桩身质量检验。GB 50202 和 JGJ 106 中，对承载力检验和桩身质量检验的数量要求基本上是一致的，JGJ 106 中给出的条件更为具体。桩基检测方法及评定可参照 JGJ 106 的相关规定。

第四节 钢筋混凝土结构施工

混凝土结构通常指由混凝土为主制成的结构，包括素混凝土结构、钢筋混凝土结构和预应力混凝土结构，按施工方法可分为现浇混凝土结构和装配式混凝土结构。石油化工建设中，以钢筋混凝土结构居多，主要表现形式为设备基础、筏板基础、设备构架、建筑物结构框架、水池类薄壁结构、烟囱等高耸结构及其他各种异形结构，其施工方法多为现浇，即便存在一些小型结构整体预制吊装的情况，也是在施工现场预制，不宜列为装配式结构范畴。混凝土结构作为土建专业施工的重点，其涉及标准也是最多的，包括一些通用性标准及各类专项标准，施工中应充分考虑材料及结构特点进行选用，同时宜适当考虑石油化工建设的特殊性和项目的可操作性。

一、钢筋混凝土结构施工典型程序

各类混凝土结构施工过程中，其施工流程并不是一成不变的，不同类型结构典型施工程序分别见图 2-1-2~图 2-1-7(图中虚线框图所示仅为相关工序)。

1. 设备混凝土基础施工

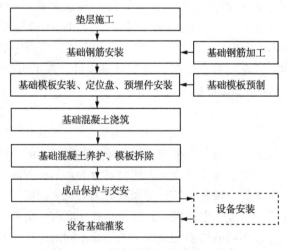

图 2-1-2 设备混凝土基础施工程序

2. 混凝土框架结构施工

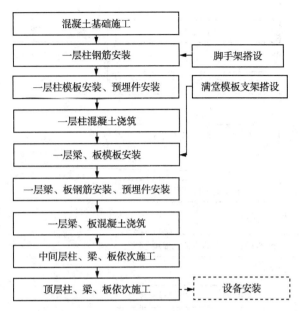

图 2-1-3　混凝土框架结构施工程序

3. 混凝土水池施工

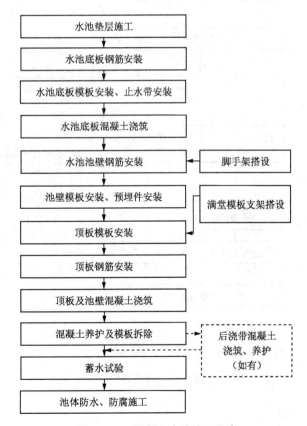

图 2-1-4　混凝土水池施工程序

4. 混凝土烟囱(液压翻模工艺)施工

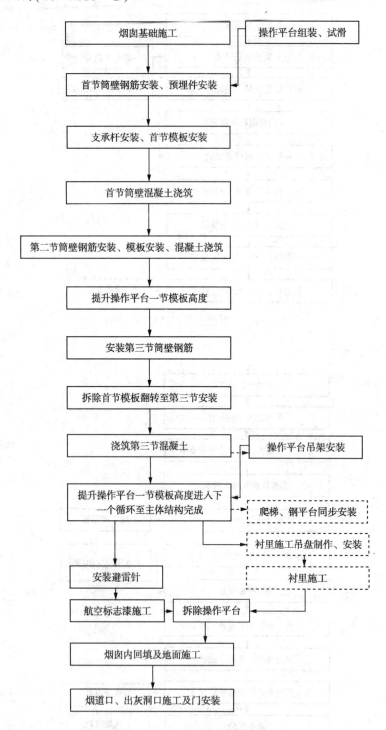

图 2-1-5　混凝土烟囱液压翻模工艺施工程序

5. 钢制储罐基础施工

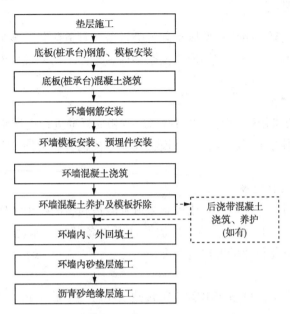

图 2-1-6 钢制储罐基础施工程序

6. 全容式低温储罐混凝土外罐施工

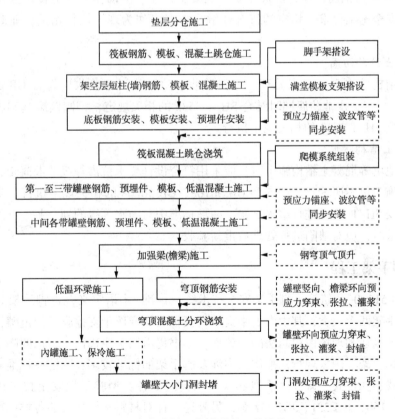

图 2-1-7 全容式低温储罐混凝土外罐施工程序

二、施工基本规定

土建专业的钢筋混凝土结构主要以承载各类设备、管道荷载、满足工艺操作空间等需求为主，使得同一工程中，呈现出结构形式复杂多样、单体结构多且分散、结构构件体型较大等特点。

1. 材料验收基本规定

SH/T 3510 明确要求用于工程实体的材料应按相应标准进行进场验收。应包括钢筋、混凝土、预埋件、灌浆料等工程材料，另外模板及脚手架钢管、构件等涉及施工安全的材料也要进行进场验收。

2. 前道工序具备条件检查

由于混凝土成型后极难发现问题或极难采取补救措施，混凝土结构施工时，隐蔽工程未经验收，不得进行下道工序作业。各工序验收涉及设备基础、水池、储罐基础、LNG 混凝土外罐时应以相应的石化行业标准规定为准。

3. 冬期施工

符合冬期施工条件下，可参照 JGJ/T 104《建筑工程冬期施工技术规程》编制施工技术文件并组织施工。

4. 作业安全技术规定

GB 50484 中对钢筋作业、模板作业、混凝土作业、滑模作业、防腐作业及相关机械使用等提出了安全施工要求，相应的符合性解决方案可作为现场执行相关作业时的安全保证措施。

5. 混凝土结构防腐

混凝土结构防腐，其基层处理、材料验收、防腐施工及验收应符合 GB 50212、GB/T 50224 的有关规定，水池防腐同时结合 SH/T 3535 的相关规定，钢制储罐基础内沥青砂绝缘层施工需结合 SH/T 3528 的相关规定执行。

6. 混凝土结构防水

水池、地坑等混凝土结构施工时，应采用符合设计要求抗渗等级的混凝土，主体结构施工及防水层施工可参照 SH/T 3535 和 GB 50108、GB 50208 的相关规定执行。防水层施工前按设计要求及 SH/T 3535 进行蓄水试验，两项标准中对防水等级的划分基本一致，蓄水试验不能满足要求时，应对缺陷进行处理后重新验收。

三、脚手架工程

根据 GB 51210《建筑施工脚手架安全技术统一标准》术语定义，将脚手架分为作业脚手架和支撑脚手架两个大类，其中本书中提及的模板支架皆属于支撑脚手架范畴，为便于与大多数现行标准描述和现场惯用叫法的一致性，本书仍沿用了原称谓。本章的脚手架特指土建施工用作业脚手架。国家现行标准体系中涉及脚手架的标准较多，除统一标准 GB 51210 外，还有针对门式、扣件式、碗扣式、盘扣式、工具式等各类型脚手架安全技术规范 JGJ 128、JGJ 130、JGJ 166、JGJ 231、JGJ 202 等，另外还有针对材料和构配件的各类标准，不再一一列举。

（一）材料

GB 51210 中规定各类脚手架材料、构配件的材质、外观、尺寸等基本要求，需对照各类型脚手架安全技术规范 JGJ 128、JGJ 130、JGJ 166、JGJ 231、JGJ 202 中的材料检查验收规定进行进场验收。其中 GB 51210 统一了各类钢管外径、壁厚、外形允许偏差的规定，与其他部分标准有所差别，施工时予以注意。

（二）脚手架设计

GB 51210 给出了脚手架基本的荷载取值和设计要求，在方案设计时可作为主要的设计依据，涉及不同类型的脚手架形式时参考相应类型脚手架安全技术规范特定的取值要求、构造配置等。脚手架结构设计时，应先对脚手架结构进行受力分析，明确荷载传递路径，选择具有代表性的最不利杆件或构配件作为计算单元。GB 51210 中定义了脚手架安全等级和相应的结构重要性系数，统一了作业层施工荷载标准值与荷载组合要求，与其他标准有所差异，设计时应注意甄别。

（三）脚手架搭设与拆除

脚手架搭设和拆除作业应符合 GB 51210 和相关国家现行标准的施工与安全管理规定。GB 51210 强调了脚手架连墙件安装、拆除作业、限荷和保持脚手架独立使用等规定，需要特别注意。

（四）脚手架检查与验收

脚手架应分阶段检查与验收，符合 GB 51210 及相应类型脚手架国家现行标准的检查与验收要求，挂牌使用。

四、模板工程

模板工程是对混凝土浇筑成型用的模板及支架设计、安装、拆除等一系列技术工作和所完成实体的总称，模板及支架的材料选择、设计与安装无论是对混凝土成型质量还是工程施工安全都至关重要。除了 GB 50666《混凝土结构工程施工规范》和 GB 50204《质量验收规范》对模板工程的规定外，JGJ 162《建筑施工模板安全技术规范》是必须掌握的一项标准，同时针对不同建筑类型的显著特性，石化行业标准 SH/T 3510、SH/T 3564、SH/T 3535 等也提出了一些具体要求，GB 50113 针对滑动模板、JGJ/T 74 针对建筑工程大模板的技术要求在应用时遵照执行。

（一）材料

GB 50204 及 GB 50666 中皆提出模板及支架用材料的技术指标应符合国家现行有关标准的规定，可依据 JGJ 162 中对模板及支架材料的详细规定执行。进场验收时，同时检查是否满足模板及支架设计方案中材料的规格和尺寸要求。

（二）模板工程方案设计

1. 现浇结构模板工程设计

根据 GB 50666、GB 50204 规定，模板及支架应根据施工过程中的各种工况进行设计，并满足承载力、刚度和整体稳定性要求。GB 50666 和 JGJ 162 中都对模板及支架设计有明确的条文规定，且基本一致，表达方式不尽相同。另外，针对扣件式钢管脚手架作为模板支架时，JGJ 130、JGJ 300 也有相关的规定，与上述两本标准的要求也有差异，本书仅列出部分主要差异供参考。

（1）荷载效应组合取值有所不同；

（2）受压构件长细比规定有差异；

（3）构造要求中对立柱的连接要求、剪刀撑设置等有差异。

设计计算时建模要准确，标准要统一，核算数据有一定安全量，减少安全风险。目前尽管模板支架的设计软件众多，建议在选用时应核对其计算书与本书所列相关标准中条文规定的一致性。

在模板设计时，可充分考虑以下几个方面：

（1）面板的厚度与材料周转预期匹配，是否有清水混凝土要求；

（2）梁和板的支架立柱，其纵横向间距相等或成倍数，保证架体水平杆件整体贯通；

（3）立柱间距和底层步距能满足施工人员通过；

（4）杆件规格与设计计算及市场资源匹配等。

2. 工具式模板工程设计

在钢筋混凝土烟囱、筒仓等高耸结构施工时，常选用滑动模板工艺施工，限于其工艺条件高、质量控制难的特性，随着应用的逐步发展，与爬模、翻模、提模等工艺相结合，形成了多种广义的滑动模板工艺，设计时可参照 GB 50113 执行。液压翻模工艺是对液压滑模工艺的一种扩展，其施工稳定性及混凝土成型质量更易控制，宜优先选用。

爬升模板设计参照 JGJ 162 的相关规定执行，可参考 JGJ/T 74 的相关要求。

（三）模板安装

GB 50666、GB 50204 规定了现浇结构的模板安装及质量验收要求。设备基础模板及支架的安装与施工验收参照 SH/T 3510 的相关要求执行。水池模板安装参照 SH/T 3535 的相关要求执行，该标准对模板安装允许偏差、止水对拉螺栓、止水带等提出了更具体的要求。

模板支架施工及验收时，注意杆件配置和剪刀撑、连墙件等构造要求与设计方案及 JGJ 162 规定的一致性，采用扣件式钢管模板支架时，按 JGJ 130 的相关验收要求检查模板支架搭设偏差及扣件螺栓拧紧扭力矩。采用碗扣式、盘扣式、门式等其他类型的脚手架形式作为模板支架时，分别按 JGJ 166、JGJ 231、JGJ 128 等脚手架安全技术规范施工及验收。

烟囱、筒仓等工程采用滑动模板工艺或液压翻模工艺施工时，参照 GB 50113 的相关规定，烟囱施工尚应符合 GB 50078 的相关规定，尿素造粒塔施工尚应符合 GB 51138 的相关规定。

LNG 混凝土外罐等采用爬升模板施工时，参照 SH/T 3564 和 JGJ 162、JGJ 74 的相关规定执行。

（四）模板及支架拆除

模板拆除执行 GB 50666 和 JGJ 162 的相关规定，按方案设定的顺序拆除。底模及支架拆除应考虑混凝土构件达到设计强度的百分率，多层结构施工时，连续支模的底层支架拆除时间要根据楼层间荷载分配和混凝土强度增长情况确定。SH/T 3510 规定，带有对拉螺栓或固定地脚螺栓的模板拆除时，要避免螺栓与混凝土接触面的松动。

五、钢筋工程

钢筋工程是钢筋进场检验、加工、连接、安装等一系列技术工作和完成实体的总称，其对混凝土结构的承载能力起至关重要的作用，施工工程中对各工序应从严要求。质量验收应结合 SH/T 3510 等专项行业标准与 GB 50204 进行，钢筋施工各工序应参照 GB 50666 的具体要求实施，材料进场检查、检验应结合钢筋材料标准《钢筋混凝土用钢》GB/T 1499.1、GB/T 1499.2、GB/T 1499.3 的相关要求，钢筋焊接与机械连接施工及验收应分别满足 JGJ 18 与 JGJ 107 的相关要求。

（一）材料

钢筋作为钢筋混凝土结构最重要的工程原材料，鉴于其施工后隐蔽的特点，材料进场验收环节相当关键，各技术标准都有详细的要求。

1. 进场验收

钢筋进场时，应检查质量证明文件，并按国家现行相关标准的规定抽取试件作屈服强度、抗拉强度、伸长率(最大力下总伸长率)、弯曲性能和重量偏差检验，检验方法及结果判定应根据相应材料标准中的交货验收要求。热轧光圆钢筋和热轧带肋钢筋依据《钢筋混凝土用钢》GB 1499.1、GB 1499.2 交货检验，规定了钢筋合格证与标牌标识的一致性。钢筋焊接网依据 GB 1499.3 交货检验，低温钢筋依据 YB/T 4641《液化天然气储罐用低温钢筋》交货检验。

GB 50204 中对抗震钢筋的强度和最大力下总伸长率的实测值给出了具体规定，应根据设计要求对试件的检验报告进行符合性审查。

低温钢筋的检验验收在 SH/T 3564 与 YB/T 4641 两项标准中要求不同，应按设计指定的标准执行。另外，按 YB/T 4641 规定，当原料、生产工艺、设备有重大变化及新产品生产时，应对疲劳性能及连接性能进行型式检验。

GB 50204 规定对钢筋、成型钢筋进场检验的检验批容量扩大一倍的条件，满足一项即可，当扩大检验批后的检验出现一次不合格情况时，应按扩大前的检验批容量重新验收，并不得再次扩大检验批容量。

所有钢筋进场应首先做全数外观检查，GB 50204 明确钢筋应平直、无损伤，表面不得有裂纹、油污、颗粒状或片状老锈。各材料标准中针对表面质量验收有强调，钢筋表面应无有害缺陷，根据 GB/T 1499.2 规定，只要经过钢丝刷刷过的试样的重量、尺寸、横截面积和拉伸性能不低于相关要求，锈皮、表面不平整或氧化铁皮不作为拒收理由。当带有以上规定的缺陷以外的表面缺陷的试样不符合拉伸性能或弯曲性能要求时，则认为这些缺陷是有害的。进场验收时应注意甄别。

套筒材料应符合 JGJ 107 规定。

焊条、焊剂应按 JGJ 18 选用，其质量应符合相应材料标准。

2. 钢筋现场存放与保护

钢筋存放时，应按批次和规格分类垫放整齐，避免锈蚀、油污或变形，并做好标识。施工中发现钢筋脆断、焊接性能不良或力学性能显著不正常等现象时，应停止使用该批钢筋，并对该批钢筋进行化学成分检验或其他专项检验。未经验收的材料不得进入钢筋安装作业现场。

（二）钢筋加工

目前施工图纸皆为平面标注法，需要对结构配筋图进行深化设计后做出钢筋配料单，依据配料单进行钢筋加工。钢筋配料方案需要综合考虑钢筋利用率、钢筋连接方式及现场施工进度等因素确定。

GB 50666 和 GB 50204 皆对钢筋加工尺寸做出了具体且比较一致的要求，GB 50666 中的要求更详细和具体，GB 50204 对检查数量和偏差作出了规定，可结合使用。尚需注意以下几点：

（1）钢筋加工前应将表面清理干净。

（2）现场需要钢筋代换（变更钢筋的品种、级别或规格）时，应办理设计变更文件。

（3）盘圆钢筋调直后需要进行力学性能和重量偏差检验，推荐采用无延伸功能的机械调直设备调直，可不进行该检验。

（4）SH/T 3510 中规定动设备基础施工时，不得将弯折过的钢筋调直使用作受力钢筋。

（5）钢筋加工完成后应分类堆放，并按使用部位编号、挂牌，钢筋料牌与配料单应严格校核，确保准确无误，以免返工浪费。

（三）钢筋连接与安装

钢筋现场安装前，再次确认加工品与钢筋配料单的符合性，避免错用。绑扎是钢筋安装的主要方法，合理的摆放及绑扎顺序对钢筋施工效率起关键作用。

钢筋安装时，受力钢筋的品种、级别、规格、数量及安装位置应符合设计文件要求。无论在安装过程中还是隐蔽验收环节，都是控制的重点，应严格按照 GB 50204 规定的检验方法和偏差要求进行检查、验收。

钢筋连接方式应符合设计要求，需要提醒的是，部分外资建设企业或国际 EPC 承包商规定钢筋不得焊接，施工前应核对设计要求及合同文件。

1. 焊接连接

常用的钢筋焊接方法主要有电弧焊、闪光对焊、电渣压力焊、气压焊、电阻点焊等。电阻点焊较多应用于钢筋焊接骨架和钢筋焊接网，电渣压力焊应用于现浇钢筋混凝土结构中竖向钢筋或倾斜度不大于10°的斜向钢筋的连接（如柱、墙的竖向钢筋），气压焊可用于钢筋在垂直位置、水平位置或倾斜位置的对接焊接，闪光对焊应用于钢筋加工阶段的钢筋对接。电弧焊焊接方式较多，现场常用多为搭接焊（双面焊或单面焊），由于现场不易保证钢筋同心，正逐渐被机械连接接头取代。

钢筋焊接施工及验收应符合 JGJ 18 的相关规定。选用的焊条、焊丝应与钢筋牌号、钢筋直径、接头形式相匹配。施焊焊工应经过焊工考试，按照合格证规定的范围上岗操作。施焊前进行现场条件下的焊接工艺试验，经试验合格后，方准于焊接作业。钢筋焊工考试内容可参照 JGJ 18 的相关规定。钢筋焊接的现场检验应从施工完成的检验批中抽取接头作为试件进行检验，抽取比例及评定应符合 JGJ 18 的相关规定。

2. 机械连接

钢筋机械连接的方式主要有直螺纹连接、锥螺纹连接、套筒挤压连接等，其中直螺纹连接又分为墩粗直螺纹、直接滚扎直螺纹、剥肋直螺纹等方式。机械连接接头根据抗拉强度、残余变形以及高应力和大变形条件下反复拉压性能的差异，分为Ⅰ级、Ⅱ级和Ⅲ级三个等级，应根据 JGJ 107 规定合理选用接头等级。

GB 50204 中明确了机械连接接头性能及检验结果应符合 JGJ 107 的相关规定，施工中根据 JGJ 107 的具体要求执行，接头的加工、安装位置、接头面积百分率及接头性能等应符合相关要求。根据 JGJ 107 要求，对直接承受重复荷载的结构构件（如动设备基础等），应选用包含有疲劳性能的型式检验报告的认证产品。根据 SH/T 3564 的相关要求，低温钢筋的机械连接接头还应按设计文件要求进行低温环境条件下的力学和机械性能检验。

对机械接头的检验应尤其注意,型式检验、工艺检验与现场检验三种检验不可混淆。施工前首先应要求供货单位提交有效的型式检验报告,否则应于施工前按 JGJ 107 的相关要求进行型式检验,取得合格报告后方可用于现场施工。工艺检验是在钢筋连接工程开始前,对不同钢筋生产厂的进场钢筋进行的,施工过程中更换生产厂时,应补充进行工艺检验。现场检验为从施工完成的检验批中抽取接头作为试件进行检验,抽取比例及评定应符合 JGJ 107 的相关规定。

直螺纹连接接头应注意套筒通丝与反丝的应用,安装除检查外露丝扣数量外,应用扭力扳手校核拧紧扭矩,符合最小拧紧扭矩值要求。

3. 钢筋安装

钢筋绑扎、接头部位、接头面积百分率、搭接长度、锚固长度、构造钢筋、箍筋加密区等应符合设计要求及 GB 50666 的相关要求,同时注意图集 16G101 中对构造钢筋、附加筋等的相关要求。SH/T 3510 中针对石化装置中设备基础的特殊形式及施工特点对钢筋安装提出的具体要求(如动设备基础、预留孔洞、与地脚螺栓定位支架协调安装等)应予关注,孔洞尺寸超过 300mm 时应增设附加钢筋,避免遗漏。

钢筋安装验收应符合 GB 50204 的相关规定,设备基础施工时,注意 SH/T 3510 还增加了对绑扎钢筋搭接长度的允许偏差要求,同时要求一般项目合格点率应达到 80% 及以上,且无严重缺陷,偏差值不大于该标准允许偏差的 1.5 倍。

由于石化工程中设备框架承载要求高,导致部分构件配筋率偏高,施工中应关注构件交接处的钢筋位置符合 GB 50666 的规定。由于地脚螺栓的预埋需求,与钢筋安装位置可能存在冲突之处,需要在安装前做好大样图以妥善处置,避免出现现场煨烤钢筋等错误做法。冲突无法避开时应及时与设计联络以变更设计。

另外,SH/T 3535 对水池池壁的拉结筋提出了具体要求,SH/T 3564 中针对 LNG 混凝土外罐各部位钢筋施工有相应的具体要求,施工时应注意核对符合性。

六、预埋件

预埋件包括预埋地脚螺栓、预埋板、预埋套管、预留孔洞等。预埋件安装准确程度是影响设备安装的重大因素。SH/T 3510 对预埋件的材料入场、加工、安装有较详细的要求,应作为主要依据标准。

(一) 材料

预埋件包括成品与现场加工品两类,安装前要检查其材质、类型、规格等内容是否符合设计文件要求。

(1) 按 SH/T 3510 规定,预埋地脚螺栓进场要检查质量证明文件,其材质、类型、规格应符合设计要求,强调要附原材料的复检报告(螺栓供应商提供);同时进行尺寸实测抽检。规定特殊材质(如低合金钢等)、设计有要求或对其质量有疑义的地脚螺栓,还要进行现场的材质复验,必要时进行机械性能检测。

(2) 现场制作预埋板、预埋钢套管的原材料(钢材、钢筋等)应检查质量证明文件,焊材与钢材材质应匹配。预埋件制作质量符合 SH/T 3510 的规定,焊接符合 JGJ 18 的相关规定。有镀锌要求的预埋件,可在制作完成后进行热镀锌。

（3）SH/T 3510 和 JGJ 18 规定预埋件钢筋 T 型接头安装前应进行外观质量检查及力学性能检验。其抽样数量、试件制作及试验结果评定可参照 JGJ 18 的相关规定。

（4）根据 SH/T 3564 规定，低温预埋件的焊接应符合 SH/T 3561《液化天然气（LNG）储罐全容式钢制内罐组焊技术规范》的规定；SH/T 3564 规定，预应力波纹管应进行径向刚度、抗渗漏性能的检验。

（二）安装

SH/T 3510 中给出了各类预埋件安装的具体要求，施工中可逐项落实，应注意以下几点：

（1）预埋件的安装应与钢筋安装协调一致，必要时调整钢筋位置，确保预埋件安装位置准确。重型钢结构等基础柱头上安装带有锚座的地脚螺栓时，应考虑锚座能否穿过箍筋间隙，合理确定安装顺序。

（2）优先选用定距模板或定位支架来固定地脚螺栓，是保证其位置的有效措施。

（3）设备基础采用定位盘安装地脚螺栓时，需注意定位盘的角度指向，并与设备专业图纸核对无误。

（4）结构侧面预埋板安装时，除与钢筋固定外，可采取措施使钢板外露面与模板面贴紧并固定，保证位置准确及表面平整。

（5）地脚螺栓预留孔模板要有足够的刚度，避免在混凝土浇筑过程中变形或脆断。

七、混凝土工程

混凝土工程是包括原材料进场验收、混凝土制备与运输、混凝土现场施工等一系列技术工作和完成实体的总称，作为土建结构实体的最主要构成部分，其质量控制决定了工程的本质安全。

GB 50666 和 GB 50204 是混凝土结构施工和验收基本标准，石化行业标准 SH/T 3510、SH/T 3535、SH/T 3564、SH/T 3528 等在各自适用范围内进行了一些有效的补充并做出了特定要求，应遵照执行。

（一）材料

商品混凝土和现场集中搅拌混凝土是目前石油化工建设中混凝土结构施工的两个主要来源形式。现场集中搅拌站一般设立在一些大型基地式工程集群管理环境下，参照商品混凝土模式运营，因此运至现场的混凝土材料大多以拌合物（预拌混凝土）的状态存在，原材料控制部分的职能大多放在了商砼站或集中搅拌站内，符合 GB/T 14902《预拌混凝土》的相关要求即可，特殊混凝土掺加材料应符合设计文件的要求。根据 SH/T 3510 的要求，现场拌制混凝土应编制现场混凝土制备方案并经监理（建设）单位审批通过后方可实施，以确保产品质量满足工程需要，原材料符合 GB 50204 的相关规定。

混凝土拌合物进场按 GB 50204 的要求进行验收，检查混凝土质量证明文件及坍落度等。首次使用的配合比应进行开盘鉴定，满足 GB 50666 中的相关要求。

LNG 混凝土外罐罐壁施工用低温混凝土的制备及进场验收按 SH/T 3564 的相关规定执行，质量证明文件中包含低温环境下的抗压强度、热膨胀系数及常温环境下抗冻融性能、含水率。外加剂不得含有氯盐，不宜使用防冻剂。

水池施工用混凝土尚应符合 SH/T 3535 的相关规定，该标准对水泥、骨料及外加剂等原材料提出了相应要求。

（二）混凝土施工

混凝土浇筑前，应按 GB 50666 的要求，核对并落实浇筑条件。施工中执行 GB 50666 的各项要求，控制混凝土输送、浇筑、振捣、养护各环节。

（1）混凝土运输、输送、浇筑过程中严禁加水；散落的混凝土严禁用于混凝土结构构件的浇筑。

（2）混凝土采用输送泵浇筑时，泵管支架与结构牢固连接，不应连接或作用在脚手架上。

（3）混凝土浇筑前，现场检测坍落度及入模温度。浇筑过程中按 GB 50204 要求留置混凝土标准养护试件，另外根据结构形式、施工实际情况留置同条件养护试件、拆模试件等过程质量控制试件。SH/T 3535 针对水池施工还增加了抗渗试件和抗冻试件留置要求。GB 50208 规定的抗渗试件留置要求有所差别，对普通水池施工影响不大，可对照执行。

（4）同一施工段混凝土连续、分层浇筑，分层厚度、浇筑间歇时间根据现场浇筑情况确定，不得超过规范限值。当遇特殊情况导致底层混凝土初凝后未能浇筑上层混凝土时，应按施工缝要求进行处理后方可继续浇筑，需要针对现场情况作出预判，及时做出处理。

（5）柱、墙混凝土设计强度等级高于梁、板混凝土设计强度等级时，浇筑可参照 GB 50666 规定执行。

（6）特殊部位的混凝土需加强振捣，可参照 GB 50666 规定执行。另外，振捣要避免触碰地脚螺栓等预埋件，注意复查其位置、标高等。

（7）在混凝土终凝后及时进行抹面处理并加强保湿养护，保证混凝土强度增长和防止裂缝产生。养护时间符合 GB 50666 规定。

（8）混凝土水池采用沉井方法施工时，应符合 SH/T 3535 及 JGJ 311 中的相关规定。

（三）混凝土施工缝与后浇带

根据 GB 50204 规定，施工方案中应明确混凝土施工缝与后浇带的留设位置及处理方法，且应符合设计要求，施工缝的留设位置应同时符合 GB 50666 和 SH/T 3510 的相关规定，施工缝或后浇带处理满足 GB 50666 的规定。

超长混凝土结构采用后浇带或跳仓法施工时，应满足 GB 50666 的规定。

（四）大体积混凝土

SH/T 3510、GB 50496 和 GB 50666 中都对大体积混凝土施工提出了要求，其要求基本上是一致的，施工前应对照实际情况及三项标准编制施工技术方案。GB 50496 对大体积混凝土施工提出了更具体、详尽的要求，包括温控指标、混凝土制备、运输、施工准备、模板要求、混凝土浇筑、养护及温控监测等一系列内容，并给出了涉及的温控、应力计算方法。GB/T 51028 对大体积混凝土测温及控制提出了解决方案，可作为 GB 50496 的有效补充。另外，需要注意以下几点：

（1）测温频率要求稍有不同，制定方案时可依现场实际选用。

（2）GB 5066 提出"对基础厚度不大于 1.6m，裂缝控制技术措施完善的工程，可不进行测温。"

（3）GB 50666 中对柱、墙、梁大体积混凝土测温点设置提出了具体的要求。

（4）GB 50496 中提出了区别于 GB 50204 要求的混凝土强度试件取样数量。

（5）GB/T 51028 给出了宜采用水冷却方式控制大体积混凝土温度的三种情况，并在第

6.3 节及附录提出了水冷却系统温度控制的具体要求及设计计算规则。

（五）混凝土强度检验评定

根据 GB 50204 规定，混凝土强度应按 GB/T 50107《混凝土强度检验评定标准》的规定分批检验评定。分批需综合考虑 GB 50204 和 GB/T 50107 规定结合现场施工进度确定。

混凝土强度评定分为统计方法评定和非统计方法评定，视该批混凝土试件数量而定，分别按 GB/T 50107 规定进行计算，并评定是否合格。评定不合格时，按 GB 50204 规定处理。

（六）现浇结构分项验收

现浇结构在拆模后、混凝土表面未作修整和装饰前进行分项质量验收，并作出记录。

现浇结构应进行外观、位置和尺寸检验，混凝土设备基础应符合 SH/T 3510 的相关规定，水池应符合 SH/T 3535 的相关规定，储罐基础应符合 SH/T 3528 的相关规定，全容式低温储罐混凝土外罐罐壁结构应符合 SH/T 3564 的相关规定，其他现浇结构应符合 GB 50204 的相关规定。对出现严重缺陷和一般缺陷，按 GB 50204 规定处理，超过尺寸允许偏差且影响结构性能或安装、使用功能的部位按相应规定处理。

八、灌浆

石油化工建设中灌浆用途较广，主要应用于填充设备底板或钢结构柱脚底板与基础混凝土面之间空隙，也用于填充预留螺栓孔等。

（一）材料

常用的灌浆材料有水泥基灌浆料、环氧灌浆料及细石混凝土灌浆料等。细石混凝土灌浆料已逐渐被水泥基灌浆料取代，施工时应根据设计要求选用。

（1）应用水泥基灌浆材料时，SH/T 3604 和 GB/T 50448 两项标准对水泥基灌浆材料的分类标准基本一致，仅有细微差别，其材料进场检验都是按照 GB/T 50448 的相关规定进行。选定灌浆材料型号时，应充分考虑设计文件要求、灌浆层厚度与产品说明的匹配。

（2）应用环氧灌浆材料时，应符合 SH/T 3604 相关规定，环氧灌浆材料的进场复检包括性能检测和净含量检测。

（3）细石混凝土进场验收可参见普通混凝土相关要求。

（二）灌浆施工

灌浆施工包含基层处理、模板支设、灌浆料现场拌合、浇筑、养护、拆模等工序。施工时可根据工程实际和 SH/T 3604 规定制定可行的技术方案并据以执行，需注意以下几点：

（1）灌浆施工前基础灌浆接触面应进行处理，满足设计文件、产品说明书及 SH/T 3604 的相关要求，设备或钢结构已安装完成并验收合格、办理工序交接手续。

（2）根据 SH/T 3510 和 SH/T 3604 的要求，灌浆料应采用机械搅拌，比 GB/T 50448 的相关规定略严。

（3）灌浆料要随拌随用，在说明书规定的时间内完成灌注作业，按 SH/T 3604 规定，拌合后宜在 30min 内用完。

（4）SH/T 3604 规定，当对地脚螺栓孔和混凝土基础顶面分两次灌浆时，地脚螺栓孔内灌浆层顶面宜低于基础混凝土顶面 50mm；应在地脚螺栓孔灌浆材料达到设计强度 70% 后，再进行设备调平及混凝土顶面的灌浆。SH/T 3510 规定地脚螺栓紧固时，孔内灌浆料及二次灌浆料的强度应分别达到 100% 和 75%。

(5)水泥基灌浆材料和环氧灌浆材料的施工取样要求是不同的。根据 GB/T 50448 的相关规定，水泥基灌浆施工每 50t 为一个留样检验批；根据 SH/T 3604 的相关规定，环氧灌浆施工每 20t 为一个留样检验批。

九、预应力工程

预应力工程在石油化工建设中应用范围较小，目前仅有全容式低温储罐外罐施工和个别水池施工案例。

SH/T 3564 对全容式低温储罐混凝土外罐预应力施工中的材料检验、预埋预留施工、锚具施工、钢绞线穿束、张拉、灌浆、封锚等全过程有明确的规定，施工时参照执行即可，其中涉及的材料及应用标准也已列入该标准规范性引用文件中，需配合查用，包括：GB/T 5224《预应力混凝土用钢绞线》、GB/T 14370《预应力筋用锚具夹具和连接器》、JG/T 225《预应力混凝土用金属波纹管》、JGJ 85《预应力筋用锚具夹具及连接器应用技术规程》等。

SH/T 3535 中未包含预应力工程相关内容，不适用于预应力混凝土水池工程的施工，预应力混凝土水池施工时需依照设计文件，分别参照 GB 50204 及以上提到的预应力材料和应用标准进行施工，孔道灌浆参照 GB/T 50448 的相关要求施工。

十、混凝土结构分部验收

现浇混凝土结构验收由总监理工程师组织施工单位项目负责人、项目技术负责人和设计单位项目负责人等进行。

1. 混凝土分部验收合格标准

根据 GB 50204 要求，混凝土结构施工质量验收合格应符合下列规定：

(1)所含分项工程质量验收合格；

(2)有完整的质量控制资料，如规范所列；

(3)观感质量验收合格；

(4)结构实体检验结果符合规定要求。

当混凝土结构施工质量不符合要求时，按规定处理。

2. 混凝土结构实体检验

根据 GB 50204 的要求，对涉及混凝土结构安全的有代表性的部位应进行结构实体检验。结构实体检验应包括混凝土强度、钢筋保护层厚度、结构位置与尺寸偏差以及合同约定的项目，必要时可增加检验项目。结构实体混凝土强度检验优先采用同条件养护试件的方法；未取得同条件养护试件强度或其强度不符合要求时，可采用回弹－取芯法进行检验。GB 50204—2015 附录 C~附录 F 分别给出了实体检验的具体规定。需要注意以下几点：

(1)根据该章标题及附录中对结构部位的描述，结构实体检验的对象是主体结构的混凝土结构子分部，是不包括基础(子)分部的。

(2)实体检验的对象是针对整个混凝土结构分部(子分部)，现场执行时应根据质量验收划分方案分别确定范围，明确评价对象，以符合附录中给出的抽样数量要求。

(3)同条件养护试件强度检验时的等效养护龄期要求宜以记录该时间段的每日平均气温为准，当无实测值时，可采用当地天气预报的最高温、最低温的平均值。

水池结构的抗渗性能检验通过蓄水试验来完成，可参照 SH/T 3535 的相关要求执行。该标准还提出防水渗漏等级为一级、二级的水池池壁应做结构实体钢筋保护层厚度检验的要求，并在 SH/T 3535—2012 附录 A 中给出了石油化工混凝土水池防水等级的划分标准，检验方法参照 GB 50204 的相关规定。

第五节　建筑物施工

石油化工建筑物工程主要分为工业建筑(如中心控制室、变配电室、压缩机厂房、化验楼等)和民用建筑(如办公楼、综合用房等)，根据 GB 50300 规定包含地基与基础、主体结构、建筑装饰装修、屋面、建筑给水排水及供暖、通风与空调、建筑电气、智能建筑、建筑节能、电梯等分部工程。本节内容主要以石油化工新建工程涉及的工业建筑(框架结构)为主介绍此类建筑物的基本重点工序和区别于民用建筑的特殊要求，其中地基与基础分部和混凝土结构(子)分部的内容可参见本章第三节和第四节的相关介绍。

一、工业建筑典型施工程序

工业建筑典型施工程序如图 2-1-8 所示。

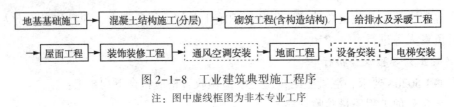

图 2-1-8　工业建筑典型施工程序

注：图中虚线框图为非本专业工序

二、砌体工程

砌体在不同结构形式的建筑物中发挥着不同的作用，考虑石油化工建筑物多为框架结构，那么砌体作为建筑物的填充结构，用以实现建筑物的空间划分，同时满足抗震、承载、保温隔热等功能。

1. 砌体材料

根据 GB/T 50203 要求，砖和砂浆的强度等级必须符合设计要求，同时要注意以下方面：

(1) 砌体结构工程所用材料应有产品合格证书、产品性能型式检验报告，质量应符合国家现行有关标准的要求。

(2) 块体(烧结普通砖、混凝土实心砖，烧结多孔砖、混凝土多孔砖、蒸压灰砂砖、蒸压粉煤灰砖等)、水泥、钢筋、外加剂尚应有材料主要性能的进场复检报告，并应符合设计要求。

(3) 蒸压加气混凝土砌块、轻骨料混凝土小型空心砌块的产品龄期不应少于 28d；蒸压加气混凝土砌块含水率宜小于 30%，运输过程中应防止雨淋。

2. 砌筑砂浆

石油化工砌筑工程常用的砌筑砂浆有水泥砂浆、水泥混合砂浆、水泥粉煤灰砂浆及掺用外加剂的砂浆等。

（1）根据 GB 50203 的要求对进场水泥、砂、粉煤灰、生石灰、拌合用水、外加剂等进行检查、检测，以确保工程实体质量；

（2）根据 GB 50203 要求进行试块的制作、养护并对砌筑砂浆试块强度进行验收。

（3）对于砌筑砂浆，根据目前现行国家要求及地方特点可分为现场自拌砂浆和预拌（商品）砂浆。使用时应区分不同砂浆的具体使用部位和相关要求，重点注意以下事项：

① 施工中不应采用强度等级小于 M5 水泥砂浆替代同强度等级水泥混合砂浆，如需替代，应将水泥砂浆提高一个强度等级。

② 砌筑砂浆应严格控制机械搅拌的搅拌方式、搅拌时间，应随拌随用，应符合现行行业标准 JG/T 164《砌筑砂浆增塑剂》的有关规定；干混砂浆及加气混凝土砌块专用砂浆宜按掺用外加剂的砂浆确定搅拌时间或按产品说明书采用；预拌砂浆及蒸压加气混凝土砌块专用砂浆的使用时间应按照厂方提供的说明书确定。

③ 关于拌制水泥混合砂浆的粉煤灰、建筑生石灰、建筑生石灰粉及石灰膏应符合 GB 50203 相关要求。

④ 砌筑砂浆的稠度及试块强度验收应符合 GB 50203 规定要求，抽检数量为每一检验批且不超过 250m³ 砌体的各类、各强度等级的普通砌筑砂浆，每台搅拌机应至少抽检一次。验收批的预拌砂浆、蒸压加气混凝土砌块专用砂浆，抽检可为 3 组。

⑤ 预拌砂浆应按照 GB 25181《预拌砂浆》确定所使用的预拌砂浆品种、强度等级、稠度、凝结时间等相关指标，施工中严禁使用超过凝结时间的预拌砂浆。预拌砂浆重塑只能进行一次，需技术负责人确认方可进行。

3. 砌筑工程施工及验收

GB 50203 将砌筑工程分为砖砌体工程、混凝土小型空心砌块砌体工程、石砌体工程、配筋砌体工程和填充墙砌体工程。石油化工建筑物多为框架结构，填充墙砌体工程是重点。填充墙砌体常用的有烧结空心砖、蒸压加气混凝土砌块、轻骨料混凝土小型空心砌块等。可根据 GB 50203 的相关要求，制定技术措施以组织施工并进行质量控制。施工中可重点关注以下内容：

（1）根据 GB 50203 要求，墙基础砌筑时应采用水泥砂浆，不得采用水泥混合砂浆。

（2）在卫生间等潮湿环境处采用轻骨料混凝土小型空心砌块、蒸压加气混凝土砌块砌筑墙体时，墙底部宜现浇混凝土坎台，其高度宜为 150mm。

（3）砌筑填充墙时错缝搭砌，应控制搭砌长度和竖向通缝。

（4）不同砌块和砌筑砂浆应合理选择和控制竖向灰缝宽度和水平灰缝厚度。

（5）填充墙与承重主体结构间的空（缝）隙部位施工，应在填充墙砌筑 14d 后进行。

（6）根据设计文件设置圈梁和构造柱，对圈梁、构造柱的预留插筋规格、型号、数量、位置、接头尺寸等进行验收，当采用化学植筋时应进行实体检测。

三、装饰装修工程

石油化工建筑物中，装饰装修工程主要包括抹灰、门窗、吊顶、涂饰等工程，重点参照 GB 50210 进行施工及验收，其中涂饰工程也可参照 JGJ/T 29《建筑涂饰工程施工及验收规程》的相关要求。

GB 50210 中给出了装饰装修工程的通用要求，其中要求建筑物装饰装修工程设计涉及主体和承重结构变动时，必须在施工前委托原结构设计单位或者具有相应资质条件的设计单位提出设计方案，或由检测鉴定单位对建筑结构的安全性进行鉴定。强调对隐蔽验收记录要包含隐蔽部位照片的要求。

1. 抹灰工程

抹灰工程包括一般抹灰、保温层薄抹灰、装饰抹灰、清水砌体勾缝等。一般抹灰工程分为普通抹灰和高级抹灰，当设计无要求时，按普通抹灰验收。一般抹灰工程包括水泥砂浆、水泥混合砂浆、聚合物水泥砂浆和粉刷石膏等抹灰。保温层薄抹灰包括保温层外面聚合物砂浆薄抹灰；装饰抹灰包括水刷石、斩假石、干粘石和假面妆等装饰抹灰。清水砌体勾缝包括清水砌体砂浆勾缝和原浆勾缝。

（1）材料进场

① 根据 GB 50210 的要求检查各类抹灰所用材料的品种和性能（产品合格证书、进场验收记录、性能检验报告和复检报告等）是否符合设计及国家现行标准规定；

② 按照 GB 50210 要求对砂浆的拉伸粘结强度和聚合物砂浆的保水率进行复检。

（2）抹灰施工及验收

施工中可根据 GB 50210 对各类抹灰的相关要求制定技术措施以组织施工并进行质量控制。

① 抹灰在砌体工程完成 7d 后，并在主体验收（部分主体验收）合格后进行。

② 抹灰前检查墙上预留孔洞是否正确，墙面须清理干净，并洒水湿润墙面，混凝土面抹灰前甩浆，以保证抹灰层与基层之间、各抹灰层之间粘结牢固，无脱落、空鼓，面层应无爆灰和裂缝。

③ 混凝土与砌体墙连接处、墙体布管处须安装铁丝网，安装铁丝网前先把混凝土面清理干净，铁丝网应平整绷紧。

④ 对抹灰总厚度大于或者等于 35mm 时，不同材料基体交接处要采取加强措施，该加强措施需按隐蔽工程项目进行验收。

⑤ 抹灰应分层进行，根据抹灰厚度及基体情况采取加强措施和防开裂措施。

⑥ 水泥砂浆不得抹在石灰砂浆层上，罩面石膏灰不得抹在水泥砂浆层上。

⑦ 对一般抹灰的表面质量、分格缝设置、踢脚线、阳角护角、滴水槽设置及施工偏差等根据 GB 50210 要求进行检查和验收。

⑧ 保温层薄抹灰、装饰抹灰及清水勾缝抹灰的施工及验收应分别符合 GB 50210 相关要求。

2. 门窗工程

门窗工程包括木门窗、金属门窗、塑料门窗和特种门安装以及门窗玻璃安装等分项工程，可参照 GB 50210 的要求组织施工及验收。

（1）材料进场

① 对门窗工程的人造木板门的甲醛释放量、建筑外窗的气密性能、水密性能和抗风压性能等指标进行复验。

② 检查门窗的品种、类型、规格、尺寸、开启方向、安装位置、连接方式及性能符合设计及国家现行标准。

③ 检查特种门窗的品种、类型、规格、尺寸、开启方向、安装位置和防腐处理符合设计及国家现行标准。

④ 门窗安全玻璃应符合 JGJ 113《建筑玻璃应用技术规程》的规定。

（2）门窗工程安装及验收

① 建筑外门窗安装应牢固，在砌体上安装门窗严禁采用射钉固定。

② 推拉门窗扇应牢固，需安装防脱落装置。

③ 门窗工程应对预埋件和锚固件、隐蔽部位的防腐和填嵌处理等隐蔽工程项目进行验收。

④ 特种门配件应齐全、安装应牢固，重点检查预埋件和锚固件的设置和施工质量，满足设计功能要求。防爆门、防火门应对其防爆性能、防火等级等性能进行专项检查、检验；埋件位置和洞口尺寸应准确；门框应安装牢固、密封到位，立柱尚应采取灌芯处理，并做好记录。

⑤ 门窗工程验收时应检查门窗工程的施工图、设计说明及其他设计文件、材料的产品合格证书、性能检验报告、进场验收记录和复验报告、特种门及其配件的生产许可文件、隐蔽工程验收记录、施工记录等文件和记录。

3. 吊顶工程

石油化工装置机柜间、变电所等建筑物存在部分吊顶工程，形式较为简单，可参照 GB 50210 相关要求执行。

（1）根据 GB 50210 要求，吊顶工程验收时应对设计说明、施工图、材料性能实验报告、隐蔽工程记录、施工记录等进行检查。

（2）吊顶工程应根据 GB 50210 要求进行隐蔽工程项目验收。

（3）重型设备和有振动荷载的设备严禁安装在吊顶工程的龙骨上。

（4）当吊杆长度大于 1500mm 时，应设置反支撑；当吊杆与设备相遇时，应调整并增设吊杆或采用型钢支架；吊杆上部为网架、钢屋架或吊杆长度大于 2500mm 时，应设钢结构转换层。

（5）对于板块面层吊顶，面板的安装应稳固严密。面板与龙骨的搭接宽度应大于龙骨受力面宽度的 2/3。

4. 涂饰工程

常见的涂饰工程有水性涂料涂饰、溶剂型涂料涂饰、美术涂饰等，涂饰工程可参考 GB 50210 及 JGJ/T 29《建筑涂饰工程施工及验收规程》等组织施工。

（1）涂饰施工温度，对于水性产品，环境温度和基层温度应保证在 5℃以上，对于溶剂型产品，应遵照产品使用要求的温度范围；施工时空气相对湿度宜小于 85%，当遇大雾、大风、下雨时，应停止户外工程施工。

（2）基层含水率是影响涂刷质量的关键因素。涂刷溶剂型涂料时，基层含水率不得大于 8%；涂刷水性涂料时，基层含水率不得大于 10%。

（3）建筑涂饰工程中配套使用的腻子和封底材料的性能应与选用饰面涂料性能相适应。

（4）涂饰工程施工应按"基层处理、底涂层、中涂层、面涂层"的顺序进行，并应符合下列规定：

① 涂饰材料应干燥后方可进行下一道工序施工；

② 涂饰材料应涂饰均匀，各层涂饰材料应结合牢固；

③ 旧墙面重新复涂时，应对不同基层进行不同处理。

（5）外墙涂饰施工应由建筑物自上而下、先细部后大面，材料的涂饰施工分段应以墙面分格缝（线）、墙面阴阳角或落水管为分界线。

四、地面工程

建筑物室内地面工程参照 GB 50209 相关要求执行，室外整体地坪工程可参见本章第六节"总图竖向施工过程管理"。结合石油化工建筑物特点，常用的类型有水泥混凝土地面、硬化耐磨地面、不发火防爆地面、自流平地面及防静电地板等。

1. 材料检验

（1）建筑地面工程采用的材料或产品应符合设计或国家现行标准要求，厕浴间和有防滑要求的建筑地面应符合设计要求。按照质量证明文件核查外观、型号、规格等，对重要材料或产品抽样送检。

（2）大理石、花岗岩面层所用板块产品进入施工现场时，应有放射性限量合格的检测报告。

（3）对于防静电地板面层应深化设计，材料进场进行规格、尺寸等外观检查和耐磨、防静电等性能复检。

（4）自流平面层的涂料进入施工现场时，应具有害物质限量合格的检测报告。

2. 基层铺设

（1）基层铺设的材料质量、密实度和强度等级（或配合比等）应符合设计及规范要求。

（2）有防静电要求的基层，应对金属裸露部分涂刷绝缘漆两遍并晾干。

（3）垫层分段施工时接茬做成错开的阶梯形。

（4）垫层施工时注意环境温度、湿度的要求，冬期施工时制定相应的施工措施。

3. 面层铺设

（1）地面采用水泥混凝土施工时，采用的粗骨料，最大粒径不应大于面层厚度的 2/3，细石混凝土面层采用的石子粒径不应大于 16mm，且面层的强度等级应符合设计要求，强度等级不应小于 C20。根据 GB 50209 的要求对同批次施工的水泥混凝土、砂浆试块进行送检。

（2）面层与下一层应结合牢固，无空鼓、裂缝。

（3）厕浴间和有防水要求的建筑地面必须设置防水隔离层，检查防水隔离层应采用蓄水方法。该部位面层与相连接各类面层的标高差应重点控制。

（4）检查有防水要求的建筑地面的面层应采用泼水方法，且地面铺设前必须对立管、套管和地漏与楼板节点之间进行密封处理，并应进行隐蔽验收，排水坡度应符合设计要求。

（5）硬化耐磨垫层采用拌合料铺设时，水泥强度不应小于 42.5MPa。

（6）不发火（防爆）面层的不发火性能应提供检测报告；砂应质地坚硬、表面粗糙，严格控制粒径、含泥量、有机物含量，水泥应采用硅酸盐水泥、普通硅酸盐水泥，面层分格的嵌条应采用不发生火花的材料配制；配制时应随时检查，不得混入金属或其他易发生火花的杂质；根据 GB 50209 的要求板块面层铺设应对结合层和板块间填缝的材料、伸缩缝、分隔缝及施工偏差进行控制。

（7）自流平面层应分层施工，面层找平施工时要做到表面光洁、色泽一致，无抹痕、无起泡、泛砂等现象。

（8）块材面层的结合层和填缝材料采用水泥砂浆时，在面层敷设后，表面应覆盖、湿润，养护时间不应小于7d。

（9）在胶结料结合层上铺贴缸砖面层时，缸砖应干净，铺贴应在胶结料凝结前完成。

（10）防静电塑料板配套的胶黏剂、焊条等应具有防静电性能。

（11）活动地板所有的支座柱和横梁应构成框架一体，并与基层连接牢固；支架抄平后高度应符合设计要求。

（12）活动地板面层应安装牢固，无裂纹、掉角和缺棱等缺陷。

（13）建筑地面子分部工程观感质量综合评价应检查下列项目：变形缝、面层分格缝的位置和宽度以及填缝质量。

五、屋面工程

屋面工程主要包括找坡层、找平层、隔离层、保护层、保温层、隔热层、防水层等，具体技术要求及质量标准遵照 GB 50345、GB 50207 执行，涉及坡屋面的，执行 GB 50693《坡屋面工程技术规范》。

1. 材料验收

（1）GB 50207 规定，屋面工程所用的防水、保温材料应有产品合格证书和性能检测报告，材料的品种、规格、性能等必须符合国家现行产品标准和设计要求。

（2）隔汽层应设置在结构层与保温层之间，隔汽层应选用气密性、水密性好的材料。

（3）保温材料的导热系数、表观密度或干密度、抗压强度或压缩强度、燃烧性能，必须符合设计要求。

2. 防水屋面施工及验收

屋面防水常见的有卷材防水、涂膜防水、复合防水和接缝密封防水等。防水屋面各层施工应参照 GB 50345 各节要求施工，并根据 GB 50207 相关要求验收。

（1）卷材施工方法通常有冷粘法、热粘法、热熔法等，卷材铺贴方向与搭接缝应分别符合 GB 50207 的规定。当屋面坡度大于 25% 时，卷材防水应采取满粘和钉压固定措施。

（2）涂膜防水材料应多遍涂布，并应待前一层涂布的涂料干燥成膜后，再涂布后一遍涂料，且前后两遍涂料的涂布方向应垂直。

（3）涂膜防水层的收头应用防水涂料多遍涂刷。

（4）密封材料嵌填完成后，在固化前应避免灰尘、破损及污染，且不得踩踏；施工后无明显不平和周边污染现象。

（5）卷材与涂料复合使用时，涂膜防水层宜设置在卷材防水层的下面，施工完成后不得有积水和渗漏现象。

（6）保温材料铺设应紧贴基层，错缝布置，拼缝应严密，表面应平整。

（7）天沟、泛水等细部构造施工方法及注意事项均可参见 GB 50207 的相关要求。

（8）屋面防水工程完工后，应进行观感质量检查和雨后观察或淋水、蓄水试验，不得有渗漏和积水现象。

六、给排水及采暖工程

建筑室内给排水及采暖工程可根据 GB 50242 相关规定组织施工及验收。

1. 材料验收

给水管道必须采用与管材相匹配的管件，生活给水系统所涉及的材料必须达到饮用水卫生标准。

2. 施工及验收

（1）生产给水系统管道在交付使用前必须冲洗和消毒，并经有关部门取样检验。符合 GB 5749《生活饮用水卫生标准》的规定方可使用。

（2）隐蔽或埋地的排水管道在隐蔽前必须做灌水试验，其灌水高度应不低于底层卫生器具的上边缘或底层地面高度。

（3）采暖管道安装应有合适的坡度，注意固定卡子安装位置及间距、套管封堵符合 GB 50242 相关要求。

（4）根据 GB 50242 的要求，地下室或地下室外墙有管道穿过的，应采取防水措施。对有严格防水要求的建筑物，必须采用柔性防水套管。

（5）根据 GB 50242 的要求，管道穿过墙壁和楼板应设置金属或塑料套管。穿过楼板或墙体的套管与管道之间缝隙应用阻燃密实材料和防水油膏填实，端面光滑。管道的接口不得设在套管内。

（6）施工前对预留孔洞、穿墙套管的位置、尺寸、施工质量等进行检查和验收。

（7）各种承压管道系统和设备应做水压试验，非承压管道系统和设备应做灌水试验。

七、电梯、通风与空调工程

石化行业建筑物中涉及的电梯工程相对较少，一般都委托专业施工企业进行安装施工。当涉及电梯工程时，可参照 GB 50310 进行施工质量控制，通风与空调工程可执行 GB 50243 相关规定。

施工企业承担通风与空调工程施工图深化设计时，其深化设计文件应经原设计单位确认。GB 50738 规定，施工图变更需经原设计单位认可，当施工图变更涉及通风与空调工程的使用功能和节能效果时，该项变更应经原施工图设计文件审查机构审查，在实施前应办理变更手续，并应获得监理和建设单位的确认。

（1）根据 GB 50243 的规定，风管系统支、吊架的安装应符合下列规定：

① 预埋件位置应准确、牢固可靠，埋入部分应去除油污，且不得涂漆。

② 风管系统支、吊架的形式和规格应按工程实际情况选用。

③ 风管直径大于 2000mm 或边长大于 2500mm 风管支、吊架的安装要求，应按设计要求执行。

（2）根据 GB 50243 的规定，当风管需要穿过封闭的防火、防爆的墙体或楼板时，应设置厚度不小于 1.6mm 的钢制金属套管；风管与防护套管之间应采用不燃柔性材料封堵严密。

（3）电梯井道安装按照 GB 50310 执行，并符合下列规定：

① 当坑底底面下有人员能到达的空间存在，且对重（或平衡重）上未设有安全钳装置时，对重缓冲器必须能安装在一直延伸到坚固地面上的实心桩墩上（或平衡重运行区域的下边）。

② 电梯安装之前，所有层门预留孔必须设有高度不小于 1.2m 的安全保护围封，并应保证有足够的强度。

（4）GB 50310 规定，电梯安装导轨支架应牢固可靠。预埋件应符合土建布置图要求。锚栓（如膨胀螺栓等）固定应在井道壁的混凝土构件上使用，其连接强度与承受震动的能力应满足电梯产品设计要求，混凝土构件的抗压强度应符合土建布置图要求。

第六节　总图竖向施工

石油化工厂区竖向工程主要包括厂区土方工程、室外地面工程、道路、小型构筑物（防火堤、围堰、沟槽、挡土墙、护坡、小型涵洞、跨越设施、围墙）等工程的施工。

对于小型构筑物及井室等涉及的基础工程、混凝土结构工程等内容，可参见本章第三节和第四节。

一、总图竖向工程典型施工程序

室外配筋地坪典型施工程序和配筋混凝土道路典型施工程序分别参见图 2-1-9、图 2-1-10。

图 2-1-9　室外配筋地坪典型施工程序

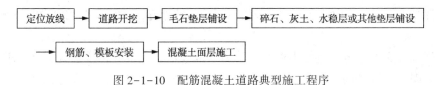

图 2-1-10　配筋混凝土道路典型施工程序

二、基本规定

（1）工程施工采用的材料应符合设计文件和国家有关产品标准的要求。

（2）竖向工程施工前应对天然地基和人工地基进行验槽。

（3）竖向工程施工时应对原有地下设施及其标识进行保护。

三、土方工程

根据 SH/T 3529—2018 的相关要求，土方工程开工前应了解厂区地形、地貌、地物、水文和工程地质等条件，设置永久性测量标桩、沉降观测点，提前设置排水设施，对可能出现塌方及滑坡处采取安全措施，取得动土许可后组织实施。

1. 土方开挖

（1）土方开挖不得超过基底标高，开挖完成后应进行人工清理，并及时组织验槽。

（2）软土地区基槽开挖应避免对基土的扰动，并应做好地面排水。

（3）土方开挖工程的标高、边坡、平整度、平面尺寸等应符合设计要求。

2. 土方回填

（1）土方回填前应清除基槽内的积水和杂物。

（2）土方回填应先低后高，逐层填筑，回填应密实，压实系数、表面平整度等指标应符合设计文件要求。

四、地面工程

石油化工装置地面工程包括基层和面层，基层主要有灰土、砂、级配砂石、碎石、碎砖、三合土、四合土等，面层主要有混凝土面层、碎石面层、板块面层、不发火面层、抗渗面层、防腐蚀面层等。地面工程施工及验收应符合 SH/T 3529 的相关规定。

（一）混凝土地面施工

1. 基层施工

（1）基土回填后的压实系数应符合设计文件要求。采用灌砂（或灌水）法取样时，取样数量可较环刀法适当减少，取样部位应为每层压实后的全部深度。

（2）基土坡度应与地面坡度相同。

（3）垫层应在基土检查验收合格后进行施工，铺设应符合 GB 50209 的有关规定。

（4）混凝土面层设置沉降缝及胀缝时，混凝土垫层应断开，缝宽与面层一致，并填入细砂。

2. 混凝土面层施工

（1）混凝土面层施工应随打随抹，并应及时养护，且养护时间不宜少于 14d。

（2）混凝土面层应按设计文件要求设置沉降缝、伸缩缝，设计文件无要求时按 SH/T 3529 规定执行。

（3）当设计文件规定设置传力杆时，传力杆的规格、数量应符合设计文件要求，传力杆的安装应牢固、位置准确。

（4）新旧地面衔接时，旧地面应在无破碎带处切直，且应留设缝宽 20～30mm 的胀缝，并在地面完成后填充柔性嵌缝材料。

（5）缩缝切割宜在混凝土强度达到 5～10MPa 时进行。

（二）碎石地面施工

碎石地面基层施工参见混凝土地面基层要求。碎石面层应采用干净碎石，最大粒径不得大于铺设厚度的 2/3，碎石面层铺设完成后，不得有裸露基土。

（三）防腐蚀地面施工

（1）基层施工应根据 GB 50212 的规定，基层混凝土应养护到期，在深度 20mm 的厚度层内，含水率不应大于 6%，当设计对湿度有特殊要求时，应按设计要求进行。其他以混凝土为基层的防腐构造施工，遵照该规范"混凝土基层"的处理方法进行处理。

（2）面层施工进行块材（耐酸砖、耐酸耐温砖、防腐蚀炭砖和天然石材等）防腐时应严格控制铺砌顺序和交错顺序，根据 GB 50212 相关要求执行。其中，第 8.1.6 条规定，铺砌顺序应由低往高，先地坑、地沟，后地面、踢脚板或墙角。阴角处立面块材应压住平面块材，阳角处平面块材应盖住立面块材，块材铺砌不应出现十字通缝，多层块材不得出现重叠缝。

（四）其他类型地面施工

（1）板块面层和不发火面层施工及验收应符合 GB 50209 的有关规定。

（2）抗渗地面施工及验收应符合 GB/T 50934 的有关规定。

五、厂区道路

厂区道路可分为水泥混凝土路面和沥青混凝土路面，应按 SH/T 3529 的相关要求施工及验收。其中，沥青混凝土路面施工及验收同时执行 GB 50092 的有关规定。道路面层施工前也必须按照相关规定，办理对应的书面会签，对涉及的沟槽、电缆、管道等工程明确已施工完成且验收合格，方可进行面层施工。

（1）防止温度应力造成的混凝土变形，混凝土道路应设置胀缝、缩缝、纵缝，按照 SH/T 3529—2018 第 7.4 节的要求执行，缩缝的施工方法应采用切缝法，当受条件限制时，可采用压缝法。

（2）混凝土养护期间应封闭交通，养护时间不宜少于 14d，养护期满后及时填缝，不得有积水、杂物。

（3）水泥混凝土面层的质量标准应符合 SH/T 3529 的要求。

（4）沥青混凝土路面基层在透层沥青或粘层沥青施工后及时铺筑。

（5）沥青混凝土面层摊铺应选用机械摊铺，摊铺应均匀、连续、不间断，拼缝紧密、平顺，上下接缝错开；待表面温度低于 50℃后方可使用。

（6）路面砖、石材人行道面层施工应平整、美观，质量符合 SH/T 3529 的要求。

（7）路缘石采用成品石材或预制混凝土标准块，宜与相应的基层同步施工，背后宜浇筑混凝土支撑，质量标准符合 SH/T 3529 的要求。

六、小型构筑物施工

小型构筑物主要包括防火堤、围堰、沟槽、挡土墙、护坡、涵洞、跨越桥、跨越梯等。涉及的地基与钢筋混凝土相关内容，可参照本章第三节和第四节相关要求执行。同时，应符合 SH/T 3529 的相关规定。

（1）防火堤应留设伸缩缝，为现浇结构时模板工程不得采用套管式对拉螺栓施工，砖砌防火堤伸缩缝两侧应设置强度不低于 C20 的构造柱。

（2）砖砌沟槽与混凝土沟槽施工及质量验收应符合 SH/T 3529 相关规定。注意沟槽应留设伸缩缝，有放水要求的沟槽伸缩缝宜埋设中槽式柔性止水带。

第二章 钢结构工程

随着石油化工行业近年来的高速发展，装置规模大、种类多，石油化工钢结构向高、重、复杂发展。计算技术的发展为结构工程设计提供了有力保证，结构技术的发展为新结构形式的实现和推广应用奠定了基础，新的施工工艺及新型材料得到了普遍应用，对钢结构安装技术水平也带来新的挑战。

石油化工钢结构工程包括框架、塔架(火炬)、管廊、钢屋架、钢平台、钢梯和防护栏杆等工程内容。包括加工制作、安装、焊接和热处理、涂装、质量验收等工序。

钢结构焊接和热处理参照第九章，钢结构防腐及防火参照第十二章。钢结构工程主要施工程序如图 2-2-1 所示。

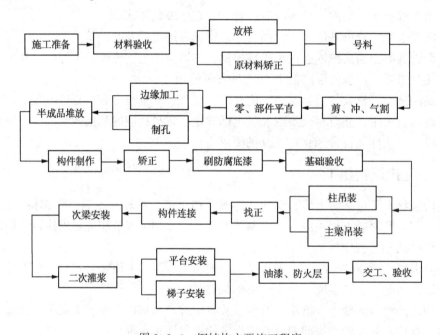

图 2-2-1 钢结构主要施工程序

第一节 法律法规标准

项目开工前，根据工程合同、工程范围、设计技术文件和法规要求制定项目钢结构工程施工所需的标准明细，作为项目施工技术文件编制依据。钢结构工程使用频率较高的法规、工程标准见表 2-2-1。

表 2-2-1　常用法律法规标准

序号	法规、标准名称	标准编号	备注
1	石油化工钢结构工程施工质量验收规范	SH/T 3507—2011	计划修订
2	石油化工安装工程施工质量验收统一标准	SH/T 3508—2011	
3	石油化工钢结构工程施工技术规程	SH/T 3607—2011	拟转企标
4	石油化工建设工程项目施工技术文件编制规范	SH/T 3550—2012	
5	危险性较大的分部分项工程安全管理规定	中华人民共和国住房和城乡建设部令第 37 号	
6	住房城乡建设部办公厅关于实施《危险性较大的分部分项工程安全管理规定》有关问题的通知	建办质〔2018〕31 号	
7	钢结构设计标准	GB 50017—2017	
8	钢结构工程施工质量验收规范	GB 50205—2020	
9	工业安装工程施工质量验收统一标准	GB 50252—2018	
10	钢结构工程施工规范	GB 50755—2012	
11	建筑工程施工质量验收统一标准	GB 50300—2013	
12	低层冷弯薄壁型钢房屋建筑技术规程	JGJ 227—2011	

第二节　施工准备

钢结构开工前应建立专业技术管理体系、配备专业工程师并明确岗位职责。根据钢结构施工的程序，应熟悉钢结构工程施工的范围、工程量、特点、难点和施工现场环境条件，从技术、物资、人力、工机具、预制场地和施工条件等方面合理配置资源，并根据项目实施计划逐一落实。施工准备主要内容如下：

一、技术准备

（1）施工组织设计、施工方案、作业指导书等施工技术文件准备工作已就绪，经建设单位审批合格。根据建办质〔2018〕31 号文件《危险性较大的分部分项工程安全管理规定》的要求，跨度 36m 及以上的钢结构安装工程，或跨度 60m 及以上的网架和索膜结构安装工程应编制专项施工技术方案。

（2）施工图纸已会审，施工详图细化已完成，经确认无误。与建设、设计等单位沟通，确定钢结构分段、加工细节，满足构件的运输和吊装要求。具体内容如下：

① 根据预制厂、现场实际起重能力和运输条件，核对钢结构分段是否满足要求。

② 按 SH/T 3607 的要求对设计图纸进行二次设计，进行钢结构节点构造细化，生成加工详图。

③ 对模块化吊装的受力点、吊装点、加固措施等关键环节核算确认。

④ 列出各类钢材的材料用量表、构件清单并做好材料规格、型号的归纳。

⑤ 钢结构加工、制作应根据构件特点和实际情况，为保证产品质量和操作方便，应适

当设计制作部分工装夹具。

（3）根据 SH/T 3607—2011 的规定对作业人员进行技术交底，包括工程范围、难点、特点，施工工艺、质量安全管理要求等。

（4）各种工艺评定试验及工艺性能试验完成。

二、人员、机具准备

1. 人员准备

（1）施工管理人员、作业人员配备到位。

（2）特殊工种作业人员按相关规定持证上岗。焊工经考试合格（取得压力容器焊接合格证的焊工，可以免试相应的合格项目）。

2. 施工工、机具

（1）主要施工机具

各种机械设备已调试验收合格，包括剪板机、切割机、型钢矫正机、电焊机、CO_2 焊机（半自动）、焊条烘干箱、焊条恒温箱、除湿机、天车或吊车等。测量工具已校检合格，包括经纬仪、水平仪等。

（2）常用工装

满足尺寸要求的临时工作平台，构件组对常用胎、卡具，框架组对胎具，焊接胎具、挡风雨棚已准备就绪。

三、现场准备

（1）现场应按工程项目施工技术文件进行布置，道路、水、电、气应满足施工及安全技术要求。

（2）根据施工技术文件要求、施工计划和施工平面图，安排材料、构件、半成品、机具陆续进场。

（3）焊接材料存储场所应配备烘干、去湿设施，并建立保管、烘干、发放等管理制度。

（4）基础验收已合格，并办理工序交接手续。

第三节　钢结构加工、制作

为了解决钢结构预制、组对场地等条件的限制，采取钢结构工厂化加工、制作、现场安装的方法，可以提高钢结构安装工效，缩短施工周期。钢结构加工、制作工程主要包含放样和号料、切割、制孔、矫正和成型、构件制作、零件、部件与构件出厂等内容。

一、材料验收

（1）钢结构材料应具有质量证明文件，规格、性能等应符合产品标准和设计文件要求，进场检验合格后使用。钢结构材料验收钢材、焊接材料执行 SH/T 3507，连接用紧固件、压型技术板等执行 GB 50205 的相关要求。

（2）按 GB 50205—2001 附录 B 的要求对高强度螺栓进行高强度螺栓连接摩擦面的抗滑

移系数试验和复验，现场处理的构件摩擦面应单独进行摩擦面抗滑移系数试验，其结果应符合要求。

（3）钢材应按种类、材质、炉批号、规格等分类摆放，并做好标记。

二、放样和号料

应预留收缩量及切割等需要的加工余量，GB 50755 有相应要求。

1. 放样

放样是根据施工详图，按构件的实际尺寸画出构件的轮廓，作为制造样板、加工和装配工作的依据。

（1）放样采用钢结构设计软件实现，利用钢结构设计软件对节点图、大样图及构件图等进行详细设计，保证放样的尺寸精度。

（2）放样人员应熟悉钢结构加工工艺，掌握工艺流程及加工过程。放样前应根据施工详图和设计文件，核对图纸之间的尺寸和相互关系，放样结束应自检，检查样板应符合图纸要求。

（3）放样、样板（样杆）的允许偏差执行 GB 50755。

2. 号料

按照 GB 50755 的要求，号料前检查并核对材料，在材料上画出切割、钻孔、弯曲等加工位置，标注加工件的编号。作业人员必须了解原材料的钢号、规格，检查材料的外观质量。

（1）号料的原材料应摆放平稳，不宜过大弯曲。

（2）零件和部件按施工详图和工艺要求进行标识。

（3）号料的允许偏差符合要求。

三、切割

常用的切割方法有火焰切割、机械切割等方法。

（1）钢材切割面加工后应进行检查，确认无裂纹、夹渣、分层等缺陷。

（2）钢材切割面或剪切面应无裂纹、夹杂、分层和大于 1mm 的缺棱等缺陷，符合 SH/T 3507 的要求。

（3）气体切割与机械剪切的允许偏差应符合 SH/T 3507 的要求。

（4）构件加工、边缘加工、焊缝坡口加工应符合 GB 50755 的要求。

四、制孔

（1）螺栓孔加工精度、粗糙度允许偏差应符合 SH/T 3507 附表要求。SH/T 3507 要求 A、B 级螺栓孔应具有 H12 的精度，孔壁表面粗糙度 R_a 不应大于 $12.5\mu m$，C 级螺栓孔孔壁表面粗糙度 R_a 不应大于 $25\mu m$。

（2）螺栓孔间距的允许偏差应符合 SH/T 3507。

（3）螺栓孔边缘不得有裂纹、毛刺和大于 1.0mm 的缺陷，不合格的螺栓孔应采用与母材材质相匹配的焊材补焊、磨平后重新制孔，符合 SH/T 3607 的要求。

五、矫正和成型

由于原材料变形，气割、剪切变形，焊接变形，运输变形等，应对其进行矫正。一般采用加热矫正和冷矫正和冷弯曲的方法。矫正方法和矫正温度、允许偏差应符合 SH/T 3507 的规定。

（1）钢结构矫正和成型对矫正和冷矫正和冷弯曲环境温度针对不同材质有具体要求。SH/T 3507 与 GB 50755 要求是一致，在环境温度低于−16℃、低合金结构钢在环境温度低于−12℃时，不得进行冷矫正和冷弯曲。

（2）碳素结构钢和低合金结构钢在加热矫正时，加热温度不应超过 900℃。低合金结构钢在加热矫正后应自然冷却。

六、构件制作

（1）构件的组对应按照 SH/T 3607 的要求在平台或胎具上进行，制作过程应控制几何尺寸，组对允许偏差应符合 SH/T 3507 的要求。GB 50755 要求构件组装应在平台上进行，支撑件应有强度和刚度，制作过程中画出构件中心线、位置等基准线。要求预留组装间隙、收缩量。

（2）在加工制作中，同一构件应同一批次加工，在堆放及转运过程中应集中，避免构件混淆。

（3）构件下料后应及时检查尺寸，防止下料后带来批量性误差，下料后如有弯曲及时校正。

（4）施焊前，应检查焊接部位的组装和表面清理的质量，如不符合要求，应修磨合格后才能施焊。

（5）钢构件外形尺寸的允许偏差应符合 GB 50205 的要求。

（6）塔架构件制作应符合 SH/T 3607 的要求。

（7）翼缘板、腹板的拼接缝组对时，其厚度方向对口错边量、组对允许偏差、侧向弯曲的应符合 SH/T 3607 的要求。

七、零件、部件与构件出厂

（1）构件制作完成后，构件标识应清晰，零件、部半成品应妥善保管。

（2）零件、部件与构件出厂时，应按 SH/T 3607 向制造单位索要相关质量证明文件，其内容包括：

① 原材料质量证明文件或试验、复验报告；
② 零件、部件、构件的产品检验记录；
③ 无损检测报告；
④ 高强度螺栓抗滑移系数试验报告；
⑤ 防腐涂料涂装检验记录；
⑥ 热处理报告；
⑦ 构件预制清单；
⑧ 制造图、安装图和相关二次设计文件。

（3）制作完成的构件应按 SH/T 3607 要求，按规格、型号分类摆放，做好成品保护，对易变性构件采取临时加固措施。

（4）制作完成的构件应按 SH/T 3607 的要求，成捆绑扎的零件、部件与构件应有标牌，装箱的零件和部件应有装箱清单，重要的零件和部件还应有相关的安装说明文件等。

（5）根据现场安装情况，构件长度尺寸、重量，运输车辆，路线、路况等，编制合理的运输计划和运输方案。

第四节　钢结构安装

钢结构安装施工具有构件多样化，露天作业、流动性大，施工环境多变、条件各异，劳动强度大、高处作业多，安装工艺复杂等特点。

在运输、吊装不受限制的前提下，钢结构应加大预制深度，在地面拼装成片、成框，可以降低施工成本，减少高空作业及交叉作业，降低安全风险。如火炬(塔架)结构、框架结构、管廊成片结构、桁架结构、厂房屋面结构、平台梯子等均可采用模块化预制。

一、一般规定

（1）钢结构安装前，应按 SH/T 3507 的要求进行基础交接验收，验收合格后方可安装。

（2）应按照构件明细核对进场的构件，核查构件技术资料及预制件排版图，按 GB 50755 的要求查验质量证明文件。

（3）钢结构构件应按安装顺序保证材料供应，现场堆放场地满足拼装及安装的需求。现场应按 GB 50755 的要求设置专门的构件堆场，并应采取防止构件变形及表面污染的保护措施。

（4）检查构件的制孔、焊接及涂层质量，SH/T 3507、GB 50205 都有相关的要求。

（5）构件在装卸、运输及堆放中容易损坏或变形，应对其矫正或重新加工。被损坏的底漆应补涂，并验收合格。

二、基础处理及垫铁布置

钢结构基础柱脚形式有埋入式、插入式及外包式，钢结构安装通常采用垫铁或座浆垫板作为钢柱底面支撑。

（1）钢柱及混凝土范围内不得涂刷油漆；柱脚安装时，应将钢柱表面的泥土、油污、铁锈和焊渣清理干净。

（2）采用垫铁安装时，垫铁面积应根据基础混凝土的抗压强度计算确定，应符合 SH/T 3507 的规定；采用座浆垫板应符合 GB 50755 的要求。

（3）钢结构安装找正完毕，垫铁组焊接处理完毕及隐蔽工程验收合格后，方可进行二次灌浆施工。

三、钢结构拼装

钢结构拼装主要采取成片、成框拼装工艺。

（1）成片施工工序，参见图 2-2-2。

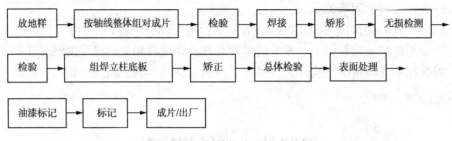

图 2-2-2　钢结构成片施工工序

（2）成框施工工序，参见图 2-2-3。

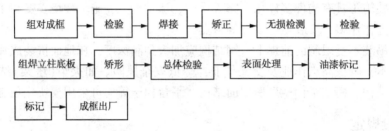

图 2-2-3　钢结构成框施工工序

（3）平台铺设。根据拼装单元的尺寸、数量确定组对平台的尺寸；组对平台通常选用钢管、型钢、道木作为支撑，对支撑应进行找正、固定。可在支撑上铺设钢板，也可以在支撑上直接进行预拼装。

（4）胎具制作。组装前应按比例在平台上放样或在计算机上放样。注意根据设计尺寸校核相关的轴线尺寸，并在此基准上制作组装胎具，胎具制作时应标出杆件的控制边线。

（5）钢结构塔架、框架管廊和平台梯子，应按 SH/T 3607 成片或成框拼装成为空间刚度单元，并应进行下列检查：

① 检查钢构件中心线、标高、几何尺寸、油漆质量。

② 检查钢平台、钢梯和防护栏杆外形尺寸允许偏差。

③ 检查塔架拼装、框架和管廊拼装的尺寸允许偏差。

（6）结构焊接执行 SH/T 3607。

① 组焊过程中应监控焊接变形情况和有关几何尺寸，及时进行修整。

② 焊接时，焊工要对称均匀分布，每个节点先焊对接焊缝，后焊角焊缝，采用小线能量分段跳焊。每个焊工所采取线能量要基本一致，以减少焊接应力和变形，保证框架的垂直度、空间对角线以及每层梁的水平度的要求。

③ 应进行焊接质量检验。

四、塔架（火炬）安装

塔架一般采取分段分片正装，按预制阶段分片、分段编号顺序安装，塔架（火炬）安装应执行 SH/T 3607 的要求。

（1）塔架最下节的组装应在基础验收合格后进行。

（2）分段吊装前还应校准两段塔架间的相互连接尺寸。

（3）塔架一般采用吊车吊装，特殊情况下可采用卷扬机等非常规方法吊装。

（4）安装过程中，塔柱、横杆、斜杆等的连接螺栓应 100% 穿孔，次要部位的螺栓允许有总数的 2% 不能穿孔，但必须经相关单位的同意后，再进行补修。

（5）检查分段组装尺寸允许偏差、整体垂直度及高度允许偏差。

五、框架、管廊安装

执行 SH/T 3607 的要求。

（1）按 SH/T 3607 的要求采用地面拼装和组合吊装的方法施工，并应符合下列要求：

① 已安装的结构应具有稳定性和空间刚度。

② 地面组装的结构应进行几何尺寸的测量。对吊车梁、桁架等构件应控制其变形符合 GB 50205 的要求。

（2）组装完毕后的结构强度应经确认后再进行吊装，按 GB 50775 选择、检查吊索具。

（3）横梁的安装按 GB 50775 的要求，进行下列工作：

① 测量梁面的标高及两端高差，并及时安装连接横梁以保证其稳定性。

② 采用两点起吊，设置吊点。

③ 横梁安装时采用在梁两侧上部焊接挡板的结构形式，吊装就位找平后应及时安装夹板、紧固件并焊接。

④ 横梁的安装应在主梁焊接完成后进行。

（4）立柱（单根/成片/成框）安装后，应立即进行找正、找平（标高）。立柱的找正使用两台经纬仪从两个垂直的方向同时进行，立柱的找平使用水准仪。通常在钢柱上以 1m 的标高线为基准测量各层平面梁的标高、水平度。

（5）框架主结构安装完毕后应进行整体安装尺寸的检查，多层及高层钢结构主体结构的整体垂直度和整体平面弯曲的允许偏差应符合 GB 50205 的规定。

六、轻型厂房结构安装

执行 JGJ 227。

（1）构件拼装应在专用平台上进行。

（2）整体组装时应采取免撞击的措施。

（3）吊装应采用临时支撑，确保屋架吊装不变形，按 GB 50775 要求采用缆风绳、临时支撑约束，防止吊装变形。

（4）吊装过程中应在屋架起吊时离地 0.5m 时暂停，检查无误后再继续起吊。

（5）应进行现场连接部位的质量检验，验收钢屋架构件的加工尺寸、组装尺寸、整体垂直度和整体平面弯曲尺寸。

七、钢平台、钢梯、防护栏杆和钢格栅板安装

（1）平台、花纹钢板和钢筋踏步，应尽量采用机械加工的方法下料，宜在地面拼装成段或整体。SH/T 3607 有相应要求。

（2）钢格栅板与构件连接可采用焊接和安装夹固定两种方法，安装前需设计明确。钢格

栅板安装应遵循"自下而上"原则，铺设应按图纸要求的标高、号码对号入座，准确定位。钢格栅板安装应有可靠的作业平台以及防坠落等措施。

（3）钢平台、钢梯和防护栏杆的扶手应平直，其允许偏差应符合 GB 50205 的要求。

第五节　钢结构连接

钢结构连接的方法有焊接和紧固件连接，焊接是钢结构最主要的连接方法。焊接可节省钢材，刚度大，容易自动化操作，但需要控制现场焊接质量。

钢结构紧固件常用的连接方法有普通紧固件连接和高强度螺栓连接。普通紧固件包含普通螺栓、自攻螺钉、拉铆钉、射钉等。普通螺栓常用的有 3.6 级、4.8 级、8.8 级、10.9级、12.9 级。其中 8.8 级及以上为高强度螺栓，8.8 级以下为普通螺栓。

一、紧固件的安装

（1）普通螺栓的安装。

① 对一般的螺栓连接，螺栓头和螺母下面应放置平垫圈，以增大承压面积；对于设计要求有防松动的螺栓、锚固螺栓应采用防松装置的螺母或弹簧垫圈，或用人工方法采取防松措施；对于工字钢、槽钢，应使用斜垫圈，使螺母和螺栓的支撑面垂直于螺杆。

② 螺栓直径和长度的选择应与被连接件的厚度匹配。

③ 检查永久性普通螺栓紧固应牢固、可靠，外露丝扣等，抽检方法、数量执行GB 50205—2001。

（2）自攻螺钉、拉铆钉、射钉安装，应和连接钢板紧固密贴，外观排列整齐。其规格尺寸应与被连接钢板相匹配，其间距、边距等应符合设计图纸要求。

二、高强度螺栓安装

高强度螺栓从外形上可分为大六角头和扭剪型两种；按性能等级可分为 8.8 级、10.9 级等。经常使用的大六角头高强度螺栓有 8.8 级和 10.9 级，扭剪型高强度螺栓只有 10.9 级。

（1）高强度螺栓入库应按规格分类存放，防雨、防潮；螺栓、螺母不配套，螺纹损伤时不得使用。

（2）高强度螺栓连接副应按 SH/T 3607 的要求检查包装情况、外观、批号、规格、数量及生产日期等。

（3）涉及高强度螺栓的测量工具、仪器，均效验合格，精度符合要求，并在校验期内。符合 GB 50205 的规定。

（4）高强度螺栓的安装按照 SH/T 3607 的要求，应由螺栓群中央顺序向外拧紧。

（5）高强度螺栓紧固后，以螺扣漏出 2~3mm 为宜。按照 GB 50205 的要求允许有 10%的螺栓丝扣外露 1 扣或 4 扣。

（6）接头有高强度螺栓又有焊接连接时，按设计要求的顺序进行；设计无规定时，按先紧固后焊接（即先栓后焊）的施工顺序进行，先终拧高强度螺栓再焊接焊缝。

（7）按照 GB 50205 的要求，高强度螺栓应自由穿入螺栓孔。不应采用气割扩孔，扩孔数量应征得设计同意，扩孔后的孔径不应超过 $1.2d$（d 为螺栓直径）。

（8）高强度螺栓安装时，构件的摩擦面应保持干燥，不得在雨中作业。连接前，应用细钢丝刷除去摩擦面的浮锈，不应有飞边、毛刺、焊接飞溅物、焊疤等缺陷。除设计文件另有规定外，摩擦面不得涂漆。SH/T 3607 有相应的要求。

第六节　施工质量验收

钢结构工程施工质量验收应按检验批、分项工程、分部（子分部）工程进行，按单位（子单位）工程划分，经建设单位及相关单位批准后实施，形成的文件应与设计文件配套。审批后作为编制交工、过程资料和质量验收记录的依据。

钢结构工程质量验收标准应符合 SH/T 3507、GB 50300、GB 50205 的要求，施工记录、质量验收记录等技术资料应符合 SH/T 3508、SH/T 3503、SH/T 3543 及地方标准的要求。

第三章　静设备工程

石油化工静设备是石油化工生产过程中主要由静止状态的外壳组成的容器来完成工艺过程和存储功能的设备。石油化工静设备是石油化工生产装置、辅助设施和公用工程中实现反应、分离、换热、储存等功能的设施，包括本体及本体与外管道连接的第一道环向焊缝的焊接坡口、螺纹连接的第一个螺纹接头、法兰连接的第一个法兰密封面及开孔的封闭元件、紧固件及补强元件等。

静设备工程主要施工内容包括施工准备、基础复测及表面处理、垫铁摆放、开箱检验和成品保护、设备组焊及热处理、设备吊装找正及检验、灌浆、设备内件安装、设备清扫和封孔、劳动保护及安全附件安装、防腐绝热等。其中设备焊接和热处理参见第九章，设备防腐参见第十二章，设备绝热工程参见第十三章，设备吊装参见第十五章。

本章不包含现场制作的储罐、球罐、气柜、工业炉等相关内容。

第一节　静设备分类

静设备按照设备在生产工艺过程中的作用可分为反应设备、分离设备、换热设备和储存设备；按照设备安装方式不同可分为立式设备和卧式设备；按照到货状态可分为整体到货设备、分段到货设备和分片到货设备；按照压力等级可分为压力容器和非压力容器两类。

一、按设备在生产工艺过程中的作用原理分类

1. 反应设备（常用代号 R）

这类设备主要是用于完成介质化学反应的容器。反应设备按照结构形式可分为管式、釜式、塔式和喷射式四类；按催化剂流动形式分为固定床反应器和流动床反应器；按反应连续性可分为间歇式、连续式和半连续式三类。常见的反应设备有反应釜、反应器、分解锅、分解塔、合成塔等。

2. 换热设备（常用代号 E）

这类设备主要是用于完成介质的热量交换，热量通过介质的器壁进行传导。按传热元件的结构形式可分为管式换热设备和板式换热设备。常见的换热设备有热交换器、冷却器、冷凝器、加热器等。

3. 分离设备（常用代号 S）

这类设备主要是用于完成介质的流体压力平衡缓冲和气体净化分离。常见的分离设备有分离器、过滤器、集油器、缓冲器、洗涤器、吸收塔、干燥塔和汽提塔等。

4. 存储设备（常用代号 C）

这类设备主要是用于存储或盛装气体、液体、液化气体和固体粒状松散物料等介质。常

见的存储设备有圆筒形储罐、球形储罐、气柜和料仓等。

二、按设备到货状态分类

1. 整体到货设备

设备整体在制造厂全部制造完毕并经检验合格，运至现场可直接进行安装的设备。

2. 分段到货设备

设备分若干段在制造厂制造完毕，运至现场后需进行组焊和安装的设备。

3. 分片到货设备

设备的单片(件)的制作在制造厂完成，运至现场后，现场进行组焊。如大型催化装置的再生器、反应器等。

三、按设备承压分类

按设备承压分为压力容器和非压力容器。压力容器可分为内压容器、外压容器和真空容器，石油化工装置中多数为内压容器。根据压力等级，内压容器可分为低压容器、中压容器、高压容器和超高压容器，压力等级范围如下：

(1) 低压容器(代号 L)：$0.1MPa \leqslant p < 1.6MPa$。

(2) 中压容器(代号 M)：$1.6MPa \leqslant p < 10.0MPa$。

(3) 高压容器(代号 H)：$10MPa \leqslant p < 100MPa$。

(4) 超高压容器(代号 U)：$p \geqslant 100MPa$。

四、压力容器按危险程度分类

TSG 21—2016《固定式压力容器安全技术监察规程》将其适用范围内的压力容器在监管管理上划分为三类：I类压力容器、II类压力容器和III类压力容器。具体划分原则见 TSG 21—2016 附件 A。

第二节　法律法规标准

静设备常用的法律、法规、标准如表 2-3-1 所示。

表 2-3-1　常用相关法律、法规、标准

序号	法规、标准名称	标准代号	备注
1	石油化工静设备分类标准	SH/T 3163—2011	
2	石油化工建设工程项目交工技术文件规定	SH/T 3503—2017	
3	石油化工绝热耐磨衬里设备和管道施工质量验收规范	SH/T 3504—2014	
4	石油化工设备混凝土基础工程施工质量验收规范	SH/T 3510—2011	
5	石油化工大型设备吊装工程施工技术规程	SH/T 3515—2017	
6	石油化工静设备现场组焊技术规程	SH/T 3524—2009	拟转企标
7	石油化工工程起重施工规范	SH/T 3536—2011	

序号	法规、标准名称	标准代号	备注
8	石油化工静设备安装工程施工技术规程	SH/T 3542—2007	拟转企标
9	石油化工建设工程项目施工过程技术文件规定	SH/T 3543—2017	
10	催化裂化装置反应再生系统设备施工技术规程	SH/T 3601—2009	
11	石油化工铝制料仓施工技术规程	SH/T 3605—2009	修订中
12	石油化工设备混凝土基础工程施工技术规程	SH/T 3608—2011	
13	中华人民共和国特种设备安全法	中华人民共和国 主席令第四号	
14	特种设备安全监察条例	中华人民共和国国务院令第549号 （2009年1月24日）	
15	安全阀一般要求	GB/T 12241—2005	
16	爆破片安全装置	GB/T 567—2012	
17	压力容器	GB 150—2011	
18	热交换器	GB 151—2014	
19	现场设备、工业管道焊接工程施工规范	GB 50236—2011	
20	石油化工静设备安装工程施工质量验收规范	GB 50461—2008	
21	绝热耐磨衬里技术规范	GB 50474—2008	
22	石油化工建设工程施工安全技术标准	GB/T 50484—2019	
23	特种设备生产和充装单位许可规则	TSG 07—2019	
24	固定式压力容器安全技术监察规程	TSG 21—2016	
25	特种设备制造、安装、改造、维修许可鉴定评审细则	TSG Z0005—2007	
26	特种设备作业人员考核规则	TSG Z6001—2013	
27	特种设备焊接操作人员考核细则	TSG Z6002—2010	

第三节　整体到货静设备施工

　　整体到货静设备是设备整体在制造厂全部制造完毕并经检验合格，运至现场可直接进行安装的设备。整体到货静设备安装的主要施工程序见图2-3-1。

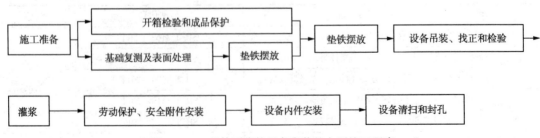

图2-3-1　整体到货静设备安装的主要施工程序

一、施工准备

（1）从事压力容器安装的施工单位应当按照《特种设备安全监察条例》的要求在施工前向使用地的特种设备安全监督管理部门办理书面告知，并接受工程所在地有资质的检测机构的监督检验。

（2）从事设备安装相关焊接的焊工应按 GB 50236 或 TSG Z6002—2010 考试取得合格证。特种设备作业人员应按 TSG Z6001—2013 的规定取得相应的上岗资证。

二、开箱检验和成品保护

SH/T 3542 和 GB 50461 皆有明确的规定。设备开箱检验时，设备的质量证明文件、出厂合格证、安装说明书和发货清单等随机资料应齐全。若有缺少应及时向采购单位提出。会同建设单位、监理等相关人员进行下列检查验收，并填写开箱检验记录：

（1）设备随机资料：设计文件、产品质量证明文件、特性数据、复验报告（有要求时）、特种设备制造监督检验证书等。

（2）外观质量：无变形损伤、设备管口封闭、不锈钢等设备无铁离子污染、充氮设备处于有效保护状态等。

（3）设备安装基准的确认及标识：在地面进行绝热施工的设备，其找正基准观测标识应进行标识移植，移植的相关要求详见 SH/T 3542。

（4）设备内件：塔盘板、受液盘、降液板等的尺寸允许偏差和塔盘板弯曲度应符合 SH/T 3542的要求。

（5）成品保护：到货设备验收合格后应按照 GB 50461 的要求做好成品保护。

① 不锈钢、钛、镍、锆、铝制设备应与碳钢隔离，并应采取防止铁离子污染及焊接飞溅损伤的防护措施；

② 铝制设备、钛制设备、低温设备应采取防止表面擦伤的措施；

③ 空冷式换热器管束应防止损伤管束翅片；

④ 已进行热处理的设备应防止电弧或火焰损伤；

⑤ 氮封设备应定期检查氮气压力；

⑥ 内壁抛光的设备应检查油脂保护状况；

⑦ 不锈钢、钛、镍、锆、铝制设备在搬运、吊装等作业时，所使用的碳钢构件、索具等不得与设备壳体直接接触。

三、基础复测及表面处理、垫铁摆放

1. 基础复测

设备安装前，基础施工单位应提交测量记录及技术资料，安装单位应会同监理、基础施工单位等一起，根据设计文件和标准的要求对基础外观和影响设备安装的相关数据进行确认，并办理交接验收手续。检查内容如下：

（1）基础外观不得有裂纹、蜂窝、空洞及露筋等缺陷；

（2）基础坐标、标高基准线、纵横轴线、预埋地脚螺栓标高和间距等，有沉降观测要求的设备基础应设置沉降观测点；

（3）预留地脚螺栓孔中心线位置、深度、孔中心线垂直度；

（4）卧式设备滑动端基础预埋板的上表面应光滑平整，不得有挂渣、飞溅。混凝土基础抹面不得高出预埋板的上表面。

2. 表面处理

混凝土基础表面应进行处理并应符合下列规定：

（1）放置垫铁处铲平；

（2）二次灌浆部位需凿成麻面，麻点数量应符合 SH/T 3542 的要求。

3. 垫铁摆放

表面处理完成后放置垫铁组。设备就位前，应根据设备底座的形状、尺寸、地脚螺栓及设备重量、基础混凝土的抗压强度等来确定垫铁的尺寸、组数和摆放位置。计算方法参照 SH/T 3542—2007 附录 A，垫铁摆放原则参照 SH/T 3542 的相关要求。

四、设备吊装、找正和检验

设备安装应在基础验收合格之后进行。设备安装包括设备吊装、找正和检验。设备找正一般与设备吊装同时进行，通过调整垫铁使设备的垂直度、水平度符合设计文件和规范的相关要求。

1. 设备安装的基本规定

（1）安装前条件确认：基础复测、表面处理和垫铁摆放均已完成；采取"穿衣戴帽"的设备，其梯子平台、附属管线、保温、电气仪表等已安装完毕，附属管线试压结束。

（2）设备的标高应以基础上的标高基准线为基准，设备的方位应以基础上的纵横轴线为基准。

（3）设备找正、找平时，应用垫铁或其他专用调整件进行调整；不得用紧固或放松地脚螺栓的方法进行调整；不得用膨胀节来消除安装误差。

（4）设备安装的平面位置和标高，均应以划定的安装基准线为准进行测量，不能以梁、柱、墙的实际中线、边缘线和标高为准。

（5）钢结构上的设备允许通过加钢垫板进行找正，找正后垫板与钢结构应焊接牢固。

2. 立式设备找正

（1）高度大于 5m 的立式设备垂直度找正使用经纬仪进行测量；对于高度小于 5m 的立式设备可采用磁力线坠找正。

（2）较高设备找正时，应在同一平面内互成直角的两个或两个以上的方向进行。在设备本体上下两个位置设定测点。

（3）法兰连接的分段立式设备安装时，若有预组装要求应首先预组装；组装时筒体法兰密封面应清理干净；设计温度高于 100℃或低于 0℃的设备，连接法兰的螺栓及螺母应涂二硫化钼、石墨机油；螺栓的紧固应对称均匀，松紧适度，紧固后螺栓的外露长度应均匀。

（4）立式设备安装检查支座纵横中心线位置、标高、垂直度和方位的允许偏差应符合 SH/T 3542 的规定。

3. 卧式设备找正

（1）卧式设备找正采用 U 型透明塑料管或水准仪进行，重点检查设备支座纵横中心线位置、标高和水平度的允许偏差应符合 SH/T 3542 的规定。

（2）有滑动要求的设备安装时，应确认膨胀（收缩）的方向、滑动端地脚螺栓在设备地脚螺栓孔中的位置、连接外部附件用的螺栓在螺栓孔中的位置等。

（3）滑动端支座接触面应涂润滑脂。地脚螺栓与相应的长圆孔两端的间距应符合膨胀要求。

（4）工艺配管完成后，应松动滑动端支座的螺母，使其与支座板面间留有 1～3mm 的间隙，然后再安装一个锁紧螺母。

（5）轴向水平度偏差宜低向设备的排液方向；有坡度要求的设备，其坡度按设计文件要求执行。

五、灌浆

设备找正合格，垫铁组处理、焊接及隐蔽工程完成后，进行二次灌浆；有预留地脚螺栓孔的设备应先进行一次灌浆。除执行规范 SH/T 3608 和 SH/T 3510 外，还应符合 SH/T 3542 的以下要求：

（1）灌浆前应对基础进行处理，清除预留孔中的杂物、积水，用水将基础表面冲洗干净，保持湿润不少于 24h，灌浆前应吸干积水。

（2）一台设备应一次灌完，不得分次浇灌。预留孔也必须一次灌满至基础毛面高度。

（3）立式设备裙座内部灌浆面应与底座环上表面平齐。设备外缘的灌浆层应压实抹光，上表面应有向外的坡度，高度应低于设备支座底板边缘的上表面。

（4）灌浆材料宜采用细石混凝土，其标号应比基础的混凝土标号高一级。无垫铁安装时，二次灌浆应采用微胀混凝土，并应制作同条件试块。

（5）混凝土养护期间，当环境温度低于 5℃时，应采取防冻措施。

六、劳动保护、安全附件安装

1. 劳动保护安装

整体到货设备可在地面将劳动保护、附属管线、电气仪表、防腐保温等工作安装完后再进行整体吊装，做好"穿衣戴帽"工作，减少高空作业。附属管线、劳动保护等可分别预制成单个小单元模块后再整体安装到设备上。劳动保护的安装应符合 SH/T 3542 的规定。

（1）栏杆应横平竖直，栏杆扶手的转弯处应圆滑，花纹板平台排水孔应钻孔。平台、梯子的螺栓安装方向应一致，螺栓露出螺母的长度应均匀。

（2）平台标高、梁水平度、梯子宽度、踏步间距水平度等应符合 SH/T 3542 的相关规定。

（3）与设备本体相焊的焊缝，其外观质量应符合设备本体焊缝质量要求；其他焊缝外观质量应符合 SH/T 3542 的要求。

2. 安全附件安装

与设备直接连接的安全阀、爆破片等安全附件，应符合 TSG 21—2016 的要求。

（1）安全阀的试验调整与安装应符合 GB/T 12241 的要求；爆破片装置应符合 GB/T 567 的要求，爆破片安装后不得翘曲或凹陷。

（2）安全附件安装检查合格后，应填写"安全附件安装检验记录"。

（3）液面计安装应符合随机技术文件规定。压力容器用液面计尚应符合 TSG 21—2016 的规定。

七、设备内件和填料安装

设备内件主要包括塔类设备的支撑构件和塔盘，反应设备的分布器，吸附设备的格栅，反应器和再生器（简称两器）的旋风分离器、料腿、翼阀、防倒锥、分布管、待生立管、集气室、蒸汽盘管等。填料可分为规则填料、分块填料和散装填料等。这里主要介绍塔内件、两器内件和填料的施工。

1. 塔内件安装

塔内件安装程序如图 2-3-2 所示。

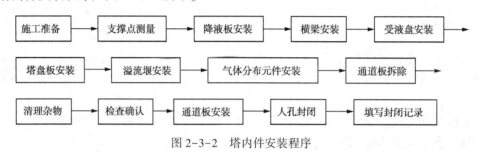

图 2-3-2 塔内件安装程序

（1）塔盘应在塔本体已安装找正、人孔已打开、劳动保护和塔顶吊柱安装完毕后进行安装。塔盘安装前宜在塔外进行预组装，检查塔盘组装尺寸与平整度。

（2）塔盘安装前应检查内部支撑件的安装质量，如支撑圈和支撑梁的水平度、支撑圈间距、降液板的间隙等。

（3）受液盘水平度、塔盘上表面水平度、溢流堰堰高等安装质量要严格按照设计文件和规范进行。

（4）设备立置安装塔盘时，应逐层测量水平度。设备卧置安装塔盘时，应在塔体安装合格后复测塔盘的水平度。塔盘水平度可采用水准仪或专用水平测量仪进行测量，塔盘板水平度测量方法、测点位置及数量应符合 SH/T 3542 的规定。

（5）塔盘安装完成后，相关人员按设计文件要求进行检查。在最终检查之前，应清除塔盘上及塔底的杂物，最终检查之后安装塔盘通道板、人孔盖，并进行封闭，同时填写"塔盘安装检验记录"。

2. 两器内件安装

旋风分离器的安装主要有两种形式，一种是在地面制作临时支架，把旋风与上封头组装成整体进行吊装；另一种是旋风分离器单独吊装，即吊装后把旋风分离器临时挂在壳体支架上，当上封头安装完毕后再进行旋风分离器的正式安装，料腿、拉杆等在上封头吊装前放在设备内。

（1）料腿拉杆不得强力组装，拉杆应焊透，每层拉杆中心线应在同一水平面上。

（2）翼阀的安装角度、出口方向等要符合设计文件要求，翼阀阀板开启灵活，并能自由下落闭合。

（3）两器内件安装要求应符合 SH/T 3601 的规定。

3. 填料安装

颗粒填料（环形、鞍形、鞍环形及其他）、丝网波纹填料安装应符合 SH/T 3542 的规定。

填料安装程序如图 2-3-3 所示。

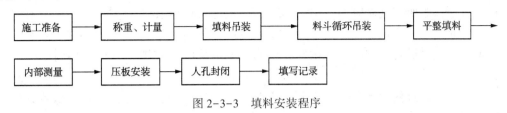

图 2-3-3 填料安装程序

（1）填料装填宜在厂商现场代表指导下进行；装填完毕后依据实际的装填数量计算出装填密度，与理论值相比较；装填过程应保持连续进行，雨天不得施工。

（2）填料床层压板的规格、重量、安装中心线及水平度应符合设计文件要求。

（3）液体分布装置安装质量应符合 SH/T 3542 的相关规定。

（4）填料全部安装完成后，相关人员按设计文件和厂家随机资料要求进行检查。检查合格后进行封闭，同时填写"设备填充检验记录"。

八、设备试验

设备试验是在设备投用前，用符合要求的介质在设备内部进行的耐压试验和泄漏试验。耐压试验分为液压试验、气压试验及气液组合压力试验；泄漏试验主要是气密性试验。应按设计文件规定的方法进行设备试验。

1. 一般规定

（1）非金属衬里设备和同时符合下列条件的设备（换热设备应使用正式紧固件和垫片），施工现场可不再进行耐压试验：

① 质量证明文件中证明已做过试验的设备；

② 在运输过程中无损伤和变形；

③ 有气体保护要求的设备处于有效保护状态。

（2）耐压试验应采用液压试验，试验压力应符合设计文件的规定，可采用气压试验代替液压试验，SH/T 3542 有相应的规定。

（3）设备组焊完毕，经外观检查、无损检测合格后（有焊后热处理要求的设备，还必须在热处理之后）进行耐压试验和泄漏试验。压力容器在耐压试验后当需要进行补焊和重新热处理时，则在其后还必须按原程序进行耐压试验。

（4）试验用压力表应符合 SH/T 3542 的规定。试压时以最高处的压力表读数为准，并用最低处的压力表读数作为校核。立式设备试压时，最低处压力表读数减去液体的静压力为试验压力。

（5）焊接接头处的防腐、衬里及绝热工程，应在压力试验合格之后进行施工。

2. 液压试验

（1）试验介质宜采用洁净水。奥氏体不锈钢设备用水作介质时，水中氯离子含量不得超过 25mg/L。

（2）碳素钢、16MnR、15MnNbR 和正火 15MnVR 钢制设备液压试验时，液体的温度不得低于 5℃。其他低合金钢制设备液压试验时，液体的温度不得低于 15℃。

（3）液压试验合格条件为无渗漏、无可见的变形、试验过程无异常的响声。

3. 气压试验

（1）气压试验所用气体应为干燥洁净的空气、氮气或其他惰性气体。对忌油或有防湿要求的设备，所用气体应符合设计文件的要求。

（2）碳素钢和低合金钢制设备试验介质的温度不得低于 15℃，其他材料制设备执行设计文件规定。

（3）设备试验过程无异常响声、无可见的变形、焊缝和连接部位等经肥皂液或其他检漏液检查无泄漏为合格。

4. 气密性试验

（1）气密性试验应在压力试验合格后进行。进行气压试验的设备，气密性试验可在气压试验压力降到气密试验压力后一并进行。

（2）气密试验时，压力应缓慢上升，达到试验压力后，至少保压 30 min，同时对焊缝和连接部位等用肥皂液或其他检漏液检查，无泄漏为合格。

第四节 分段到货静设备施工

根据现场实际情况分段到货静设备可采取立式组对法、卧式组对法或混合组对法进行施工。立式组对法是将分段到货设备的下段用起重机吊装到基础上就位，然后用垫铁调整标高并找正合格后紧固地脚螺栓，用起重机吊装其上一段并组对环缝，吊装时根据每段的方位母线找好方位；卧式组对法是将分段到货的设备在地面滚轮架支座或胎具支座上卧置组装成整体，水压试验合格后用起重机整体吊装就位。

分段到货设备组装成整体后按照整体到货静设备进行施工，相关要求见本章的第三节，设备焊接和热处理详见第九章。分段到货静设备安装的主要施工程序如图 2-3-4 所示。

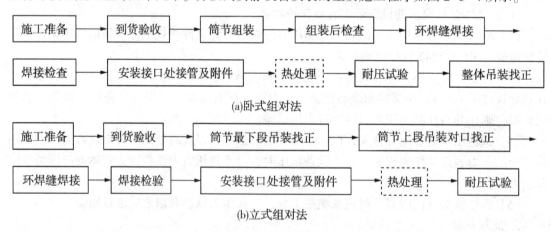

图 2-3-4 分段到货静设备安装的主要施工程序

一、分段到货静设备的验收

（1）核对设备使用的材料、配件是否具有符合要求的出厂合格证和质量证明文件。

（2）检查分段处的椭圆度、外圆周长、板厚度尺寸偏差和坡口表面质量等，不允许存在超差、损伤等质量缺陷。相邻端口的外圆周长差应符合 SH/T 3524B 类焊接接头对口错边量的要求。

（3）每段设备均应有明显的中心线、标高标识。

（4）核对裙座底板上地脚螺栓孔位置应与基础的地脚螺栓实际位置相符。

二、壳体组焊

分段到货设备在现场组焊时应注意场地布置，需考虑分段到货设备摆放位置、地下设施及地耐力、起重机吊装作业空间、组拆空间。SH/T 3524 有相应的规定。

（1）立式组对时，在分段处上口内侧或外侧约每隔 1000mm 设置一块定位板和间隙片，间隙片的厚度应以保证对口间隙为原则，再吊放上一圈筒节。上、下两圈筒节的四条方位线必须对正，用调节丝杠调整间隙，用卡子、销子调整对口错边量使其沿圆周均匀分布，符合要求后进行定位焊。

（2）卧式组对时，胎具设置应尽量避免地基不均匀沉陷和壳体局部变形；摆放支座处的地基必须坚实，支座的数量应视分段的长度和重量经计算确定，其位置应避开开孔和接管。

（3）分段到货的筒体，按要求摆放好后，检查分段处圆度、外圆周长以及筒体直线度、筒体长度、同一端面高度差、对口标记线、方位线，管口数量、位置和方位是否符合设计文件及规范要求，并作好记录。

第五节　分片到货静设备施工

因运输条件、吊装能力的限制，部分大直径的静设备需要分片到货，在现场进行组焊。分片到货设备的施工工序主要包括施工准备、到货验收、现场预制平台铺设及找平、按照排板图组装成筒节和封头、纵缝焊接及检测、组焊成吊装段及吊装找正。分片到货设备组焊成筒节后按照"第四节分段到货静设备施工"进行施工。

最典型分片到货静设备是催化裂化装置和甲醇制烯烃装置（MTO）中的反应器、再生器。同轴式沉降器、再生器施工程序参见 SH/T 3601—2009 附录 B，并列式沉降器、再生器施工程序参见 SH/T 3601—2009 附录 C。

一、到货验收

（1）材料、零部件材料、焊接材料、附属设备等的检查和验收，应符合 SH/T 3524—2009 和 SH/T 3601—2009 的规定。

（2）压力容器产品质量证明文件还应符合 TSG 21—2016 的要求。

（3）制造厂已完成衬里的附属设备，衬里材料质量证明文件、衬里混凝土试块检验报告和衬里烘炉制度与实际衬里烘炉曲线应符合 GB 50474 的规定。

（4）翅片式外取热器、联箱式外取热器、提升管、旋风分离器、翼阀及连接管道的检验要求和质量标准应符合 SH/T 3601 的规定。

（5）对于分片进入现场的筒体壁板逐片吊放至平台上，检查单片的弧度、长、宽及对角线尺寸、同一端面高度差、对口标记线、方位线是否齐全，是否符合设计文件及规范要求，并作好记录。

二、壳体组焊

（1）筒节组装平台宜在基础附近铺设，平台尺寸宜根据两器直径确定。筒节用组装卡具调整好纵缝间隙后，检查其圆度和上下口周长差，合格后方可进行焊接。

（2）壳体应按排板图所规定的顺序、位置进行组装，且不应强力组装。

（3）按排板图分别进行裙座、筒节、上下封头组装，组焊成型并检查合格后再组焊成吊装段。

（4）筒节对口错边量、总长度等质量标准应符合 SH/T 3601 的规定。

（5）封头组焊的胎具、对口间隙、加固措施等要求质量标准应符合 SH/T 3601—2009 的规定。

（6）开孔接管、补强圈的安装要求和质量标准应符合 SH/T 3601—2009 的规定。

（7）组焊后壳体圆度应不大于设备筒体内直径的 1%，且应不大于 25mm；壳体直线度、壳体高度允许偏差应符合 SH/T 3601 的规定。

三、安装

（1）基础交安、地脚螺栓、垫铁布置、设备安装、灌浆的要求和质量标准应符合 SH/T 3601 和 SH/T 3542 的规定。

（2）设备热处理前所有焊接接头的焊接和检验工作应全部完成，设备加热区域清理干净；现场组焊设备热处理时应符合 GB 150 的规定；沉降器、再生器热处理前与设备器壁相焊接的龟甲网应焊接检测完成。

（3）开孔补强圈应通入 0.4~0.5MPa 的压缩空气并涂刷中性发泡剂进行焊缝质量的检查，无渗漏为合格。无补强圈接管与设备壳体的角焊缝应进行煤油试漏检查。

第四章 储罐工程

石油化工工程中的储罐是用于油品、天然气、石油液化气及其他化工产品等储存的设施。主要包括拱顶立式圆筒形钢制储罐、立式圆筒形低温储罐、球形储罐、气柜。

储罐工程施工范围主要包括材料验收、预制加工、基础复查、组装及附件安装、热处理、各类试验和防腐保温。

第一节 法律法规标准

储罐工程常用法律法规标准见表 2-4-1。

表 2-4-1 储罐工程常用法律、法规、标准

序号	法规、标准名称	标准编号	备注
1	石油化工储罐用装配式内浮顶工程技术规范	SH/T 3194—2017	
2	石油化工立式圆筒形钢制储罐施工技术规程	SH/T 3530—2011	
3	石油化工球形储罐施工技术规程	SH/T 3512—2011	拟转化为企标
4	立式圆筒形低温储罐施工技术规程	SH/T 3537—2009	拟转化为企标
5	液化天然气(LNG)储罐全容式钢制内罐组焊技术规范	SH/T 3561—2017	
6	特种设备安全监察条例	国务院令第 549 号	
7	固定式压力容器安全技术监察规程	TSG 21—2016	
8	特种设备作业人员考核规则	TSG Z6001—2019	
9	特种设备焊接操作人员考核细则	TSG Z6002—2010	
10	压力容器	GB/T 150.1~150.4—2011	
11	球形储罐施工及验收规范	GB 50094—2010	
12	立式圆筒形钢制焊接储罐施工规范	GB 50128—2014	
13	钢结构工程施工质量验收规范	GB 50205—2020	
14	立式圆筒形钢制焊接油罐设计规范	GB 50341—2014	
15	钢结构工程施工规范	GB 50755—2012	
16	金属焊接结构湿式气柜施工及验收规范	HG/T 20212—2017	
17	承压设备焊接工艺评定	NB/T 47014—2011	
18	压力容器焊接规程	NB/T 47015—2011	
19	承压设备产品焊接试件的力学性能检验	NB/T 47016—2011	
20	承压设备无损检测	NB/T47013.1~47013.6—2015	
21	承压设备无损检测第10部分：衍射时差法超声检测	NB/T47013.10—2015	
22	承压设备用焊接材料订货技术条件	NB/T47018.1~47018.5—2017 NB/T47018.6~47018.7—2011	

第二节　施工准备

立式圆筒形钢制储罐、立式圆筒形低温储罐、球形储罐和气柜施工准备包括技术准备和现场准备。其中技术准备主要包括施工技术文件编审、施工图核查、设计交底和施工交底，具体内容参见本指南第一篇第三章。现场准备包括施工现场水、电、道路、临设、设备、人员培训和安全防护措施等。

球形储罐属于特种设备，施工准备应符合《特种设备安全监察条例》（国务院令第549号）、TSG 21—2016《固定式压力容器安全技术监察规程》的相关规定及 GB 50094 的规定，重点关注下列内容：

（1）球形储罐施工单位应当取获得球形储罐现场组焊许可证，并应建立压力容器质量保证体系。

（2）从事球形储罐现场组焊的施工单位在施工前，应书面告知工程所在地特种设备安全监督机构，并应接受监督机构授权的检验检测单位的监督检验。

（3）施工单位向特种设备安全监督机构告知时，根据《质检总局办公厅关于进一步规范特种设备安装改造维修告知工作的通知》（质检办特函〔2013〕684 号）要求，应填写《特种设备安装改造维修告知单》，并提供特种设备许可证书复印件（加盖单位公章）。

（4）从事球形储罐现场组焊的焊工应按 TSG Z6002—2010 考试取得合格证，特种设备作业人员应按 TSG Z6001—2013 的规定取得相应的上岗资格证。

第三节　立式圆筒形钢制储罐施工

立式圆筒形钢制储罐包括固定顶钢制储罐和外浮顶钢制储罐。内有浮顶的固定顶钢制储罐包括装配式内浮顶储罐和钢制内浮顶储罐，外浮顶钢制储罐包括单盘式外浮顶储罐和双盘式外浮顶储罐。主要施工内容包括材料验收、除锈防腐、预制、组装、焊接、热处理、充水试验。

一、储罐施工工艺流程

立式圆筒形钢制储罐施工可根据储罐形式、施工资源等选用多种方法，典型施工工艺流程包括固定顶加钢制内浮顶储罐正装法施工工艺流程、固定顶加装配式内浮顶储罐倒装法施工工艺流程、双盘式外浮顶储罐正装法施工工艺流程、单盘式外浮顶储罐正装法施工工艺流程。

（1）固定顶加钢制内浮顶储罐正装法施工工艺流程见图 2-4-1。

（2）固定顶加装配式内浮顶储罐倒装法施工工艺流程见图 2-4-2。

（3）双盘式外浮顶储罐正装法施工工艺流程见图 2-4-3。

（4）单盘式外浮顶储罐正装法施工工艺流程见图 2-4-4。

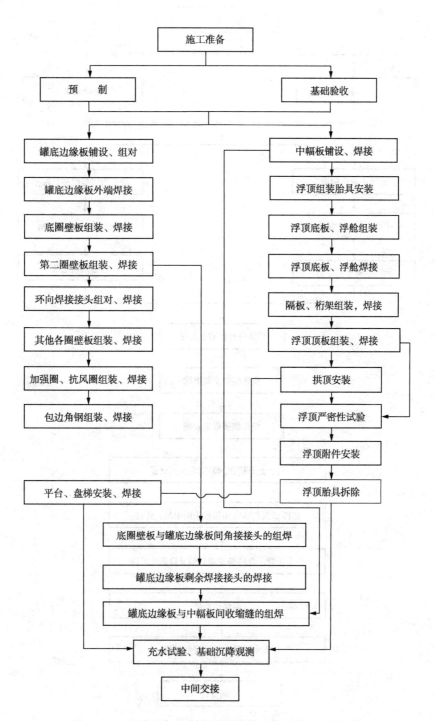

图 2-4-1 固定顶加钢制内浮顶储罐正装法施工工艺流程

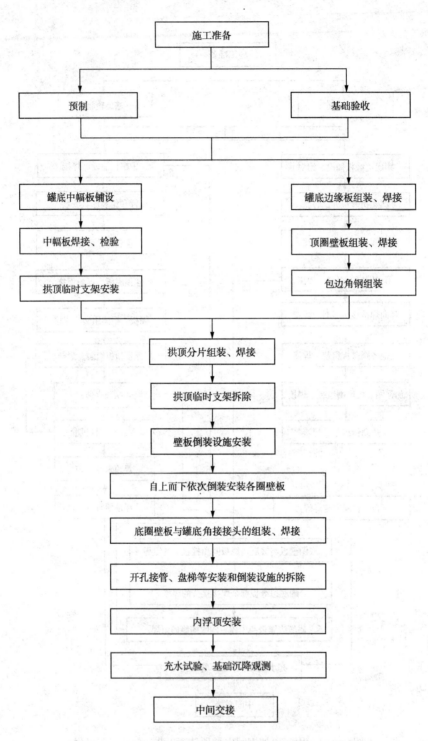

图 2-4-2　固定顶加装配式内浮顶储罐倒装法施工工艺流程

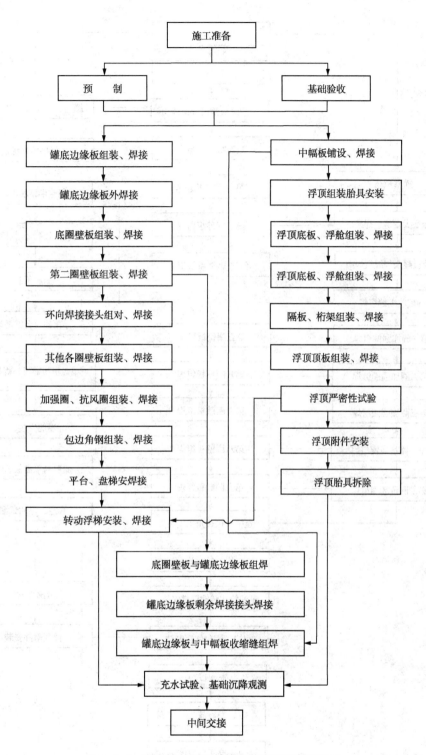

图 2-4-3 双盘式外浮顶储罐正装法施工工艺流程

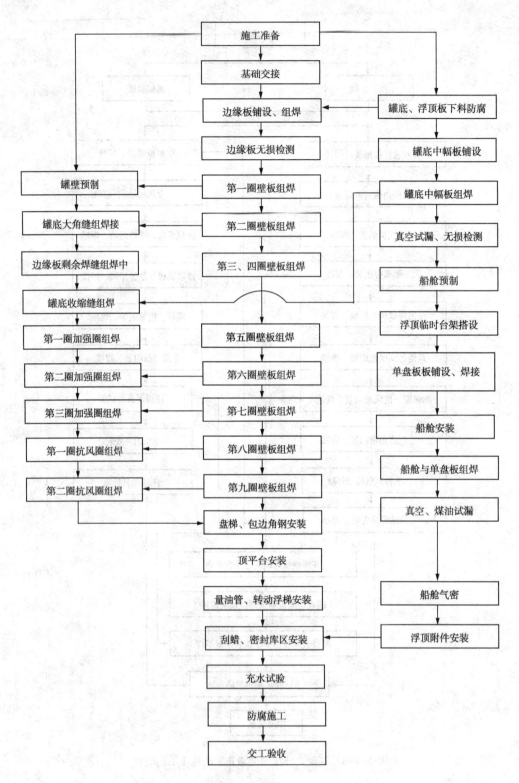

图 2-4-4 单盘式外浮顶储罐正装法施工工艺流程

二、材料验收

材料验收具体要求见 SH/T 3530 和 GB 50128 的规定。重点关注下列内容：

（1）当合同文件和设计文件无要求时，焊接材料的订货和验收应符合国家现行标准 NB/T 47018 的规定，详细技术参数还应符合国家现行有关焊接材料标准的要求。

（2）进口钢材及焊接材料的验收应与国外相应钢制焊接储罐规范及设计的要求保持一致。

（3）材料复验应按照设计文件执行，对材料检验发现质量问题或有疑义时，应由材料采购方进行复验。

（4）外浮顶储罐中装配式内浮顶各零部件的大小、厚度、尺寸应符合 SH/T 3194 的规定。每根浮管均应进行气压试验，密封性能应完好，具体要求见 SH/T 3194。

（5）防腐蚀工程的材料验收参见本指南第二篇第十二章。

三、预制加工

预制加工具体要求见 SH/T 3530 和 GB 50128 的规定，重点关注下列内容：

（1）储罐壁板、储罐底板、浮顶预制前应绘制排版图，对于底板的排版直径，宜按设计直径放大 0.1%～0.15%。底板的排版直径的放大比例应根据所采用的焊接工艺和变形控制方法确定。

（2）标准屈服强度大于 390 MPa 的钢板经火焰切割的坡口，应对坡口表面进行磁粉检测或渗透检测。

（3）按照规范规定进行不锈钢罐的预制。

（4）预制构件的存放、运输应采取防变形措施。

（5）关于壁板间隙，GB 50128 要求"壁板滚制后，应立置在平台上用样板检查，垂直方向上用直线样板检查，其间隙不应大于 2mm"。而 SH/T 3530 规定其间隙不得大于 4mm，是基于目前国内钢板供货标准中直线度允许偏差为 2mm/m，且实际到货多大于 2mm/m，不能满足要求；同时此数据对组装后的偏差影响不大，组装后能达到规范要求。为保证质量，执行 GB 50128 较严的规定。

（6）从国内外储罐事故调查发现，罐底边缘板对接焊缝附近是最易发生事故的部位。因此，对罐底边缘板的对接接头应特别予以注意。按照 GB 50128 的规定，厚度大于或等于 12mm 的罐底环形边缘板，应在坡口两侧 100mm 范围内进行超声检查；如采用火焰切割坡口，去除氧化层后应对坡口表面进行磁粉或渗透检测。

四、基础复查

（1）储罐基础质量直接关系到储罐的安装质量和使用安全，因此储罐安装前，应有基础施工记录和验收资料，并应对基础进行复测，合格后方可安装，见 GB 50128 的要求。

（2）复查包括对基础中心位置、方位、标高等标识、沉降观测点设置、基础几何尺寸的检查等，应在中间交接时进行。具体要求按 SH/T 3530 的规定。

五、罐底组装

按照 SH/T 3530 和 GB 50128 的要求，罐底组装应符合下列规定：

（1）安装过程中不得损坏基础，如有损坏应及时修复。

（2）采用吊车在基础上进行吊装作业时，应对基础采取保护措施。

（3）底板铺设前，其下表面应按设计文件规定刷防腐涂料。除边缘板外边缘外，其余底板边缘范围内不应涂刷影响焊接的防腐涂料。

（4）储罐组装前，应将构件的坡口和搭接部位的铁锈、水分及污物清理干净。

（5）拆除组装工卡具时，不得损伤母材，钢板表面的焊疤应打磨平滑；当母材有损伤时，应进行修补。

（6）当该两项标准对同一指标要求有差异时，执行 SH/T 3530 较严的要求。

六、罐壁组装

壁板组装按照 SH/T 3530 和 GB 50128 的要求，符合下列规定：

（1）壁板组对间隙，应符合 GB 50128 与 SH/T 3530 的规定，将壁板的最大厚度由 38mm 调整到 45mm，与现阶段储罐设计、施工现状相符。

（2）拆除组装用的工卡具时，不得损伤母材，如有损伤要求修补，钢板表面的焊疤应打磨平滑。这是根据以往现场施工情况而定的，组装用工卡具在拆除时如伤及母材而没有及时处理，将影响罐体的强度，特别是高强度罐壁表面的伤痕往往会扩展成裂纹，危害储罐的安全和缩短储罐的使用寿命。

（3）罐壁采用正装法组装时，以底圈壁板作为测量基准；罐壁采用倒装法组装时，以顶圈壁板作为测量基准。其组装圆计算、划线及组装按 SH/T 3530 执行。底圈壁板内表面半径测量应符合 GB 50128 的规定。

七、罐顶组装

立式圆筒形钢制储罐罐顶具体要求参见 SH/T 3530—2011 第 10 章的规定，重点关注下列内容：

（1）拱顶组装可在罐底板上或钢制浮顶上设置拱顶组装支架（见图 2-4-5）。支架高度宜比支撑位置的计算高度值高出 50~80mm（见 SH/T 3530—2011 第 10.3.1 条）。图中件 1 所示中心伞架（支撑柱）的垂直度不应大于其高度的 0.1%，且不应大于 10mm（见 GB 50128—2014 第 5.5.2 条）。

（2）固定顶安装前，应按 GB 50128—2014 表 5.4.2-1 的规定检查包边角钢或抗拉/压环的半径偏差（见 GB 50128—2014 第 5.5.1 条）。

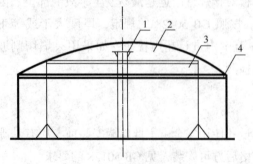

图 2-4-5 拱顶组装示意

1—中心伞架；2—罐顶；3—临时支架；4—包边角钢

八、内浮顶安装

内浮顶分为装配式内浮顶和钢制内浮顶，装配式内浮顶组装应按设计要求执行（见

GB 50128—2014 第 5.6.7 条)。钢制内浮顶安装具体要求参照 SH/T 3530—2011 第 10.1 条和第 10.2 条的规定。根据设计文件要求浮盘支柱需加长 200mm，但考虑基础实际沉降后坡度一般为 8‰，浮顶支柱预制长度应为计算长度加上 100~120mm。钢制内浮顶安装要注意以下要点：

（1）双盘式内浮顶组装时被环板、隔板、桁架及补强板遮盖的焊缝应先行焊接，并应采用真空箱法检查合格后，才能进行环板、隔板、桁架及补强板的组装。焊道应按规定检查合格后进行顶板和附件的安装（见 GB 50128—2014 第 5.6.6 条）。

（2）单盘式内浮顶浮舱和单盘组装应分别进行，浮舱焊接结束后再进行浮舱和单盘的连接（见 GB 50128—2014 第 5.6.5 条）。

九、外浮顶安装

立式圆筒形钢制储罐外浮顶分为双盘式外浮顶和单盘式外浮顶，安装要求与钢制内浮顶一致，重点关注下列内容：

（1）双盘外浮顶浮舱外边缘环板、顶板、底板、隔舱板的预制，拼接时应采用全熔透对接焊缝，其尺寸允许偏差应符合 GB 50128 的相关规定。浮舱底板及顶板预制后，其平面度应用直线样板检查，间隙不应大于 4mm。

（2）单盘式外浮顶的浮舱进行分段预制时，按照 GB 50128，应符合下列规定：

① 浮舱底板、顶板的平面度用直线样板检查，间隙不应大于 5mm；

② 浮舱内、外边缘板用弧形样板检查，间隙不应大于 10mm。

十、构件、附件安装

主要包括包边角钢安装，抗风圈、加强圈安装，接管安装，盘梯、平台安装，浮顶人孔安装，量油管、导向管安装，浮顶支柱、通气阀安装，密封装置安装，加热器安装和铭牌安装等，要求参见 SH/T 3530 的规定。

十一、焊接

焊接要求参见本指南第二篇第九章以及 SH/T 3530 的规定。重点关注下列内容：

（1）GB 50128 强调了焊工资格考试及持证上岗的要求，具体按 TSG R0004、TSG Z6002 的相关要求执行。

（2）沿海地区环境相对湿度大于 90% 时，可采用搭设防风棚、加热等措施，焊接部位附近的作业环境相对湿度能满足要求，参考 GB 50094 等规范要求，焊接环境相对湿度的测量位置应在焊接位置 0.5~1m 处。

（3）对于异种钢的焊接材料和焊接工艺参照 GB 50128 及 NB/T 47015 的相关规定。

十二、充水试验

应符合 SH/T 3530 和 GB 50128 的相关规定。

（1）在充水试验中，当沉降观测值在圆周任何 10m 范围内不均匀沉降超 13mm 或整体均匀沉降超过 50mm 时，应立即停止充水进行评估，在采取有效处理措施后方可继续进行试验。

（2）温度剧烈变化的天气，不应做固定顶的强度及严密性试验。对于设有环形通气孔等不具有密封结构的固定顶罐，按照现行国家标准 GB 50341 的相关规定可不做固定顶的稳定性试验（固定顶负压试验）。固定顶负压试验时，如罐顶产生局部弹性凹陷，恢复常压时局部凹陷消失，罐顶稳定性仍为合格。

（3）充水试验后的放水速度应符合设计要求，当设计无要求时，放水速度不宜大于 3m/d。

（4）采用海水进行充水试验的附加技术要求见 SH/T 3530。

第四节　立式圆筒形低温储罐施工

立式圆筒形低温储罐（简称低温储罐），主要用于存储液态烃、乙烯、丙烯、天然气等介质的储存设备。根据介质的常压液化温度和使用条件，低温储罐的结构可分为单层结构低温储罐和双层结构低温储罐，在双层结构低温储罐中又有钢制外罐结构和钢筋混凝土外罐结构。工程施工内容主要包括材料验收、基础复查、罐体及附件预制和安装、焊接、保冷、罐体试验等。钢筋混凝土外罐施工参见第二篇第一章。

低合金钢、合金钢制低温储罐的施工主要执行 SH/T 3537 的规定，其中液化天然气（LNG）储罐立式圆筒形全容式钢制内罐的组装和焊接还应执行 SH/T 3561 的规定。

一、施工工艺流程

目前石化行业中低温储罐主要为双层低温储罐，常用的施工方法有：中小型钢制低温罐内外罐倒装法施工，40000m³ 及以上大型钢制低温罐内外罐壁正装法施工，混凝土外罐低温罐先混凝土外罐、后倒装钢制内罐的施工方法。各种施工方法的施工工艺流程分别见图 2-4-6~图 2-4-8。

二、材料验收

低温储罐的材料验收按照 SH/T 3537 的要求执行。需要关注的是：

（1）对于低温钢材和低温焊接材料，要求质量证明文件其特性数据符合相关标准，满足设计文件要求。低温钢材应标有低温冲击韧性值，目的是保证其低温性能。

（2）低温钢材不得存在机械划伤，目的是防止因其表面机械划伤降低材料的低温性能。

三、预制加工

低温储罐的预制加工应符合 SH/T 3537 的规定，主要包括：样板制作、底板预制、壁板预制、拱顶预制、内悬挂顶预制、其他构件预制。

四、基础验收

低温储罐基础验收时应按照 SH/T 3537 对储罐基础表面、外形尺寸进行复查，主要包括：

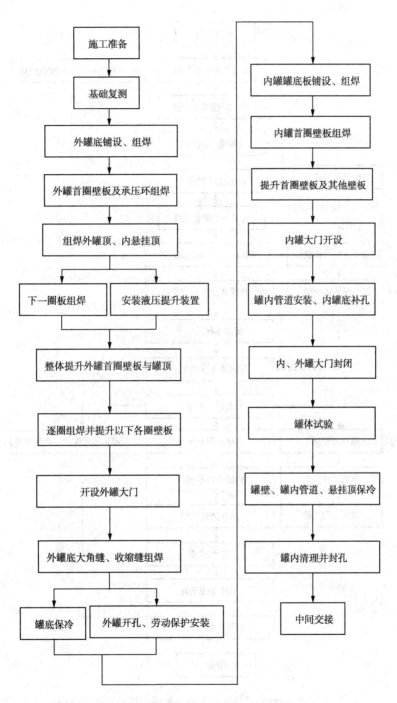

图 2-4-6 中小型钢制低温罐施工工艺流程

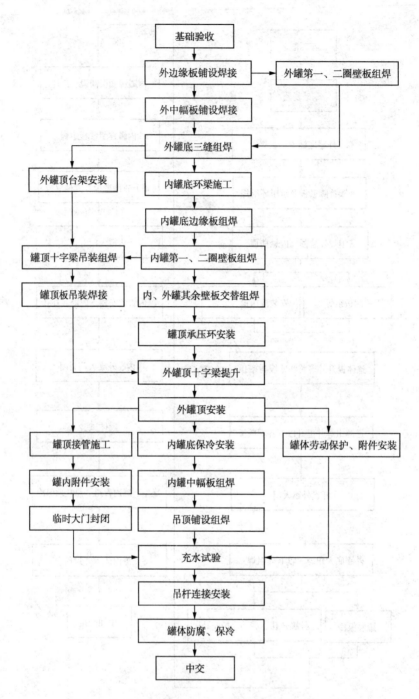

图 2-4-7　40000m³ 及以上大型钢制低温罐施工工艺流程

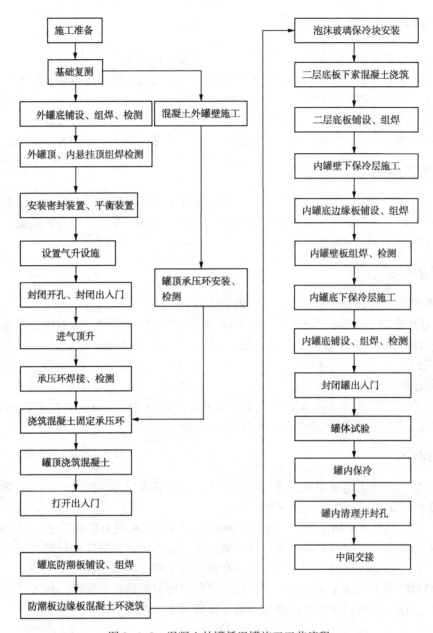

图 2-4-8　混凝土外罐低温罐施工工艺流程

（1）低温储罐基础上应有明显的中心位置、方位、标高等标识。
（2）基础沥青砂层表面应平整密实，无突出的隆起、凹陷及贯穿裂纹。
（3）基础中心标高和表面平面度。
（4）预埋锚固件或地脚螺栓要求。

五、罐底组装

双层低温储罐搭接接头罐底板组装、对接接头罐底板组装、内罐底组装的具体要求见
SH/T 3537 规定。

六、罐壁组装

首圈壁板、壁板组装按照 SH/T 3537 执行。需要关注的是：

（1）因低温储罐壁板较一般储罐壁板厚度小，容易失稳，外罐壁组装过程中，应采取防止风力造成罐壁失稳破坏的措施。

（2）对于低温钢板，拆除工卡具时不得损伤母材，如有损伤应进行修补。

（3）低温钢上焊疤、电弧擦伤等处应打磨平整，并进行 100% 渗透检测或磁粉检测。

七、罐顶组装

罐顶组装一般有中心架法、气升法，目前罐顶施工中普遍采用中心架法，该方法是在中心搭设支架，作为组装罐顶的支撑架，外罐顶在中心架上逐一安装。中心架法施工技术要求见 SH/T 3537。

八、附件安装

（1）罐体开孔接管安装按 SH/T 3537 的规定执行，主要包括：

① 接管开孔中心位置偏差不得大于 10mm，接管外伸长度的允许偏差应为 $^{+10}_{0}$ mm。

② 法兰密封面与接管轴线的垂直度偏差不应大于法兰外径的 1%，且不得大于 3mm，法兰螺栓孔应跨中安装。

（2）其他附件安装主要包括：

① 罐内竖向管线的垂直度允许偏差不得大于管长的 1/1000，且不得大于 10mm。

② 抗风圈、加强圈离环缝的距离应不小于 150mm。

九、保冷

低温储罐保冷施工包括罐底保冷、罐壁保冷、罐内管道保冷、保冷内悬挂顶保冷，应按 SH/T 3537 的规定执行。需要关注的是：

SH/T 3537 对含水率做了规定。保冷材料进入现场后，应做好防潮措施，并根据设计要求抽样送到第三方检定机构对含水率进行检测，所用砂石也需要提前进行晾晒，并抽样送检其含水率。这是因为保冷材料中存在的水分和保冷施工进入的水分在施工完毕之后很难蒸发出去，其结果将会在使用中结冰而影响使用，因此保冷材料的防水防潮、施工过程的防水防潮以及环境温度和湿度对于低温储罐保冷施工就显得十分重要。

十、焊接质量检验及试验

焊接接头外观检查、无损检测及严密性试验按 SH/T 3537 执行。

十一、罐体几何形状和尺寸检查

罐体几何形状和尺寸检查按 SH/T 3537 执行。

十二、罐体试验

钢制双层低温储罐罐体试验包括内罐充水试验、内罐充水外罐气压试验、外罐气压试验和罐体真空试验，具体要求见 SH/T 3537。需要关注的是：

（1）外罐壁为钢筋混凝土结构的双层低温储罐的外罐应进行内罐充水试验、外罐气压试验和罐体真空试验。

（2）罐体试验前应设置排气减压阀。试验时应注意环境温度对压力的影响；温度剧烈变化的天气，不宜进行内罐充水外罐气压试验、外罐气压试验、罐体真空试验。

第五节　球形储罐施工

球形储罐施工是针对石油化工设计压力不大于4MPa，工程容积不小于50m³的桔瓣式或混合式以支柱支撑的碳素钢、低温钢和低合金钢制焊接球罐的施工，不涉及受核辐射作用、非固定、双层结构及膨胀成型的球形储罐。球形储罐施工及验收范围与 GB 50094 和 TSG 21—2016 相一致。主要施工内容包括：球壳板及零部件的开箱检验、基础复测、现场组装、焊接、焊缝检查、焊后整体热处理、产品焊接试件、耐压试验和泄漏试验。

一、施工工艺流程

球形储罐施工工艺流程见图 2-4-9。

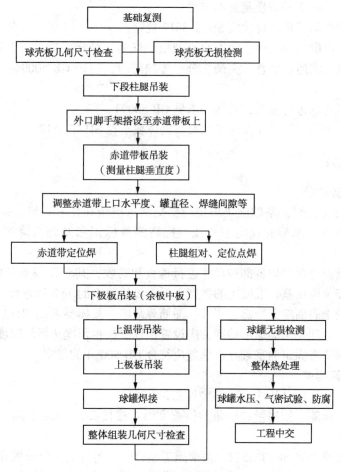

图 2-4-9　球形储罐施工工艺流程

二、基本规定

（1）球罐施工应做好施工前的技术准备工作，具体要求见本章第二节。

（2）球形储罐应在设计文件指定位置装设产品名牌和注册名牌，执行 SH/T 3512 的规定。

（3）对于设计温度低于或等于-20℃的碳素钢和低合金钢制球形储罐，执行 GB 50094 的规定。具体如下：

① 低温球形储罐组装时，不得采用锤击球壳板等强制手段进行整形或组装。

② 低温球形储罐组装时，不得在受压元件上刻划和敲打材料标记等导致产生缺口效应的痕迹。

③ 低温球形储罐焊接时，应控制焊接线能量。在焊接作业指导书规定的范围内宜选用较小的焊接线能量，并宜采用多层多道施焊。

④ 球壳厚度大于或等于16mm 的低温球形储罐应进行焊后整体热处理。

⑤ 低温球形储罐液压试验时的液体温度不应低于0℃。

（4）国外供货的球形储罐，除合同另有规定外，执行 SH/T 3512 的要求。

三、球壳板及零部件的开箱检验

（1）按照 SH/T 3512 核查质量证明文件。

（2）球壳板和产品试板的检验按 SH/T 3512 规定。

（3）制造单位提供的球壳板表面不应有裂纹、气泡、结疤、折叠、夹杂、分层等缺陷，当存在裂纹、气泡、结疤、折叠、夹杂、分层等缺陷时，应按 GB 50094—2010 的规定进行修补。

（4）球壳板厚度应进行抽查，具体要求见 GB 50094。

（5）球壳板应逐张进行尺寸及成型检查，具体要求见 SH/T 3512。

四、现场组装

（一）基础检查验收

（1）基础交付安装时，基础施工单位应提交测量记录和技术资料，并在交付的基础上标出基础中心圆和支柱基础的径向中心线、标高测量标识和基础沉降观测点，具体要求见 SH/T 3512。

（2）球罐安装前应对基础各部位尺寸进行检查和验收，其允许偏差参见 GB 50094 的规定。球形储罐的安装应在基础混凝土的强度不低于设计要求的75%后进行。

（3）基础混凝土表面应无蜂窝、裂纹、漏筋等缺陷，具体要求见 SH/T 3512。

（4）对于有热处理要求的球形储罐，应设置预埋垫板；预埋垫板的厚度及形式应符合设计要求。采用预埋垫板固定的基础允许偏差应符合 GB 50094 的规定。

（二）球形储罐组装

（1）球罐施工宜采用分片法组装，参见 SH/T 3512。

（2）球壳组对间隙、错边量和棱角的检查宜沿对接接头每 500mm 测量一点，具体要求见 GB 50094。

（3）赤道组装要求见 SH/T 3512，根据施工经验应将组对定位板设置在赤道线附近。带柱脚的赤道板的定位板应焊在定位线下面；不带柱脚的球壳板，定位板应焊在定位线以上。

焊接定位板时应注意靠定位线的一面不得焊接。

（4）支柱和拉杆的安装，要求见 GB 50094 规定。

（5）温（寒）带、极带组装要求见 SH/T 3512 规定。

（6）按照 GB 50094 规定，球形储罐组装时，相邻两带的纵焊缝和下列焊缝的边缘距离不应小于球壳板厚度的 3 倍，且不应小于 100mm：

① 支柱与球壳的角焊缝至球壳板的对接焊缝；

② 球形储罐的人孔、接管、补强圈和连接板等与球壳的连接焊缝至球壳板的对接焊缝及其相互之间的焊缝。

（三）零部件安装

球形储罐的零部件安装按 GB 50094 的要求执行。

五、焊接、热处理及无损检测

球形储罐焊接与热处理参见本指南第二篇第九章。球形储罐无损检测按 GB 50094 的规定执行。重点关注下列内容：

（1）球罐焊接宜采用焊条电弧焊，也可以采用熔化极气体保护焊，见 SH/T 3512。

（2）焊接环境的温度和相对湿度应在距球形储罐表面 0.5~1m 处测量，见 GB 50094—2010。

（3）焊接工艺评定及焊接作业指导书编制要求按 GB 50094 的规定。

（4）焊接材料的选用与现场管理要求按 GB 50094 的规定。

（5）焊接前应检查坡口，并应在坡口表面和两侧至少 20mm 范围内清除铁锈、水分、油污和灰尘。

（6）预热和后热要求，包括预热温度、层间温度、后热处理的焊缝条件及后热处理等，应符合 GB 50094 的规定。

（7）焊接线能量的确定和控制按 GB 50094 的规定执行。

（8）采用焊条电弧焊的双面对接焊缝，单侧焊接后应进行背面清根。当采用碳弧气刨清根时，清根后应采用砂轮修整刨槽和磨除渗碳层，采用目视、磁粉或渗透检测。标准抗拉强度下限值大于或等于 540N/mm² 的钢材采用碳弧气刨清根时，应进行预热，预热温度和焊接预热应相同。

（9）每条焊缝中断焊接时，应根据工艺要求采取防止产生裂纹的措施；重新施焊前应目视检查确认无裂纹，必要时应进行磁粉或渗透检测，并应在合格后再继续施焊。

六、修补

（1）球形储罐在制造、运输和施工中所产生的各种不合格缺陷都应进行修补，修补按 GB 50094 的规定执行。

（2）焊后进行热处理的球罐，热处理后出现焊接返修时，返修部位应重新做热处理。

（3）耐压试验后进行返修的部位，且其返修深度大于 1/2 壁厚时，应重新进行耐压试验。

七、焊后整体热处理

球形储罐的焊后整体热处理按 SH/T 3512 的规定执行。

八、产品焊接试件

球形储罐产品焊接试板的制备、试样的制备和试验、试样的复验按 SH/T 3512 的规定执行。需要关注下列要求：

（1）每台球罐需做横焊、立焊和平加仰三块产品试板。

（2）钢板厚度大于 40mm 时，试板取样的长度方向应沿钢板的轧制方向。

（3）产品试板应由焊接该球罐的焊工在球罐焊接过程中焊接，并在与球罐焊接相同环境条件下和采用相同的焊接工艺进行焊接。产品试板不得在球罐全部焊完以后进行补做。

（4）产品试板应与球罐同时进行热处理，并将试板布置在球罐高温区外侧，与球壳板贴紧使之接触良好。

九、耐压试验和泄漏试验

球形储罐耐压试验和泄漏试验按 GB 50094 的规定执行。

第六节 气柜施工

气柜是一种大型气体储罐，广泛应用于化工气体和城市煤气的储存，分为干式和湿式两种。在 20 世纪 90 年代以前湿式气柜较为常用。近年来随着环保要求的提高以及设备的大型化、多元化，湿式气柜已逐步被稳定性好、使用寿命长、节能环保的干式气柜所取代，其中橡胶膜密封干式气柜已成为石油化工行业用气柜的主要结构型式。石化行业目前尚无针对性的标准，正在编制的设计与施工一体化的干式气柜工程专用标准，发布后将作为本节优先执行的依据。

气柜工程的主要施工内容包括材料验收、气柜预制、安装和焊接、附件安装、防腐涂装、检验与试验等。

一、施工工艺流程

（1）干式气柜的施工工序见图 2-4-10。

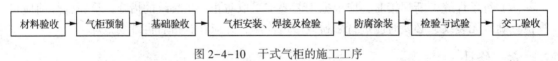

图 2-4-10　干式气柜的施工工序

（2）湿式气柜的施工工序见图 2-4-11。

图 2-4-11　湿式气柜的施工工序

二、材料验收

气柜的材料验收要求可参照 HG/T 20212 的规定。气柜所有材料都应有质量合格证明文件，且符合相应的现行国家标准、行业标准及设计文件的规定。材料使用前应对其品种、规格和外观进行检查。

三、气柜预制

（1）设计文件通常已规定气柜壁、顶、底、活塞底板的排版要求，但当板材的规格尺寸与设计的排板要求不符时，就需要对其重新排板，排版时可参照 GB 50128 的排版要求，同时还应符合 GB 50205 的有关规定。

（2）干式气柜底板、活塞板底板、顶板预制参照 GB 50128 的预制要求。干式气柜立柱、型钢的预制参照 GB 50205 标准材料预制要求。

（3）湿式气柜底板、水槽壁板、活动塔节、钟罩顶及附件预制参照 HG/T 20212 第 5 条规定。

四、基础验收

气柜的基础验收要求可参照 HG/T 20212 的规定。安装单位应按规定对基础进行复测，并应有验收资料或记录，合格后方可安装气柜。

五、干式气柜安装

干式气柜安装分为柜底、活塞及活塞构件、柜顶、柜壁、密封系统和附件安装六大部分，安装要求参照 GB 50128 的规定。重点关注下列内容：

（1）柜底安装时中央底板宜按人字形从内向外顺序铺设，边铺设边点焊，搭接时搭接量应为正偏差。

（2）扇形板安装时宜由外向内铺设，各圈扇形板铺设时宜设置收缩缝，待各圈扇形板径向焊缝焊接完成后再组焊。

（3）活塞及活塞构件安装时宜采用全站仪进行活塞顶（板）、活塞围栏、T 型围栏及 T 型围栏架台的定位放线。

（4）支柱的安装位置在安装前应先定位，距离焊缝边缘小于 200mm 时需局部少量调整，支柱座及支柱安装后应垂直固定，垂直偏差不应大于其长度的 3/1000 且不宜大于 6mm。支柱与柜内进出口管线等其他附件的水平间距不宜小于 300mm，支柱安装时长度宜预留一定的调节裕量，待调整合格后，多余的部分需切除，支柱和柜底板宜全接触无悬空现象。

（5）主梁跨度较大时组装焊接易产生弯曲，可在柜底（或活塞）上每隔 2m 设置一个剪刀撑，防止主梁下弯，弧度样板检查间隙不宜大于 4.0mm；用斜撑调整主梁位置，使径向直线度不大于 10mm。环向次梁安装前应复测所有环向次梁处主梁间间距，偏差不得大于 10mm。

（6）顶板的铺设宜按设计文件要求进行，可为搭接或对接，宜先铺从外向里数的第二圈顶板，铺一张点焊一张，依次向中心铺设，待全部铺设点焊完后进行焊接；用弧形样板检查顶板的凹凸变形，弧形样板与顶板的局部间隙不宜大于 10mm。

（7）柜壁立柱最顶部一段安装时可预留一定的长度裕量，便于后续辅助施工，不使用时应切掉。

（8）圆筒形干式煤气柜用橡胶密封带安装执行 HG/T 5308 的规定。密封安装前，对密封安装有影响的密封固定件等构件焊接工作应全部完成，所有与密封可能接触的焊缝或构件的尖角、焊瘤、焊疤、毛刺等都应打磨圆滑或清除干净。

（9）密封安装时安装和检查等人员不应穿硬底或带钉的鞋，避免在密封膜上行走和安装时局部集中站人，并应采取保护措施，橡胶密封膜安装时应避免产生折皱。密封压条安装时应是无尖角和毛刺的圆滑构件。

（10）橡胶膜固定螺栓最终紧固前，应检查橡胶膜有无折皱、撕裂或杂物坠入下部；橡胶膜安装完成后，应做好防火、防撕裂、防杂物坠入等保护措施。

（11）密封膜等柜内构件安装前应将柜顶通气孔及柜壁人孔等打开，保持柜内空气正常流通，必要时可增加风机等换气设施，雨雪天气应采取措施防止雨雪进入柜内。

（12）密封系统安装后，应再次检查螺栓连接的松紧程度，防止漏拧。

六、湿式气柜安装

湿式气柜主要包含底板、水槽壁、塔节、导轨和导轮、罩顶拱架和顶板，安装要求参照HG/T 20212 的规定。

七、焊接及检验

焊接及检验主要参照本指南第九章，HG/T 20212 中也有特殊规定。需要注意的是气柜施焊前应按 NB/T47014 和 GB 50128—2014 附录 A 进行焊接工艺评定。

八、防腐与涂装

气柜的防腐与涂装参见本指南第二篇第十二章。

九、检查

（1）干式柜体组装焊接后尺寸偏差应符合下列要求：

① 所有连接螺栓应紧固无松动，需要跨接的部分固定牢靠。

② 静电导出线的两端应接触良好，固定牢靠无锈迹，电阻值应符合本标准的规定。

③ 气柜气密性试验在静置 7d 试验期内，每天应测定一次，并选择日出前的同一时刻、大气温度变化不大的情况下进行测定。如遇暴风雨等温度波动较大的天气时，测定工作应顺延。

④ 活塞试运转调试完成后柜位可保持在 2500mm 以上，活塞需要落地时宜慢速下降落地且不应出现负压。密封膜应在位于柜壁侧板门以下一定安全距离后，柜壁侧板门才能开启。

⑤ 调试及升降试验过程中，施工单位应始终有专人进行监视。发现问题应及时停止并进行修理，修复后方可继续试验。人员进柜时应有人监护。

（2）湿式气柜的焊后检查 HG/T 20212—2017 第 9.1 条、9.2 条和 GB/T 51094—2015 第12.2 条都有相应规定。气柜的导轨/导轮、配重的检查和调试应关注以下要求：

① 当壁板局部凹凸而使导轨安装不能达到规范安装要求时，可适当调整导轨和壁板间的连接板，使导轨安装符合要求。

② 安装导轮之前必须复查内外导轨的垂直度，并根据检查结果定导轮位置。当导轨上端向内倾斜时下导轮应留出与倾斜量相等的空隙；反之，则下导轮应紧靠导轨成切线。

③ 安装钟罩、中节的上、下导轮时应使轴成水平，并与通过导轮中心的圆周成切线；中节和钟罩的上导轮与支架是同时装配而成的，其位置与每根外导轨相对。当中节位置偏移，上水封与外导轨距离增大时，应相应调整导轮或导轮支架的位置使之与外导轨紧贴，并

予以固定；导轮需经清洗并加润滑油，使导轮能自由转动。

④ 配重重锤应逐个称量、分组组合、并将重量相等的两组对称布置。布置配重时应考虑螺旋梯等不对称布置的构件重量的影响。当重锤悬挂于立柱上时，不准任何部位突出立柱以外。

十、试验

（1）干式气柜应在安装完毕后进行整体气密性试验，试验介质应采用空气，气柜整体气密性试验应符合下列规定：

① 活塞升至有效容积80%~90%的位置时，可靠切断与气柜本体相关的外部接口，进风口宜加装盲板，确认所有柜体附件和柜体连接的管道、阀门、放散口、法兰连接的密封面、密封膜、密封型钢、柜壁焊缝无外部泄漏点。以静置1d后的柜内空气标准容积为起始点容积，宜在早晨日出前记录，以再静置7d后的柜内空气标准容积为结束点容积，起始点容积与结束点容积相比，泄漏率不超过1.5%为合格。

② 活塞静置7d时，每天测量记录下列项目：活塞位置；大气压力（宜位于气柜高度1/2处或在三层走道平台上）；柜内气体温度（点位宜设置在活塞人孔上一处，侧壁人孔上两处）；柜内气体湿度；柜内气体压力。

③ 第一次测定的气柜容积应换算成0℃、标准大气压的标准容积。经过7d后再测定和计算标准容积，与最初标准容积相比较，其差值不应超出最初标准容积的1.5%。

（2）湿式气柜安装完成后应进行严密性试验、充水试验、升降试验和总体试验，应执行HG/T 20212—2017第9.3、9.4条和第10条的规定，重点关注以下要求：

① 底板的严密性试验可采用真空试漏法。真空试漏法是在底板焊缝表面刷上肥皂水，将真空箱压在焊道上并用胶管接至真空泵。当真空度达到设计要求时进行检查，以焊缝表面不产生气泡为合格。

② 被螺旋导轨及垫板所覆盖的壁板焊缝，应在导轨及垫板安装前进行煤油渗漏试验，焊缝表面应无渗漏。

③ 水槽充水及升降试验时，应每天进行基础沉降观测，并进行记录。GB/T 51094—2015第12.4.9条以及附录G，对沉降观测的方法和要求更详细。

④ GB/T 51094—2015第12.7条中对升降试验做了要求。充气后应使塔节缓慢上升，在上升和下降过程中应沿四周观察导轮与导轨接触情况和导轮运转情况并加以记录。凡导轨相互配合不好的地方，在第二次升降前均应加以调整。气柜间接气密性试验后，应进行快速升降试验2次。快速升降试验的升降速度每分钟不应小于0.4m，亦不应超过1.5m；大型气柜取较小值。

当无法实现快速上升时，可进行快速下降试验。升降试验过程中应检查钟罩、各塔节的偏斜值，偏斜值分别不应超过钟罩及各塔节直径的1‰。

⑤ 气柜经过水槽注水、钟罩和中节气密试验及快速升降试验后，应符合下列要求：

a）所有焊缝和密封接口处均应无泄漏。

b）导轮和导轨在升降过程中应无卡轨、脱轨或升降机构严重变形现象。

c）气柜外形应无变形。

d）安全限位装置动作应准确。

e）供暖装置和补水装置工作应正常。

第五章　管式加热炉

管式加热炉是石油化工生产过程中的加热设备和高温反应设备，其重要的特点是能够长周期连续运行。石油化工管式炉按外形分为箱式炉、圆筒炉。常见的有裂解炉、常压蒸馏炉、减压蒸馏炉、催化裂化炉、焦化炉、催化重整炉、预加氢炉、减黏加热炉、加氢精制炉、脱蜡油炉、丙烷脱沥青炉、氧化沥青炉、酚精制炉、糠醛精制炉、转化炉等。一般情况下加热炉根据热负荷大小设置对流室回收余热，大型箱式炉还设置中高压蒸汽系统回收余热以提高热效率。转化炉在炉管内填装催化剂。

管式加热炉一般由辐射室、对流室、余热回收系统、燃烧器和通风系统五部分组成。管式加热炉的特点：被加热物质在管内流动，仅限于加热气体和液体；加热方式为直接受火式，加热温度高，传热能力大，炉膛耐火层直接承受高温气流冲刷和侵蚀，燃料为气体或是雾化液体燃料。

第一节　法律法规标准

项目开工前，根据工程合同、工程范围、设计技术文件和法规要求制定项目施工所需的标准明细，列出清单，作为项目施工技术文件编制依据。列清单时应注意标注版本的有效性。

石油化工管式炉常用标准见表 2-5-1。

表 2-5-1　石油化工管式炉常用相关法律法规标准

序号	法规、标准名称	标准代号	备注
1	石油化工管式炉高合金炉管焊接工程技术条件	SH/T 3417—2007	
2	石油化工有毒、可燃介质钢制管道工程施工及验收规范	SH/T 3501—2011	
3	管式炉安装工程施工及验收规范	SH/T 3506—2007	报批
4	石油化工乙烯裂解炉和制氢转化炉施工及验收规范	SH/T 3511—2007	报批
5	石油化工设备混凝土基础工程施工质量验收规范	SH/T 3510—2017	
6	石油化工铬镍不锈钢、铁镍合金和镍合金焊接规程	SH/T 3523—2009	
7	石油化工机器设备安装工程施工及验收通用规范	SH/T 3538—2017	
8	承压设备无损检测	NB/T 47013.1~6—2015	
9	承压设备焊接工艺评定	NB/T 47014—2011	
10	钢结构工程施工质量验收规范	GB 50205—2020	
11	炼油装置火焰加热炉工程技术规范	GB/T 51175—2016	
12	ASTM、ASME 部分标准[注1]		

注 1：管式炉炉管大部分设计选用 ASTM、ASME 标准材料，施工技术员需要了解这部分知识。

第二节　施工准备

熟悉加热炉现场安装工作范围、工程量、特点、难点和施工现场环境条件，从技术、人力、机具、物资、预制组装场地和土建条件等方面合理配置资源。

一、技术准备

加热炉一般采用工厂制作与现场安装相结合的方式建造，依据合同约定或设计要求，采用模块、零部件到现场的供货方式，附属设备按台件整体到货。

（1）核查设计文件，了解设计总体思路、专业界面，对制作、安装的特殊要求以及设计范围等；核对设计文件列出的规范标准和施工技术要求；核查加热炉与工艺管道、电气、仪表专业的匹配性。

（2）依据设计文件及 SH/T 3506、SH/T 3511、SH/T 3417、SH/T 3534 等相关标准编制施工技术方案并进行技术交底。

（3）根据供货合同确定加热炉到场形式，确定提前预留和工序间有影响的工作界面。

（4）确定的特殊施工工艺(如模块化工艺、特殊材料的焊接工艺和方法)。

（5）核对二次设计文件与设计材料的满足性和符合性(模块组成件的数量、材质、型号等是否满足图纸的要求)。

（6）加热炉模块化施工前应进行专项设计，根据炉子的特点确定模块分段方式，模块划分应保证模块单元的完整性且满足整体交付装配；辐射段多采取分片、分段、整体供货；对流段分段供货；集烟罩、烟道、烟囱、风道等分段供货。

（7）应进行焊工障碍焊技能考核，按 SH/T 3506—2007 附录 A 的要求进行，针对加热炉的施工特点进行特殊焊工技能考核、专业技能培训。

二、施工现场条件

（1）根据总的进度计划和设备到货计划，编制施工机具使用计划，作为机具调遣的依据。

（2）正式施工前，现场达到"四通一平"条件，水通、电通、路通、网通，场地平整。

（3）开工前应准备好施工所用的各种消耗材料，准备好预制所用的工装平台。

（4）施工人员经过安全教育和入场教育。

（5）加热炉基础已施工完成，相关的交接手续已办理齐全。

第三节　材料设备验收

加热炉一般都采用工厂制造、模块化交付、现场安装的建造模式。一般采用三种供货形式，炉本体是成品或半成品供货，炉体附件、附属设备大都整体供货，少量炉管组成件、烟风道和钢平台梯子等是原材料供货。

一、炉壳和框架钢结构构件和零部件验收

加热炉炉体钢结构材料和构件的验收应执行 SH/T 3511 及 SH/T 3506 的相关要求。高强螺栓连接副的验收执行 GB 50205—2020 附录 B 的相关要求。

（1）炉壳和框架钢结构构件及零部件，在安装前应根据设计文件、产品装箱单及质量证明文件进行检查，并应符合下列要求：

① 数量应与装箱单相符；

② 外观应无损坏，其他缺陷应在规定的尺寸允许偏差范围内；

③ 钢结构应进行无损检测的焊缝已检验合格，焊缝质量等级应符合设计文件规定，当无设计规定时应按照 SH/T 3506 附录 B 的要求进行。

（2）构件及零部件的变形超过允许范围时，应在矫正合格或更换后使用。立柱、承重梁、炉壳等主要构件或零部件的缺陷处理应有记录。

（3）钢结构所用材料检查和验收、加工构件的验收应按照 SH/T 3506 相应要求。

（4）采用高强螺栓连接点的炉体结构，螺栓连接副按 SH/T 3506、SH/T 3511 要求应复验，复验要求参照 GB 50205—2020 附录 B。

（5）SH/T 3506 中给出焊缝分类、检验项目及评定标准、焊缝外观质量、不同类型焊缝外形尺寸允许偏差等焊缝质量的详细要求，其中焊缝分类中并无具体定义，应参照 GB 50017确定的焊缝分级，同时还应注意，该标准中针对高寒地区承重构件的焊缝等级相对以前版本有所提高。

（6）根据 SH/T 3511 要求对合金钢锚固件进行合金元素验证性检验，抽查数量为每批的 1%且不少于 5 件。

二、炉管及炉体配管材料验收

SH/T 3506、SH/T 3511 对炉管验收都有明确的要求，通球试验应按合同要求进行；裂解炉和转化炉已组焊成型的辐射炉管应按 SH/T 3511 的要求进行无损检测。

（1）炉管、炉管配件和炉体配管材料，安装前应根据设计文件及装箱单进行现场开箱检验，并符合下列要求：

① 炉管、炉管配件、管材及其他管道组成件、支承悬吊系统组成件、管道支、吊架的制造厂出厂质量证明文件中的规格、数量以及炉管、炉管配件、管道组成件的化学成分、力学性能应符合设计文件或相应标准的规定，验收时应核对可追溯性标识；

② 炉管、炉管配件、管道组成件应经外观检查，其外形尺寸（其中包括预制件尺寸）应符合设计文件的规定，且应无变形、锈蚀、损坏以及超过标准规定的缺陷；

③ 弹簧支、吊架的负荷能力及恒力弹簧支吊架的恒力度应符合设计文件的规定。

（2）应对已组焊成型的辐射段炉管组件的焊接接头进行渗透检测和射线检测复查，复查应在焊缝外观检查合格后进行，复查数量为每台炉炉管组件焊接接头的 5%，检测方法和评定标准应符合 NB/T 47013 的规定。SH/T 3511 对成型的辐射炉管焊缝抽查复检做了明确的要求，发现不合格时不予以验收。

（3）为防止材料用错，应对合金元素进行验证性检验并作出标记，但高合金炉管和配件不得用钢印或含铅、锌、锡、硫、氯等有害物质的记号笔做标识。

三、加热炉模块组件验收

SH/T 3506、SH/T 3511 对工厂化制作的模块制造偏差和加固方式都明确了要求和验收指标。

(1) 依据准配图核对模块的编号、数量及几何尺寸;对流模块应核对管口方位。

(2) 因运输及碰撞易造成模块变形和损坏,到现场后应对模块外观检查。

四、设备及附件的验收

SH/T 3506、SH/T 3511 对设备及附件验收都有相应的要求,注意以下要求:

(1) 设备到货后,按设计图样和装箱单核对设备及零部件的尺寸、数量,检查其质量证明文件是否齐全。转动部分应灵活无卡涩。

(2) 汽包和急冷锅炉到货检查设备尺寸和管口方位是否与设计图纸相符。汽包还应打开人孔,对内件的安装质量和内部清洁度进行检查。

五、材料设备的保管

(1) 散件供货,材料到场后应由物控部根据装箱单和图纸进行全部清点,并在明显部位做出标记,集中堆放,专人管理。

(2) 对个别有特殊要求的产品应单独保管。

第四节 施工过程管理

一、加热炉施工工艺流程

(1) 一般加热炉施工工艺流程如图 2-5-1 所示。

(2) 裂解炉施工工艺流程如图 2-5-2 所示。

二、施工工艺及技术要求

(一)基础复查

加热炉安装前,核查基础交接资料是否完整,基础复查按照 SH/T 3511、SH/T 3506 检查标高、轴线、地脚螺栓等。

(二)辐射室安装

1. 钢结构预制

钢结构焊接工艺评定按照 GB 50236、GB 50661 执行。钢结构预制及质量验收按照 SH/T 3086、SH/T 3506、GB 50205—2020 执行。

(1) 加热炉钢结构分片、分框预制方案应综合考虑加热炉的结构特点、现场运输和吊装条件;在吊装机械、运输条件和场地条件允许的情况下,应尽量采用预制成框和现场总装的方法施工。

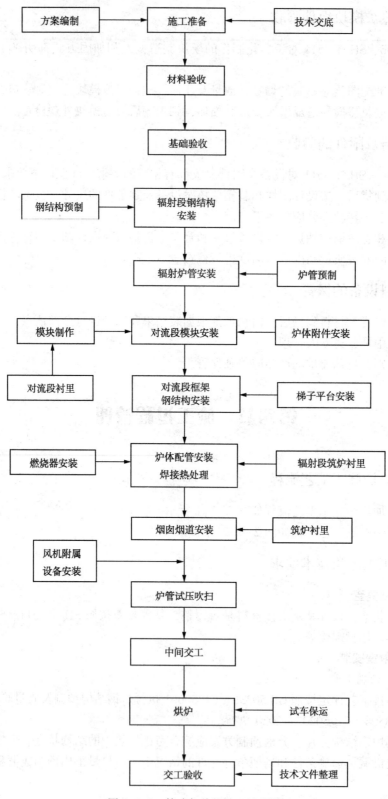

图 2-5-1　管式加热炉施工流程图

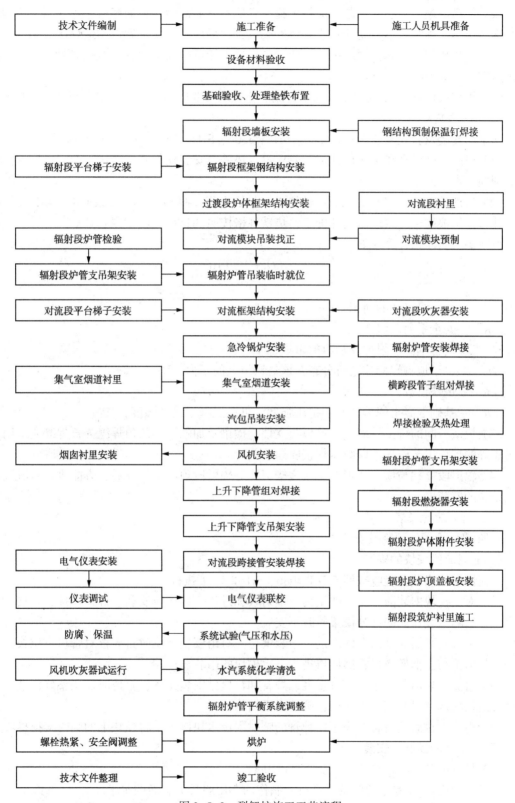

图 2-5-2 裂解炉施工工艺流程

（2）加热炉钢结构立柱预制时应将牛腿及其他不影响横梁安装的筋板一并预制；柱脚底板在钢结构单片预制时不与立柱相连，待框架或单片现场吊装就位后再相连焊接。

（3）为防止焊接收缩，预制单片组装时应根据焊接量的大小，在立柱间预留 3~5mm 的焊接间隙。

（4）钢结构预制框架（或单片）预制完成后应采取必要的防吊装和运输变形的加固措施。

2. 钢结构安装

钢结构安装及验收按照 SH/T 3086、SH/T 3506、SH/T 3511、GB 50205 执行。

（1）根据基础标高和炉底设计标高要求设置垫铁、安装柱脚底板；用水准仪将柱脚底板找准到同一水平面上。

（2）垫铁的设置应按 SH/T 3506 的要求，垫铁面积按照 SH/T 3542 或 GB 50461 提供的公式计算，每根柱子的载荷由设计确定，垫铁规格按照 SH/T 3542 附录选择。

设备垫铁的面积计算式如下：

$$A \geqslant K \frac{(Q_1+Q_2)\times 10^4}{nR}$$

式中　A——每一组垫铁的面积，mm^2；

　　K——安全系数，取 2.3；

　　Q_1——设备本体、附件及物料的重量，N；

　　Q_2——由于地脚螺栓拧紧所分布在该垫铁组上的压力，N；

　　n——垫铁组数；

　　R——基础混凝土的单位面积抗压强度，可取混凝土设计强度，MPa。

（3）炉壁板间的拼接焊缝、炉壁板与立柱、横梁及加强筋间的角焊缝等长焊缝应采用分段退步焊的焊接工艺施焊，以减少焊接收缩。

（4）辐射段立柱与横梁的焊缝焊接完毕，找好辐射段顶部水平度后，方能进行对流段预制钢结构的安装。

3. 辐射炉管的安装

参照（四）炉管的预制及安装。

（三）对流段模块的安装

对流段模块安装及验收按照 SH/T 3086、SH/T 3511 执行。

（1）对流模块安装前，主框架结构、辐射段和过渡段结构应安装、螺栓连接、焊接、找正完毕，影响吊装作业的部分横梁暂时不安装。

（2）模块宜采用大型吊车依次进行吊装就位。每组模块就位时首先核对管口方位找正合格后，将横梁与主框架连接，然后再进行下组模块的吊装。

（3）对流模块吊装由于单体重量大、炉管和衬里已安装完毕，就位时需调整好位置，避免就位后模块调整时受到外力作用，破坏衬里结构。

（4）模块就位后及时将弯头箱内炉管的临时限位木块取出，将模块上的临时支撑拆除。

（四）炉管的预制、安装

（1）炉管的预制及检测按照 SH/T 3417 执行。

① 炉管预制应在专用的胎具上进行，制作的专用胎具上表面的水平度。

② 综合考虑辐射炉管的布置、运输条件和辐射炉管的安装方案等因素来确定炉管预制

管排的预制方案，为减少炉管安装焊缝的施工难度和高空施工的工程量，应将辐射炉管安装焊缝尽量设置在辐射炉膛的下部。

③ 确定对流炉管的预制方案时应充分考虑对流炉管预制管排的穿管方向。

④ 为防止预制炉管在运输和安装过程中产生变形，在炉管预制管排焊接完成后应采取必要的加固措施。

（2）炉管焊接与安装按照 SH/T 3086、SH/T 3417、SH/T 3506、SH/T 3511 执行，应重点注意以下事项：

① 吊装对流翅片管和钉头管时，应采用软的吊装带捆扎，严禁用钢丝绳直接捆扎翅片管和钉头管；穿管时应仔细、缓慢，严禁强力拉拽，注意保护好翅片和钉头。

② 对流与辐射炉管之间相连接的转油线炉管，应在对流与辐射炉管安装定位完毕后，根据现场实测尺寸下料、组焊。

③ 立管安装时，应保证导向管与定位管的安装尺寸准确，使炉管在开停炉时能自由伸缩。

④ 立管上端采用炉外支承时，每根吊管的两个支耳应水平地支承在吊管梁上；如支耳与吊管梁之间间隙较大或炉管垂直度偏差较大，可在支耳下端加垫铁找正。找正后必须用相应的焊材将垫铁与吊管梁点焊牢固。

⑤ 立管采用炉内吊管时，连接炉管上部的弯头或弯管应与吊钩接触，并使吊钩确实承重。炉管拉钩的安装应保证炉管能自由伸缩。

⑥ 立管采用炉内下支承时，下弯头或弯管上的导向管应能插入炉底定位管内，不得强行对中。

（3）系统压力试验按照 SH/T 3086、SH/T 3506、SH/T 3511 执行。

（五）炉配件与附属设备的预制、安装

1. 炉配件的安装

炉配件的安装及验收按照 SH/T 3086、SH/T 3506、SH/T 3511 执行。

2. 附属设备的安装

（1）急冷换热器的安装及验收按照 SH/T 3511 执行。

（2）汽包的安装及验收按照 SH/T 3511 执行。

（3）引风机、鼓风机的安装及验收按照 SH/T 3511 执行。

（4）烟囱、烟道的预制安装按照 SH/T 3506、SH/T 3511 执行，安装及验收参考《电力建设施工及验收技术规范》（锅炉篇、焊接篇）、《火电施工质量检验及评定标准》（锅炉篇）。

① 烟、风管道预制完成后，应设置必要的防止运输和吊装过程产生变形的加固措施。

② 在有热位移的烟、风道上安装支吊架时，其支吊架的偏移方向及尺寸应符合设计文件要求，如设计文件未做规定，应向烟、风道膨胀的反方向偏移，偏移量为该处全部热位移的 1/2。

③ 热风道的外保温必须在风道及其附属设备安装完毕，经严密性试验合格后才允许进行。

（5）平台梯子的预制安装按照 SH/T 3086、SH/T 3506 执行。应在保证平台、梯子能顺利安装的前提下进行平台、梯子的预制，对于整体预制后吊装或安装困难的平台、梯子，可在预制场分段、分瓣预制或直接在现场拼制。

第五节　配合烘炉试运行

试运行是使加热炉本体和附件在设计参数下连续运行 72h，检测、核定各个部件运行参数是否达到额定值，达不到应找出原因，制定方案整改，直至合格。

1. 烘炉准备

加热炉施工完毕后，一般情况下，由建设单位组织烘炉和试运行；如合同有规定，也可由施工单位组织烘炉和试运行。

2. 配合烘炉试运行

烘炉试运行应具备的条件及烘炉要求按照 SH/T 3511 执行。试运行前按照烘炉试运行方案对参与配合的人员进行技术培训及安全技术交底。管式加热炉试运行应符合下列规定：

（1）试点火：确定点火时的负荷，进行自控程序试验、风油压调节试验等。

（2）开通：逐步开通阀门，使管内介质按设计工作状态流动，逐渐加大流量至设计值。

第六章 锅炉工程

石油化工装置的运行需要不同压力等级的蒸汽，锅炉是提供蒸汽的主要装置。主要有煤粉锅炉和循环流化床(CFB)锅炉。锅炉主要由锅炉构架、平台扶梯、锅炉受热面、汽水联络管道、附属管道(取样、加药、排污、疏放水)及附件、烟风煤粉管道及附属设备组成。

锅炉一般由供货厂家加工成散件后运至施工现场进行安装，施工现场根据供货状态在现场进行地面模块化组合后并按模块化工序安装。

第一节 法律法规标准

项目开工前，根据锅炉厂家技术资料、设计文件、施工合同，筛选制定锅炉安装所需的国家、行业标准明细，列入项目施工组织设计，并根据具体施工技术方案列入需要的其他技术标准，作为锅炉系统工程施工及验收的标准依据(见表2-6-1)。

表2-6-1 常用法律法规标准

序号	法规、标准名称	标准代号	备注
1	石油化工建设工程项目交工技术文件规定	SH/T 3503—2017	
2	石油化工建设工程项目施工过程技术文件规定	SH/T 3543—2017	
3	石油化工循环流化床锅炉施工及验收规范	SH/T 3559—2017	
4	锅炉安全技术监察规程	TSG G0001—2012	
5	特种设备焊接操作人员考核细则	TSG Z6002—2010	
6	钢结构工程施工质量验收规范	GB 50205—2020	
7	锅炉安装工程施工及验收规范	GB 50273—2009	
8	循环流化床锅炉施工及质量验收规范	GB 50972—2014	
9	钢结构高强度螺栓连接技术规程	JGJ 82—2011	
10	火力发电厂焊接技术规程	DL/T 869—2012	
11	电力建设施工技术规范第2部分：锅炉机组	DL/T 5190.2—2019	
12	电力建设施工质量验收规程第2部分：锅炉机组	DL/T 5210.2—2018	

第二节 施工准备

施工前的准备主要包括设计文件核查、施工技术方案、施工机具准备、基础复测验收等内容。

一、设计文件核查

（1）设计单位应提供盖有"特种设备设计文件鉴定专用章"锅炉总图。

（2）施工单位应进行设计文件核查，并参加设计交底，设计应答复核查的设计文件问题。

二、技术文件编制

（1）施工前应有经审批合格的施工组织设计、施工方案。

（2）开工前办理完特种设备安全监督管理部门告知手续，具体见 TSG G0001—2012 的要求。

（3）开工前对锅炉工程单位、分部、分项进行划分。

三、技术文件交底

（1）施工前施工方案的编制人员应向施工作业人员做施工方案的技术交底。

（2）交底内容为该工程的施工程序和顺序、施工工艺、操作方法、质量控制、安全措施等。

四、现场准备

（1）现场应按照建设工程项目施工技术文件进行布置，路、水、电、气应满足施工及安全技术要求。

（2）根据施工技术文件要求，配备施工设备、机具和专用工装等。

（3）现场焊接材料存储场所应配备烘干、去湿设施，并建立保管、烘干、发放制度。

（4）锅炉钢架安装前，锅炉基础已施工完成，且达到安装强度，建设、监理单位应组织基础施工单位和对基础进行中间交接验收，验收合格后方可交付安装。

（5）对施工人员进行入场前安全培训教育，安全技术交底，要求施工人员了解施工范围、施工工序和现场安全状况，并在交底记录上签字。

第三节　材料验收

施工前对到货的钢架、受热面等材料由建设单位组织监理、供货单位、施工单位进行开箱检验，清点到货数量，核对外形尺寸等，对发现的问题做好记录。

一、钢架材料验收

（1）锅炉钢构架和其他小型钢构件进场后根据供货清单核对验收，钢架存放场地应平整坚实，防止产生永久变形。

（2）锅炉本体框架采用高强螺栓连接时需对高强螺栓及连接副与摩擦面抗滑移系数等按 GB 50205 及 JGJ 82 进行检验。

（3）其余要求见 SH/T 3559 的相关要求。

二、受热面设备及材料验收

（1）受热面设备在安装前应根据供货清单、装箱单和设计文件进行全面清点，注意检查表面有无裂纹、撞伤、龟裂、压扁、砂眼和分层等缺陷；表面缺陷应符合 SH/T 3559、GB 50972、DL/T 5190.2 的要求。

（2）合金钢材质的部件应符合设备技术文件的要求；组合安装前应按规范要求进行材质复查，并在明显部位做出标识；安装结束后应核对标识，标识不清时应重新复查。

第四节　锅炉钢架安装

钢架安装是锅炉安装的重要环节，安装过程可根据锅炉钢架布置形式采用单根安装或单片安装，每层安装就位后及时安装梯子平台。

一、一般要求

锅炉钢架一般由锅炉供货厂家预制、现场安装。
（1）安装前组织相关单位进行材料入场验收，办理开箱验收记录。
（2）钢架分层施工、分层验收，等验收合格后及时做好节点补漆。

二、钢架安装

基础验收及钢架验收等执行 SH/T 3559、GB 50972、DL/T 5190.2 的要求。目前基础与钢架固定找平主要采用垫铁安装和地脚螺栓带调整螺母安装两种方法，详见 DL 5190.2。

（1）第一层钢架可采用单柱单片或地面分片组合方式安装。为减少高空作业、减少高空单片、单柱、单梁组装风险，第二层及以上可按井字型模块在地面组装验收合格后利用吊装机械模块安装。锅炉梯子、平台根据钢架安装进度按层同步进行安装。

（2）锅炉钢架组合安装时，应以组件的柱顶标高为基准确定该立柱的1m标高线，多段分层钢架安装时应以第一段立柱柱顶标高为基准确定该立柱的1m标高线。

（3）柱底板单独供货的钢架基础二次灌浆，宜在立柱吊装前完成二次灌浆。柱底板与立柱整体供货时钢架基础二次灌浆，应在钢架第一层找正完毕后进行，详见 SH/T 3559 的要求。

第五节　受热面安装

锅炉受热面安装主要包括汽包、水冷壁、汽水分离器、过热器、省煤器、联箱和减温器、本体汽水连通管道等。

一、一般要求

（1）受热面管在组合和安装前应分别进行通球试验，试验应采用编号的钢球，球不得遗留在管内；通球后应及时做好可靠的封闭措施，并做好记录。具体验收执行 SH/T 3559、GB 50273、DL/T 5190.2 的要求。

（2）受热面管排在钢架安装阶段应在地面组装平台上提前组对预制，根据锅炉大小宜按以下原则进行分段预制：

① 水冷壁按上、中、下三段预制，顶棚水冷壁按片与水冷屏、中温屏、高温屏同步安装；

② 分离器按左右、上下组合成4件预制；

③ 包墙按前、后、左、右4件预制安装，顶包墙分片安装；

④ 水冷屏、中温屏、高温屏地面预制成片后单片吊装；

⑤ 分离器进口烟道预制成2件整体吊装，出口烟道地面组合成片吊装；

⑥ 省煤器、低温过热器单片管排安装。

二、工艺流程

锅炉受热面施工工艺见流程图2-6-1。

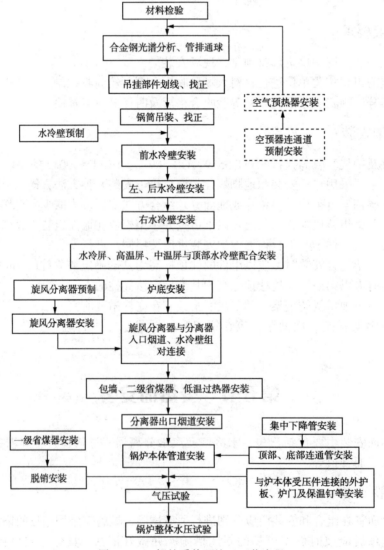

图 2-6-1　锅炉受热面施工工艺流程

三、汽包安装

锅炉汽包一般采用卷扬机吊装安装，锅炉钢架验收合格，具备汽包吊装条件，将 1m 标高基准线引到钢架汽包就位中心线标高处。应对汽包吊装作业所使用的卷扬机、滑轮组及导向滑轮、吊装机索具进行全面检查，确认合格后投入使用。

1. 吊装

吊装前根据汽包重量选择适合起吊能力的卷扬机，卷扬机一般布置在锅炉炉后、卷扬机固定在靠炉后钢架立柱基础上。

（1）对卷扬机的同步性以及限位装置进行空载试验。

（2）对钢架、卷扬机、导向滑轮、滑轮组、吊装绳、起重跑绳、卸扣等进行全面检查，按要求做好记录。

（3）启动用 2 台卷扬机抬吊汽包两头，将汽包提升到离地 200mm，平稳上升，两台卷扬机应同步提升，直至汽包安装就位。

（4）待汽包找正完成后，拆除卷扬机。

2. 验收标准

汽包吊环在安装前应检查接触部位，接触角在 90° 内，接触良好、圆弧吻合，符合制造设备技术文件的要求。具体要求见 SH/T 3559。

四、受热面焊接

锅炉受压件焊接的焊工，应取得 TSG Z6002 相关要求的焊工合格证后，方可从事考试合格项目范围内的焊接工作。

（1）坡口加工和组装应按设计文件的规定加工和组装，设计文件无规定时，可按 DL/T 869 执行。

（2）锅炉水冷壁部件预制，焊接受热不均匀易产生弯曲变形，可采取刚性固定和合理的焊接顺序防焊接变形。采用双人双面焊，打底焊宜先焊仰焊部位，从中间向两边进行施焊，焊 1 个空 1 个，跳跃进行，焊接顺序如图 2-6-2 所示。

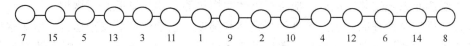

图 2-6-2　锅炉受热面焊接顺序

（3）打底焊后，采用每个对接口由两名焊工配合施焊，首先由下面的焊工从仰焊起弧点沿逆时针方向开始施焊，当焊到平焊起弧点时不要息弧，位于上面的焊工立即在此起弧，沿逆时针方向焊接到收弧点；然后由下面的焊工从仰焊起弧点沿顺时针方向开始施焊，当焊到平焊起弧点时不要息弧，位于上面的焊工立即在此起弧，沿逆时针方向完成整道焊口的焊接。其余焊接要求见 DL/T 869。

五、受热面安装

受热面安装一般在汽包吊装就位验收合格后开始，吊装机具根据预制组合件重量选取。

（1）受热面安装前，应彻底清除管内的杂物，各集箱管座无堵塞、所有管子内无任何堵塞现象。

（2）受热面组件吊装前，应复查各支点、吊点的位置和吊杆的尺寸。

（3）膨胀指示器安装必须符合厂家设计文件要求，应安装牢固、指示正确、布置合理便于观察。

（4）空预器按模块安装就位，安装时间一般在锅炉二层钢架安装结束后开始安装。

（5）受热面预制件吊装前焊口无损检测、鳍片密封条、焊缝打磨工作全部验收合格后吊装就位。

（6）膜式受热面组合安装前，应对管排的尺寸和金属附件、门孔等的定位尺寸进行检查，应符合厂家设计文件要求。

六、下降管、连接管及附属管道安装

（1）管子对接焊缝位置应符合设计规定。

（2）管子接口应避开疏、放水及仪表管等的开孔位置，临时固定点选取合理。

（3）对于集中下降管厚壁大口径管道，对口时可采用坡口外部适当加楔，去除临时固定楔时，不应损伤母材，并将其残留焊疤清除干净打磨修整。

（4）根据设计文件在管道上应开的孔洞，宜在管子安装前开好。开孔后应将内部清理干净，不得遗留钻屑或其他杂物。

（5）在地面预制的管道应经无损检测、热处理合格后再安装。

（6）集中下降管安装时，应注意导向板的方向和间隙，按照设计文件要求进行施工。

（7）支吊架安装位置合理，结构牢固，不影响管系的膨胀。支吊架安装应与管道安装同步进行。

第六节　水压试验

锅炉受热面系统安装完成后，应进行整体水压试验。水压试验是对锅炉承压部件进行的冷态检验，目的是检查锅炉承压部件的严密性和强度，以确保锅炉安全运行。锅炉水压试验是锅炉施工的重要控制点，锅炉具备水压试压条件时应通知监理、业主及特种设备监督检验机构监检，特种设备监督检验机构对过程资料及实体施工质量进行全面检查合格后才能对锅炉上水试压。

汽包锅炉整体水压试验范围包括受热面系统的全部承压件，从给水进口到蒸汽出口的汽水管道、阀件等。按照 SH/T 3559 的要求执行。

一、水压试验前条件确认

（1）焊接在受热面管子及承压部件上的所有零部件，如密封件、防磨罩、定位板、销钉、保温筑炉销钉、门孔盒和热工用测点等均已焊接完，外观检查合格，各项无损检测全部合格。

（2）需要进行热处理的受压元件（组件）热处理完毕，锅炉原材料检验（光谱）及合金钢

焊缝复检(光谱)检验合格资料齐全。

(3) 承压部件上的临时加固或起吊的焊点均已割除,并打磨光滑,且不伤及母材,经检查验收合格。

(4) 锅炉本体范围内的所有一次阀前的管道、阀门、支架全部安装完毕。

(5) 锅炉本体各部件吊杆、吊架安装结束,经调整受力均匀且符合设计要求,弹簧吊架和恒力弹簧吊架定位销已按技术文件规定要求锁定,经检查符合要求。

(6) 所有应该封闭的人孔、手孔已安装完毕,不允许用临时装置代替。

(7) 清理所有焊缝及受压元件表面的污物,焊缝表面不允许涂刷油漆,不允许保温。

(8) 不能承受超压试验仪表元件及其他附件应在水压前拆除,并经过检查确认。

(9) 上水前钢架沉降观测记录,大板梁挠度测量记录。

(10) 所用压力表需校验合格并在有效期内。

二、试压过程

(1) 试压前,应设置排空放气点、压力表、排水点。环境温度应在5℃以上,环境低于5℃时应有可靠的防冻措施。

(2) 锅炉水压前可进行一次0.2~0.3MPa的气压试验,试验介质为压缩空气。锅炉水压试验压力以汽包设计压力的1.25倍进行水压试验。

(3) 打开系统所有放空点,关闭所有低点阀门,用上水泵进行充水,注意控制进水速度,并检查放空口气流,如有堵塞应查明原因,及时疏通,保证系统内排尽空气。

(4) 水压试验压力升降速度不应大于0.3MPa/min,当达到试验压力10%左右时应作初步检查,如未发生泄漏可升至工作压力,检查有无漏水的异常现象。然后继续升至试压压力(超压阶段升降速度应小于0.1MPa/min),保压20min后降至工作压力进行全面检查,检查期间压力应保持不变。

(5) 进行整个泄压,通过泄压阀开启量的大小调节泄压速度,泄压速度不应大于0.5MPa/min,当压力降至0.1~0.2MPa时,开启各排空阀以消除由于放水造成的锅炉负压,试压水应排放至指定的地沟内,不得就地排放。

第七节 烟风道、燃(物)料管道

烟风道、燃(物)料管道是给锅炉提供燃料、热风、冷风、烟气排放的连接管道。先根据设计文件及现场实际尺寸在加工厂进行预制,安装原则执行先大管、后小管。具体见SH/T 3559。

一、预制

(1) 预制前组装好刚性预制平台,平台大小根据预制量大小确定。

(2) 在预制过程中要保证制造件的几何尺寸偏差及焊接质量。

(3) 在焊接前要先进行防变形措施。烟风煤管道组成件大部分为不规则件,几何图形复杂,要求在下料制作时预先制作好样板,确保下料准确,从而保证现场安装的外观质量。

（4）合理安排烟、风、煤管道的预制与安装顺序。

（5）按要求进行煤油渗漏检测。

二、安装

（1）设备及管道安装时应充分考虑一、二次风道的位置，防止与风道相碰。

（2）烟、风道的焊口应平整光滑，严密不漏，焊渣、药皮应清除干净，安装焊口应预留在便于施工和焊接的部位。

（3）烟、风道的组合件应有适当的刚度，必要时作临时加固；临时吊环焊接应牢固，并具有足够的承载能力。

（4）烟、风道和设备的法兰间应有密封衬垫，并不得伸入管道和设备内，衬垫两面应涂抹密封涂料。

（5）预保温的组合件，在保温前应经渗油检查合格。

（6）套筒伸缩节(包括角型、铰型)安装时应按图留出足够的膨胀距离，密封面应光洁，垫料应均匀饱满。

（7）风道与机械设备连接时，不得强力对接，避免机械设备产生位移。

（8）风道安装结束后，应将管道内外杂物清除干净并将临时固定的物件全部拆除，进行风压试验，检查其严密性；风压试验发现的漏泄部位应及时处理；管道如有振动，应分析原因，进行调试或修改设计，消除振动。

第八节　交工技术文件归档

施工开始前要根据建设单位交工技术资料整理文件执行。若无规定可按 SH 3503 或 DL/T 5210.2进行统一分类、编号、汇总、装订、归档。

锅炉安装由于电力行业资料表格比较完善，施工过程资料宜采用电力行业表格执行，组卷资料可根据建设单位要求执行。

第七章 动设备工程

动设备是石油化工装置中通过机械运动完成工艺过程的重要设备。根据其结构特点分为泵、风机、空冷风机、离心式风机、离心式压缩机、往复式压缩机、皮带输送类机械、起重机械、搅拌设备、挤压造粒机、附属设备及管道等，其中压缩机组还包括主机、驱动机(汽轮机组)等。施工范围一般包括设备开箱检验、基础处理和灌浆、零部件清洗和装配、对中找正至单机试运转，对不适宜单机试运转的设备，经业主相关单位确认同意后可至联动试运转/负荷试运转。

第一节 法律法规标准

动设备工程常用的相关法律、法规、标准见表 2-7-1。

表 2-7-1 动设备工程常用法律、法规、标准

序号	法规、标准名称	标准代号	备注
1	石油化工建设工程项目交工技术文件规定	SH/T 3503—2017	
2	催化裂化装置轴流压缩机—烟气轮机能量回收机组施工及验收规范	SH/T 3516—2012	
3	乙烯装置离心压缩机机组施工及验收规范	SH/T 3519—2013	
4	石油化工机器设备安装工程施工及验收规范	SH/T 3538—2017	
5	石油化工离心式压缩机施工及验收规范	SH/T 3539—2007	2019 版尚未发行
6	石油化工泵组施工及验收规范	SH/T 3541—2007	拟转化为企标
7	石油化工静设备安装工程施工技术规程	SH/T 3542—2007	拟转化为企标
8	石油化工对置式往复压缩机组施工及验收规范	SH/T 3544—2009	
9	石油化工汽轮机施工及验收规范	SH/T 3553—2013	
10	起重机械安装改造重大维修监督检验规则	TSG Q7016—2016	
11	压力容器	GB 150.1~150.4—2011	
12	机械设备安装工程施工及验收通用规范	GB 50231—2009	
13	输送设备安装工程施工及验收规范	GB 50270—2010	
14	压缩机、风机、泵安装工程施工及验收规范	GB 50275—2010	
15	起重设备安装工程施工及验收规范	GB 50278—2010	
16	电力建设施工技术规范第 2 部分：锅炉机组	DL/T 5190.2—2012	2019 版尚未发行
17	机械搅拌设备	HG/T 20569—2013	
18	容器支座	NB/T 47065.1~ NB/T 47065.1—2018	

第二节　施工准备

施工准备工作包括施工技术文件和随机技术文件准备、计量器具、开箱检验、基础复验等内容。

一、技术文件准备

（1）施工技术文件的编制，应结合设备进场路线、施工环境、设备的结构及安装顺序，并根据标准和设计文件来进行。

（2）随机说明书中的施工顺序、安装允许偏差表等，是结合设备构造通过精密计算和试验得出的，对设备的施工具有针对性。因此施工方案的编制内容应以随机技术文件作为主要参考依据，特别是设备安装的顺序、技术要求及允许偏差应参考随机技术文件中的内容；若随机技术文件中无相关说明则可选用规范中的内容。

（3）注意收集技术文件，技术文件的内容在 SH/T 3538 有明确规定，同时要求进行图纸核查及技术交底。

二、计量器具管理

（1）SH/T 3538 及 GB 50231 对计量器具都提出了精度要求，因此计量器具要有专人负责管理。依据施工进展情况及时发放和回收入库，避免计量器具的丢失及损坏。发放的计量器具由管理员检验合格后才能发放，避免损坏、影响使用或精度不达要求的计量器具流入现场使用。

（2）应建立计量器具台账，台账中应有"有效期""报验状态""领用人"等栏目，避免存在过期计量器具仍在使用的情况发生。

三、开箱检验

（1）开箱检验应由采购单位负责组织，建设单位、监理单位和施工单位参加，随机附件较多的机器设备应有制造厂或供应商代表参加。

（2）开箱检验的内容及要求见 SH/T 3538。

（3）开箱检验过程中应核查随机设备、散装的工艺管材、管件的质量证明文件或合格标识，核查随机专用工具及备品备件。此要求在 SH/T 3538 和 GB 50231 有明确规定。

四、基础复验

（1）设备安装前应从外观表面、外形尺寸、孔洞深度、孔洞垂直度、标高、中心定位线等方面进行复查，具体要求见 SH/T 3538。

（2）基础外观、尺寸等复查后应对混凝土基础安装面进行处理，具体要求见 SH/T 3538。

第三节 垫铁与灌浆

动设备安装分为有垫铁施工和无垫铁施工。随着施工工艺的发展，无垫铁安装应用越来越广泛，随机技术文件无要求时优先选用无垫铁安装。

灌浆分为一次灌浆、二次灌浆，包括地脚螺栓孔灌浆、基础与设备底座之间的灌浆和设备底座/机座腔体内的灌浆。

一、施工工艺流程

垫铁与灌浆施工工艺流程见图 2-7-1。

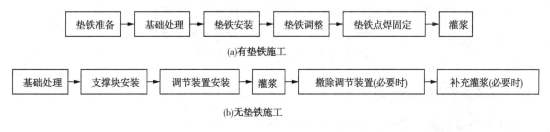

图 2-7-1 施工工艺流程

二、有垫铁/无垫铁施工

（1）首选随机技术文件中关于有垫铁施工/无垫铁施工的技术要求作为施工依据，随机技术文件无要求时，主要按照 SH/T 3538，并结合 GB 50231 的相关要求执行。

（2）垫铁组面积计算公式参见 SH/T 3538—2017 附录 A，垫铁组的布置及检查应符合 SH/T 3538 要求。对安装在金属结构上的设备，垫铁应与金属结构用定位焊焊牢。

（3）有垫铁安装方法还可以采用压浆法或座浆法放置垫铁，使垫铁与基础接触可达 100%，具体操作见 SH/T 3538—2017 附录 B。

（4）无垫铁安装时，应按 SH/T 3538—2017 附录 C 执行；当利用设备底座上调整螺钉进行安装时，其质量要求还应按 SH/T 3538 执行。

三、灌浆

灌浆料应首选设备随机技术文件要求的标号。一次灌浆应在机器的初找平、找正后进行；二次灌浆应在隐蔽工程验收合格、机器设备的最终找平、找正后 24h 内进行，见 SH/T 3538。值得关注的是：

（1）基础表面是否需要用水湿润应根据采用的灌浆料而定。

（2）二次灌浆时应注意调整螺钉和临时垫铁的保护，若需取出临时支撑件（调整螺钉、小型千斤顶、临时垫铁或顶丝等），应在二次灌浆层强度达到 75% 以上时进行。

（3）机器设备底座或机座腔体内灌浆应符合产品技术文件和设计文件要求。

第四节 泵、风机施工

泵、风机施工包括设备就位、一次灌浆、安装找正、二次灌浆、联轴器安装与对中、油冲洗及加注润滑油和单机试运转等。

一、施工工艺流程

泵、风机施工工艺流程见图 2-7-2。

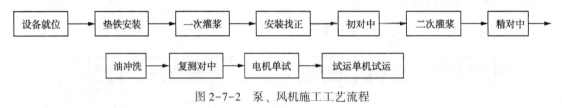

图 2-7-2 泵、风机施工工艺流程

二、设备就位

（1）设备就位前，施工环境要求见 SH/T 3541。

（2）设备就位前应再次检查地脚螺孔，重点关注孔内是否有杂物，杂物的存在直接影响一次灌浆的质量，具体要求见 SH/T 3541。

（3）设备就位时的初次找正位置应按技术文件中要求确定，具体要求见 SH/T 3538。

（4）设备就位后，应放置平稳，防止变形，对重心高的机器设备应采取措施防止设备的摇动或倾倒。

（5）设备就位后，应拆除联轴器并复查机泵水平度及同心度，用于判断设备底座是否发生变形并通过调整垫铁纠正。

（6）地脚螺栓在预留孔中应垂直，具体要求应按 SH/T 3538 执行。

三、设备就位后的防护

（1）设备就位后，应采取硬防护措施，防止坠物损伤设备或设备部件及仪表；特殊地区还应做好防风、防冻等措施；室内设备在厂房封闭前还应做好防雨措施。

（2）施工环境的要求参见 SH/T 3538。

四、安装找正

（1）设备安装找正前应先检查并清理测量基准面，确保其表面粗糙度应能满足水平测量仪精度要求，见 SH/T 3538。

（2）设备安装时应控制安装标高及中心位置，具体要求见 SH/T 3538。

（3）设备水平度允许偏差值在设备随机技术文件中无要求时，应按 SH/T 3538 执行。

五、联轴器安装与对中

（1）泵、风机的联轴器形式有凸缘联轴器、滑块联轴器、齿式联轴器、弹性套柱销联轴器、弹性柱销联轴器、蛇形弹簧联轴器、叠片挠性联轴器等，安装时应按随机技术文件执行，无要求时按 SH/T 3538 规定执行。

（2）联轴器对中允许偏差值应通过对比泵和电动机的随机技术文件，取较小值。

六、加注润滑油

（1）润滑油加注前应进行轴承箱冲洗，首先打开排油丝堵/放油阀，然后用加油壶从加油口处加注润滑油，并用废油回收槽/桶回收。当排出的润滑油无硬质颗粒时视为合格，可关闭放油阀/拧紧丝堵。若排出的油含有大量硬质颗粒，应向相关部门汇报并征得许可后进行拆解检查并清洗。

（2）加注新润滑油时，润滑油牌号及加油量应符合随机技术文件要求。

（3）润滑油加注后通过检查视窗、油杯确定油量，并做好相应的防护措施。

七、单机试运转

（1）单机试运转前，应按照 SH/T 3538 的规定逐项确认开车条件，大型机泵试运还应填写 SH/T 3503—2017 中"机组试车条件确认记录"（表 J319）。

（2）单机试运转主要要求如下：

① 试运转前应做好相应的准备工作，具体要求见 SH/T 3538。

② 试运转时，应先进行调试系统测试，合格后先附属设备试运转再主机试运转，具体的操作程序及要求见 SH/T 3538。

③ 试运转过程中应采取目测、听音、仪器检测的手段对机器运转情况进行检查，可从轴承的最高温度、运转过程中轴承的温升速度、轴承处的振动情况入手，并如实记录数据并完善 SH/T 3503—2017 中"机器单机试车记录"（表 J318），大型机泵在停机过程中还应记录惰走时间。运转过程中的检查及记录要求见 SH/T 3538。

第五节 空冷风机施工

空冷风机安装包括构架安装、空冷器管束安装、动力系统安装、空冷器叶片安装、动力系统调整、单机试运转等。

一、施工工艺流程

空冷风机施工工艺流程见图 2-7-3。

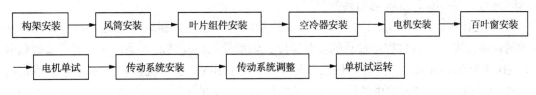

图 2-7-3 空冷风机施工工艺流程

二、构架安装

鼓风式空冷风机应先安装钢结构构架及风筒等部件；引风式空冷风机应先完成构架及传动系统固定结构安装，空冷器管束完成安装后开始风筒的安装。空冷器构架安装质量若随机技术文件无规定，按 SH/T 3542 的规定执行。

三、空冷器管束安装

空冷器管束应注意定位尺寸、水平度及排液口的安装要求等，见 SH/T 3542。

四、动力系统安装

（1）电动机及传动机构的安装应符合设备随机技术文件和设计文件的规定。
（2）安装完毕后应复验叶片轮盘的水平度，并符合设备随机技术文件的规定。

五、空冷器叶片安装

（1）空冷器叶片应按照随机技术文件的要求安装叶片并调整角度。
（2）空冷器叶片的固定螺栓应按照随机技术文件的要求拧紧。
（3）安装完成后应复测各叶尖位置的水平面，应符合随机技术文件要求。

六、动力系统调整

空冷风机动力系统有轴传动和皮带传动，装配及调整要求如下：
（1）传动轴安装应符合随机技术文件的要求。
（2）皮带轮及皮带装配参见 SH/T 3538。
（3）皮带传动拉紧力调整见 SH/T 3538—2017 附录 P。

七、单机试运转

（1）单机试运转前应按照 SH/T 3538 逐项确认开车条件。
（2）单机试运转要求如下：
① 试运转前应做好相应的准备工作，如检测仪器、消防措施、防护网的安装等，对于此要求可参见 SH/T 3538。
② 试运转应在附属设备试运转合格后再进行整机单机试运转，试运转的具体操作流程及要求除按照随机技术文件执行外还应执行 SH/T 3538。不适宜单机试运转的机器可在装置联运时进行，在 SH/T 3538 有明确的规定。
③ 试运转过程中应采取目测、听音、仪器检测的手段对机器运转情况进行检查，可从轴承的最高温度、运转过程中轴承的温升速度、轴承处的振动情况入手，并如实记录数据并完善 SH/T 3503—2017 中"机器单机试车记录"（表 J318），在停机过程中还应记录惰走时间。SH/T 3538 对运转过程中的检查及记录也作出了相关的要求。

第六节　离心式压缩机机组和离心式风机机组施工

离心式压缩机机组和离心式风机机组的安装包括就位、安装找正、灌浆及单机试运转等。按驱动机类型分为汽轮机、烟气轮机和电动/发电机；按到货状态分为整体到货及散件到货。

一、施工工艺流程

离心式压缩机机组和离心式风机机组施工工艺流程见图2-7-4。

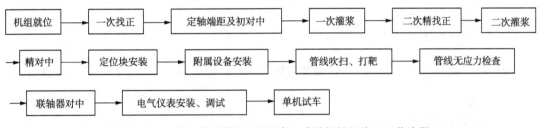

图2-7-4　离心式压缩机机组和离心式风机机组施工工艺流程

二、机组就位

（1）凝汽式汽轮机驱动的压缩机组，共用底座就位前应完成凝汽器的就位安装。

（2）驱动机及压缩机就位前应完成共用底座的安装找平，若汽轮机下机壳与共用底座整体供货，应以下机壳的轴承座孔为基准进行找平。共用底座的标高及水平度应符合随机技术文件要求，如无规定则应按SH/T 3539要求执行。

三、机组安装

机组安装时应首先判断并确定水平定位基准设备，然后进行水平的调整，水平定位基准设备的选择及水平度的质量标准见SH/T 3539。

四、机组定轴端距

机组定轴端距应以基准机器轴端面为基准，检查项目见SH/T 3539。

五、机组初对中

（1）机组的对中应在机体闭合状态下进行，优先考虑使用激光找正仪进行对中调整，其质量要求见SH/T 3539。

（2）机组对中的偏差要求在随机技术文件中均有规定，应按其规定执行，当发现两者差异较大时应及时联系设备厂家核实数据的准确性，确定无误后继续施工。

六、一次灌浆

地脚螺栓孔灌浆应按随机技术文件及设计文件进行，无要求时可按SH/T 3538及SH/T 3539

的规定执行。

七、二次灌浆

二次灌浆应按随机技术文件及设计文件进行灌浆，无要求时可按 SH/T 3538 及 SH/T 3539 的规定执行。

八、压缩机安装

（1）压缩机分为水平剖分式压缩机、垂直剖分式压缩机两种类型，在安装前予以区分并按规定进行安装。

（2）随机技术文件中无要求时，水平剖分式压缩机按 SH/T 353 的规定执行，垂直剖分式压缩机按 SIL/T 3539 的规定执行。

九、齿轮箱安装

齿轮箱一般为整体供货，现场仅需要对齿轮箱各部件进行检查和整体安装。检查内容见 SH/T 3539。

十、汽轮机安装

汽轮机的安装分为整体供货的汽轮机和散件供货的汽轮机，在安装时按照随机技术文件和 SH/T 3553 执行。

十一、烟气轮机安装

烟机一般用于催化裂化装置中，故烟机的安装除了按照随机技术文件执行外，还应符合 SH/T 3516 及 SH/T 3539 的规定。

十二、电动机/发电机安装

电动机/发电机安装主要按照 SH/T 3516 的规定，并结合 SH/T 3539 的规定执行。

十三、机组单机试运转

（1）机组试运转前应按 SH/T 3539 逐项确认开车条件，按 SH/T 3539 的规定审查确认相应的过程资料，并填写 SH/T 3503—2017 中"机组试车条件确认记录"（表 J319）。

（2）机组单机试运转主要要求如下：

① 试运转前应做好相应的准备工作，如检测仪器、消防措施、临时过滤网的加持等等，具体要求见 SH/T 3538。

② 试运转时，应先进行调试系统测试，合格后先附属设备试运转再主机试运转，具体的操作程序及要求见 SH/T 3539。

③ 试运转过程中应采取目测、听音、仪器检测的手段对机器运转情况进行检查，并如实记录轴承的温度、温升、位移、振动等运行数据，并反馈和履行报验手续。

④ 试运转后应做好卸压、排水、切断电源等工作，具体要求应按照随机技术文件执行，无要求时按 GB 50231 执行。

十四、选用 SH/T 3519 和 SH/T 3539 的注意点

1. 适用范围区别

（1）SH/T 3539 适用于石油化工、煤化工和天然气化工新建、扩建、改造工程中，以电动机、汽轮机或烟气轮机中一种或多种型式驱动的离心式压缩机组的施工及验收。

（2）SH/T 3519 适用于烯烃分离中汽轮机驱动的离心压缩机组的施工及验收。

2. 选用原则

（1）乙烯装置的离心压缩机施工主要以执行 SH/T 3519 为主，结合 SH/T 3539、GB 50231 和 GB 50275 的相关要求。

（2）其他装置压缩机施工主要按照 SH/T 3539，结合 SH/T 3538、GB 50231 和 GB 50275 的相关要求执行。

第七节　往复式压缩机施工

往复式压缩机施工包括压缩机就位、压缩机安装、压缩机灌浆、压缩机试运行。往复式压缩机通常采用电动机驱动，本章节将电动机的安装要求合并到压缩机安装中一并阐述，电机的其他部分不在本章节中体现。

一、施工工艺流程

往复式压缩机施工工艺流程见图 2-7-5。

二、压缩机就位

压缩机就位前应从场地、人员、设备开箱、方案编制、计量器具等方面逐项落实施工条件，SH/T 3544 对压缩机就位有明确的说明。

三、压缩机安装

1. 机身、中体安装

（1）垫铁的安装和无垫铁施工参见本章第三节。

（2）机身、中体的安装主要参照 SH/T 3544 执行，机身的列向水平度应根据各列的水平度综合考虑调整，宜高向气缸端。

2. 曲轴、轴承安装

曲轴、轴承在安装前应做外观、尺寸的检查，并按照随机技术文件要求进行安装，结合 SH/T 3544 控制安装精度。

3. 气缸安装

（1）气缸的安装应按随机技术文件执行，同时应符合 SH/T 3544 的要求。

（2）气缸与十字头滑道同轴度找正可采用拉钢丝找正法、光学准直仪找正法、激光准直仪找正法。拉钢丝找正法的钢丝直径与重锤质量的选配及钢丝自重下垂度见 SH/T 3538—2017 附录 E，激光准直仪找正法参见 SH/T 3538—2017 附录 G。

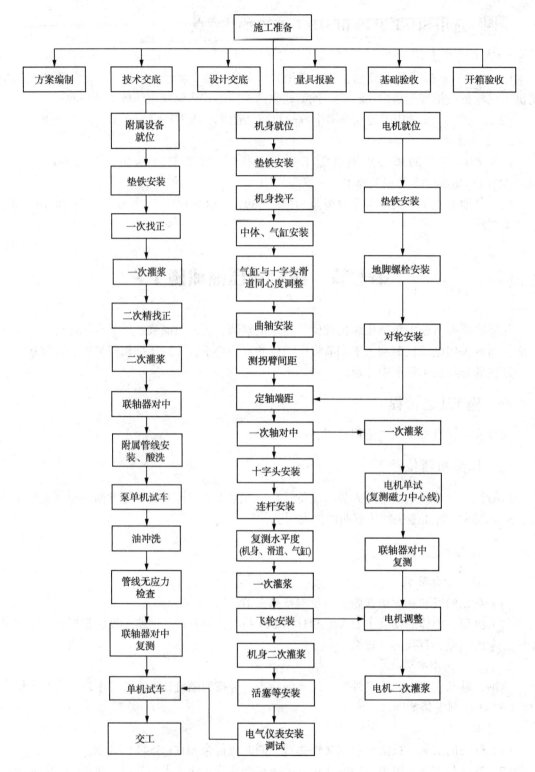

图 2-7-5 往复式压缩机施工工艺流程

4. 十字头和连杆安装

（1）十字头和连杆安装主要按照随机技术文件，并结合 SH/T 3544 的规定执行。

（2）安装过程中应用宽座角尺及塞尺测量十字头在滑道前、后两端与上、下滑道的垂直度，测量结果应符合 SH/T 3544 规定。

5. 填料函和刮油器安装

（1）填料函和刮油器应全部拆开清洗和检查，拆洗前各组填料应在非工作面上做出标识。

（2）安装时主要按照随机技术文件，并结合 SH/T 3544 的规定执行，安装方向应与设计文件的要求一致。

6. 活塞、活塞杆和活塞环安装

（1）安装前应做表面的检查，不得有裂纹、机械损伤等缺陷。

（2）活塞环翘曲度应符合随机技术文件的规定，无规定时应按照 SH/T 3544 规定执行。

7. 进、排气阀安装

（1）进排气阀安装前应做煤油试漏，结果应符合随机技术文件的要求。

（2）气阀阀片、阀座、弹簧应进行解体清洗检查；采用模拟压缩机工况进行气体泄漏性检验的气阀，现场安装时不再进行严密性检查。检查及安装应按随机技术文件和 SH/T 3544 规定执行。

8. 电动机及盘车器安装

（1）电动机安装应以压缩机为基准，轴向定位尺寸应符合随机技术文件的规定，无规定时可按定子与转子磁极的几何中心线进行对准。

（2）电动机安装应按照随机技术文件和 SH/T 3544 的规定执行。

四、压缩机灌浆

压缩机灌浆料的配比应按照灌浆料的技术文件执行，若无规定应按 SH/T 3544 执行。

五、压缩机试运行

（1）压缩机试运行前应按照 SH/T 3544 进行准备并确认试运转条件，检查合格后填写 SH/T 3503—2017 中"机组试车条件确认记录"（表 J319）。

（2）压缩机单机试运转应按随机技术文件执行，无规定时，无负荷、负荷试运转按 SH/T 3544 执行。

第八节　皮带输送类机械施工

皮带输送类机械在石油化工装置中常用于热电锅炉装置中或仓库输送带上，常见的输送方式有平面输送和管状输送。施工内容一般包括划安装线、主体（支架）安装、胶带安装、附件安装及单机试运转。

一、施工工艺流程

皮带输送类机械施工工艺流程见图 2-7-6。

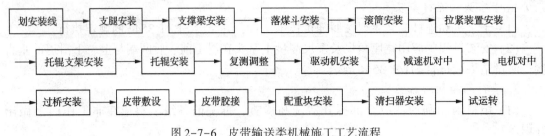

图 2-7-6　皮带输送类机械施工工艺流程

二、安装线的划定

（1）可采用检定合格的经纬仪或激光水平仪作为主体构架的划线辅助工具；划线时，安装线应以导煤槽/落料管的实际开孔中心为始末点；为了便于安装，一般同时划出构架支腿的安装中心线。安装基准线的偏差参见 GB 50270。

（2）拉紧装置立柱位置应根据设计文件及实际开孔通过吊垂线获得，滚筒的轴线安装线应与胶带相垂直，纵横向位置偏差不大于 5mm。

三、主体安装

（1）主体安装应在划安装线工作完成后进行，并复核尺寸。

（2）主体安装要求如下：

① 构架的支腿应按安装线安装并利用合适的垫铁调平，构架组装完后应用水平仪检查水平度，组装后的构架允许偏差见 DL 5190.2 和 GB 50270。

② 煤管和导煤槽应在构架完成组装前完成安装，安装要求应按照 DL 5190.2 执行。

③ 滚筒宜与构架安装同步完成，安装要求应按照 DL 5190.2 和 GB 50270 执行。

④ 托架和托辊应在构架、煤管和导煤槽及滚筒完成后安装，安装要求应按照 DL 5190.2 和 GB 50270 执行。

⑤ 拉紧装置应在皮带敷设前完成就位安装，安装要求应按照 DL 5190.2 和 GB 50270 执行。

⑥ 带式逆止器的安装应运转灵活且符合随机技术文件规定；无规定时应按照 GB 50270 执行。

⑦ 管状带式输送机安装时除了应符合第⑥条外，还应按照 DL 5190.2 执行。管状皮带输送类机械应注意支架的同心度，应符合随机技术文件要求。

四、胶带安装及胶接

（1）胶带的安装应在支架主体、拉紧装置完成安装后进行。

（2）胶带的安装要求符合下列要求：

① 胶带敷设时工作面的位置、胶带长度等应符合随机技术文件/设计文件要求，具体要求应按照 DL 5190.2 执行。

② 胶带胶接前应做胶接试验，试验要求应按照 DL 5190.2 执行。

③ 胶带的胶接口可割成直口或斜口（四层及以下的胶带不宜采用直口），具体做法应按

照 DL 5190.2 执行。

④ 胶带胶接应符合随机技术文件要求，钢绳芯橡胶输送带只能采用热硫化连接，其他棉织物、人造纤维、化纤织物的橡胶输送带既可采用热硫化连接，也可采用常温连接。当胶带产品无要求时，热胶法、冷胶法的施工参见 DL 5190.2。

⑤ 胶带胶接完成后应对胶带直线度、中心线、表面缺陷等进行检查，具体要求应按照随机技术文件执行。若无规定，胶带直线度、中心线、表面缺陷等见 GB 50270。

五、附件安装

主要附件有清扫器和磁铁分离器，根据安装的难易度应注意安装顺序，通常情况下清扫器在胶带安装完成后安装、磁铁分离器在头部滚筒安装前就位。安装按照 DL 5190.2 和 GB 50270 执行。

六、试运转

试运转应在整个皮带输送系统及附件安装完毕后且输送带接头强度达到要求后进行，先开始空负荷试运，合格后逐步匀速加载负荷完成负荷试运转。试运转过程应按照随机技术文件中的要求进行操作，并按照 DL 5190.2、GB 50270 进行检查并记录。

七、选用 GB 50270 和 DL 5190.2 的注意点

1. 适用范围区别

（1）DL 5190.2 适用于蒸发量为 400~3150t/h，主蒸汽压力为 9~28MPa，主蒸汽温度为 540~610℃ 的电站锅炉机组的施工及验收。

（2）GB 50270 适用于带式输送机、板式输送设备、垂直斗式提升机、螺旋输送机、辊子输送机、悬挂输送机、振动输送机、埋刮板输送机、气力输送设备、矿井提升机和绞车安装工程的施工及验收。

2. 选用原则

（1）锅炉装置中的皮带输送类机械安装主要以执行 DL 5190.2 为主，结合 GB 50270 相关要求。

（2）非锅炉装置中的皮带输送机械安装按照 GB 50270 执行。

第九节　起重机械施工

起重机械类型有电动葫芦、梁式起重机、桥式起重机、门式起重机、悬臂起重机、升降机等。施工内容包括开箱验收、基础复测及处理、起重机轨道及车挡安装、葫芦/起重机安装、起重机试运转。

一、施工工艺流程

起重机械施工工艺流程见图 2-7-7。

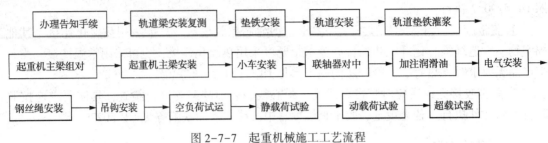

图 2-7-7　起重机械施工工艺流程

二、安装告知

（一）告知范围和种类

（1）根据《质检总局关于修订〈特种设备目录〉的公告》（2014 年第 114 号）的要求，起重机械安装需要履行告知业务的范围如下：

① 额定重量大于或等于 0.5t 的升降机。

② 额定起重量大于或等于 3t（或额定起重力矩大于或等于 40t·m 的塔式起重机，或生产率大于或等于 300t/h 的装卸桥），且提升高度大于或等于 2m 的起重机。

③ 层数大于或等于 2 层的机械式停车设备。

需要注意的是，3t 以下的电动单梁起重机不需要履行告知义务。

（2）根据质检总局 2014 年第 114 号文，需要安装告知的起重机械种类见表 2-7-2。

表 2-7-2　需要安装告知的起重机械种类

代　码	种　类	类　别	品　种
4000	起重机		
4100		桥式起重机	
4110			通用桥式起重机
4130			防爆桥式起重机
4140			绝缘桥式起重机
4150			冶金桥式起重机
4170			电动单梁起重机
4190			电动葫芦桥式起重机
4200		门式起重机	
4210			通用门式起重机
4220			防爆门式起重机
4230			轨道式集装箱门式起重机
4240			轮胎式集装箱门式起重机
4250			岸边集装箱起重机
4260			造船门式起重机
4270			电动葫芦门式起重机
4280			装卸桥

续表

代 码	种 类	类 别	品 种
4290			架桥机
4300		塔式起重机	
4310			普通塔式起重机
4320			电站塔式起重机
4400		流动式起重机	
4410			轮胎起重机
4420			履带起重机
4440			集装箱正面吊运起重机
4450			铁路起重机
4700		门座式起重机	
4710			门座起重机
4760			固定式起重机
4800		升降机	
4860			施工升降机
4870			简易升降机
4900		缆索式起重机	
4A00		桅杆式起重机	
4D00		机械式停车设备	

（二）告知程序及申请监验

（1）起重机械施工单位应当在施工前将拟进行的起重机械安装、改造、修理情况书面告知设备使用地的市级特种设备安全监督管理部门（TSG Q7016—2016第十二条）。具体内容按照特种设备安装所在地的市级特种设备安全监督管理部门的要求。

（2）施工单位告知后应填写《起重机械安装改造重大修理监督检验申请表》，向检验机构申请监验，并提交相关资料（TSG Q7016—2016第十三条）。

三、安装基本要求

（1）起重机械安装前应对产品质量证明文件、外观、基础等进行检查，具体按照 GB 50278 执行。

（2）安装挠性提升构件时，钢丝绳、链条等安装按照 GB 50278 执行。

四、起重机轨道和车挡

（1）起重机轨道敷设前应按照 GB 50278 的要求对基础、钢轨的直线度和扭曲度进行检查并调整。

（2）安装过程中轨道的安装质量和精度应符合 GB 50278 的规定。

（3）车挡应在起重机就位前完成安装。

五、电动葫芦安装

（1）电动葫芦安装应按照 GB 50278 执行。

（2）连接运行小车两墙板的螺柱上的螺母应拧紧，螺母的锁件应装配正确，并应符合 GB 50278 的规定。

六、梁式起重机安装

（1）梁式起重机分为手动单梁起重机、手动双梁起重机、手动悬挂起重机、电动单梁起重机、电动悬挂起重机。

（2）安装主要按照随机技术文件，并结合 GB 50278 的规定执行。

七、桥式起重机安装

（1）桥式起重机分为电动葫芦桥式起重机、通用桥式起重机、冶金起重机。

（2）安装主要按照随机技术文件，并结合 GB 50278 的规定执行。

八、门式起重机安装

（1）门式起重机分为电动葫芦门式起重机、通用门式起重机。

（2）安装主要按照随机技术文件，并结合 GB 50278 的规定执行。

（3）小车的安装见 GB 50278。

九、悬臂起重机安装

悬臂式起重机安装主要按照随机技术文件，并结合 GB 50278 的规定执行。

十、试运转

（1）试运转应按照 GB 50278 的要求依次进行空载试运转、静载试运转、动载试运转。

（2）应按随机技术文件要求做超载试验，配合监督检验人员按照 TSG Q7016—2016 C1~C14 的要求进行检查评价并提交资料。

第十节　机械搅拌设备施工

机械搅拌设备包含承载容器、搅拌器。承载容器一般分为立式圆筒、卧式圆筒、矩形等。搅拌器布置形式分为顶入式、侧入式、底入式三大类。搅拌设备的安装一般包括安装前的检查、就位、安装与调整、单机试运转。

一、施工工艺流程

机械搅拌设备施工工艺流程见图 2-7-8。

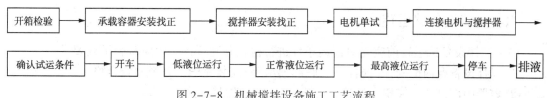

图 2-7-8　机械搅拌设备施工工艺流程

二、安装前的检查

1. 支座检查

（1）依据 NB/T 47065.1~47065.5 规定，检查应按照随机技术文件执行。

（2）以法兰作为支座的检查主要按照 GB 150，并结合 HG/T 20569 的规定执行。

2. 搅拌轴检查

（1）搅拌轴的检查项目一般包含材质、焊缝、直线度、表面粗糙度等。

（2）检查结果应符合随机技术文件要求，若无规定应按照 HG/T 20569 执行。

3. 机械密封试验

（1）应核查机械密封的压力试验报告。

（2）现场需再进行机械密封试验时，应按照 HG/T 20569 的规定执行。

三、承载容器壳体找平、找正

（1）承载容器壳体的找平、找正应根据设备的形式（卧式、立式），按照 SH/T 3542 的相关要求和 HG/T 20569 的规定执行。

（2）找正位置、复测位置应选择在承载容器连接法兰的法兰面上，水平度、垂直度应符合搅拌设备随机技术文件的要求。

（3）承载容器的接口法兰水平度允许偏差应小于或等于法兰外径的 1‰（HG/T 20569）。

四、搅拌器就位

适用于搅拌器与承载容器分开供货，搅拌器就位应符合随机技术文件的规定，无规定时应具备下列条件：

（1）搅拌器安装前，支撑搅拌设备的钢结构应安装完毕，并经验收合格。

（2）安装搅拌设备的容器、储罐试压合格。

（3）吊装用的绳索、卡具等已就位。

（4）安装方案已编制且完成审批。

五、搅拌设备安装与调整

（1）随容器整体供货的搅拌设备在现场一般仅对搅拌轴的跳动量进行微调及联轴器对中。

（2）非整体供货的搅拌设备需根据现场情况先组装成部件后安装，组装质量应符合随机技术文件要求，无规定时应按照 HG/T 20569 执行。

六、搅拌设备试运转

（1）搅拌设备试运转前应先对试运条件进行检查并确认，一般应符合下列要求：

① 搅拌设备及内部构件（搅拌叶、底部轴承等）安装完毕，并经检查合格。

② 容器内部已清理完毕，经检查合格，且人孔已封闭。

③ 容器内已加注试运介质至最高液位；当搅拌轴为柔性轴时，应选用开车物料作为试运介质。

④ 容器顶部放空阀已打开，且底部排液阀正常。

⑤ 电机、减速机、搅拌设备轴承等已加注润滑油、润滑脂。

⑥ 各联轴器已完成对中工作。

⑦ 电机已单试合格，电气、联锁工作已完成。

（2）随机整体供货的搅拌设备及现场组装的搅拌设备在投产前均应进行单机试运转，且应符合下列要求：

① 单机试运转的时间、操作程序应按照随机技术文件执行，无要求时按照 HG/T 20569 执行。

② 试运转检查项目及要求不得低于 HG/T 20569 的要求。

第十一节　挤压造粒机组施工

挤压造粒机组由主设备和辅助设备组成，主设备包括主电机、减速机、挤压螺旋工艺段、切粒机等，辅助设备包括润滑油系统、热油系统、液压油控制系统、循环水系统、切粒水系统引风系统等辅助机械设备等。施工内容包括基础检查、就位、安装与调整、单机试运转。

一、施工工艺流程

国产挤压造粒机组的一般施工流程见图 2-7-9，部分工序在机组安装时存在差异，具体要求应按照随机技术文件执行。

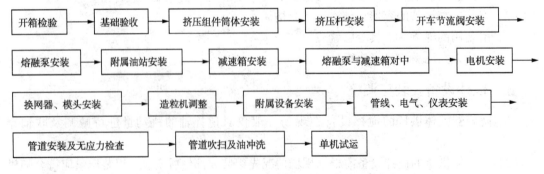

图 2-7-9　国产挤压造粒机组的一般施工流程

二、主设备安装

（1）挤压组件安装前应将连接面用煤油等清洗剂清洗干净，安装时先利用临时支撑就位，然后采用千斤顶、倒链等调整工具调整并安装定位销及螺栓孔。具体安装按照随机技术文件执行。

（2）开车阀安装前先将接触面清洗干净，再将定位销安装在开车阀上，最后与工艺段连接起来，拔紧螺栓。安装时利用厂房电动葫芦/行车作为吊装工具。具体安装按照随机技术文件执行。

（3）熔融泵安装应按随机技术文件执行，无规定时可按照下列要求：

① 除去底座下表面锈蚀，与垫铁接触处面应做找平处理，磨掉毛刺凸点，并于侧部标出中心线，清除基础表面与地脚螺栓孔内的杂质。

② 根据基础上的纵横中心线将熔融泵底座安装就位，将调整垫铁及地脚螺栓安装在底座上。

③ 将熔融泵安放到底座上，根据与开车阀接触面上定位销的高度来调整熔融泵底座的高度，将泵体与开车阀连接并拔紧连接螺栓，确保熔融泵与开车节流阀装配合适，并找平熔融泵。

④ 调整垫铁，使支座下表面与调整垫铁充分接触，清理地脚螺栓孔内杂物，进行地脚螺栓一次灌浆并养护。

⑤ 按厂家及设计文件要求调整好泵与底座的左右间隙(因泵自身工作及介质的温度会使泵产生热膨胀而需要的间隙)，建议用铜片等金属物质塞紧保持住间隙，等开车试运时再取掉。

⑥ 安装熔融泵与开车阀结合面之间的垫片。

（4）换网器安装时，应先安装底座后安装换网器，并保证与熔融泵的同心度、与熔融泵接触面的平行度。具体安装应符合随机技术文件要求。

（5）模头安装前应将接触面清洗干净。具体安装按照随机技术文件执行。

（6）造粒机(切粒小车)安装时，应保证切割刀平面与模头接触面平行度。具体要求按随机技术文件执行。

（7）减速机与电机安装重点在于安装顺序，即先通过与熔融泵对中确定减速箱位置并安装，然后再安装电机。具体安装应符合随机技术文件要求。

三、辅助设备安装

辅助设备安装时应按随机技术文件执行，无规定时可参考本章第十二节的内容。

四、单机试运转

（1）挤压造粒机单机试运转通常由厂家技术服务人员在场指导操作并负责调试。

（2）单机试运转前应有经审批的方案及技术交底。

（3）单机试运转过程中，应按照随机技术文件的要求记录温度、振动、压力、电流、产量等参数，记录表样可采用厂家提供的样表。

（4）单机试运转结束后应及时整理试运转数据并做好成品防护措施。

第十二节　机组附属设备及管道施工

机组附属设备一般由润滑油系统、控制油系统、密封系统等组成，具体有卧式静置设备、立式静置设备、换热设备、油泵、管路、安全附件等。

机组附属设备及管道安装包含附属设备及管道的安装、附属设备及管道的处理、油冲洗等。本章节未对附属设备中油泵及水泵等试运转进行阐述，此部分参照本章第四节的泵、风机的试运转执行。

一、施工工艺流程

机组附属设备及管道施工工艺流程见图 2-7-10。

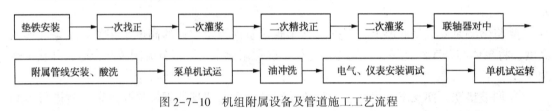

图 2-7-10　机组附属设备及管道施工工艺流程

二、附属设备及管道的安装

（1）附属设备就位安装后应做好防护。

（2）油站安装时的找正基准位置应符合随机技术文件要求，无要求时，可参照 SH/T 3539 规定执行。

（3）卧式设备安装应按照 SH/T 3542 的规定执行。安装时需注意水平度的倾斜方向，一般低向设备的排液方向；注意安装时机，汽轮机下方的凝汽器应在汽轮机底座就位前完成就位，并防止杂物掉落其中。

（4）立式设备在进行垂直度找正时可采用磁力线坠作为主要量具，安装应按照 SH/T 3542 执行。

（5）附属管道安装应按照 SH/T 3539 的规定执行，润滑油管路坡度应符合设计要求；安装合格后的管线不得承受设计文件规定外的附件载荷。

三、附属设备及管道的处理

1. 附属设备处理

附属设备的清洗、安装在 SH/T 3538、SH/T 3539、SH/T 3519、GB 50231 等都有明确的规定，可按照不同设备类型选用标准。一般规定如下：

（1）油系统设备宜进行解体检查或清洗，蓄能器内部应清理干净。

（2）油站及高位油箱安装后应进行内部清理，并用面团粘净，同时应做好记录。

（3）过滤器应在加注润滑油前进行内部清理，并用面团粘净。

（4）冷却器、密封站、密封储罐、缓冲罐等附属设备应清理干净，不应有铁锈、脱落的漆皮、焊渣、飞边、铁屑等异物。

2. 管道的酸洗、冲洗和吹扫

（1）酸洗有两种方法，一种是将酸洗件直接放到盛有酸洗介质容器中的槽式酸洗法；另一种是将管道组成闭合管路并用泵将酸洗液在管路中循环的循环酸洗法。

（2）槽式酸洗法、循环酸洗法中的脱脂、酸洗、中和、钝化液配合比及操作流程参照 SH/T 3538—2017 附录 Q 执行，碱洗参照附录 J 执行。

四、油冲洗

（1）油冲洗分为机体外油冲洗和机体内油冲洗两个阶段，具体方法如下：

① 机体外油冲洗：一般设备采用临时管线将进油管线和回油管线跨接，进行冲洗；往复式机组将供油管拆开，用临时管将油直接送至机身油槽中进行冲洗。

② 机体内油冲洗：一般在机体外油冲洗合格后进行，拆除临时管线并恢复机组的进油管线及回油管线进行油冲洗。

（2）油冲洗的具体实施要求如下：

① 通用机器设备的油冲洗按 SH/T 3538 执行。

② 往复压缩机组的油冲洗按 SH/T 3544 执行。

③ 其他装置压缩机组的油冲洗按 SH/T 3539 执行。

第八章 管道工程

管道是用于输送、分配、混合、分离、排放、计量、控制和制止流体流动的，由管子、管件、法兰、螺栓连接、垫片、阀门、其他管道组成件或受压部件和支承件组成的装配总成。石油化工管道即石油化工生产装置及辅助设施中用于输送毒性、可燃与无毒、非可燃性气体/液体介质的管道系统。

管道按材料可分类为：金属管道和非金属管道；按设计压力可分类为：压力管道和常压管道，其中压力管道可分类为：GA 类（长输管道，即是指产地、储存库、使用单位之间的用于输送商品介质的管道，一般划分为 GA1 级和 GA2 级）、GB 类（公用管道，即是指城市或乡镇范围内的用于公用事业或民用的燃气管道和热力管道，一般划分为 GB1 级和 GB2 级）、GC 类（工业管道，即是指企业、事业单位所属的用于输送工艺介质的工艺管道、公用工程管道及其他辅助管道，一般划分为 GC1 级、GC2 级、GC3 级）、GD 类（动力管道，即是指火力发电厂用于输送蒸汽、汽水两相介质的管道，一般划分为 GD1 级、GD2 级）。石油化工钢制管道根据其输送的介质和设计条件可划分为 SHA、SHB、SHC 三类管道级别。

第一节 法律法规标准

项目开工前，根据设计技术文件、工程合同和现行法规要求，制定项目管道施工所需的标准版本明细，经项目技术负责人审批后，作为管道工程技术文件编制、施工和验收的依据。管道工程施工常用相关法律法规标准如表 2-8-1 所示。

表 2-8-1 常用相关法律法规标准

序号	法规、标准名称	标准代号	备注
1	石油化工管道伴热及夹套管设计规范	SH/T 3040—2012	
2	石油化工设备管道钢结构表面色和标志规定	SH/T 3043—2014	
3	石油化工有毒、可燃介质钢制管道工程施工及验收规范	SH 3501—2011	GC 类
4	钛及锆管道施工及验收规范	SH/T 3502—2009	GC 类
5	石油化工建设工程项目交工技术文件规定	SH/T 3503—2017	
6	石油化工钢制管道工程施工技术规程	SH/T 3517—2013	GC 类
7	石油化工阀门检验与管理规程	SH/T 3518—2013	
8	石油化工工程铬钼耐热钢管道焊接技术规程	SH/T 3520—2015	
9	石油化工绝热工程施工技术规程	SH/T 3522—2017	
10	石油化工铬镍不锈钢、铁镍合金和镍合金焊接规程	SH/T 3523—2009	
11	石油化工低温钢焊接规程	SH/T 3525—2015	

序号	法规、标准名称	标准代号	备注
12	石油化工异种钢焊接规程	SH/T 3526—2015	
13	石油化工不锈钢复合钢焊接规程	SH/T 3527—2009	
14	石油化工给水排水管道工程施工及验收规范	SH/T 3533—2013	
15	石油化工建设工程项目施工过程技术文件规定	SH/T 3543—2017	
16	石油化工设备、管道化学清洗施工及验收规范	SH/T 3547—2011	
17	石油化工涂料防腐蚀工程施工质量验收规范	SH/T 3548—2011	
18	酸性环境可燃流体输送管道施工及验收规范	SH/T 3549—2012	GC 类
19	石油化工建设工程项目施工技术文件编制规范	SH/T 3550—2012	
20	石油化工钢制管道焊接热处理规范	SH/T 3554—2013	
21	石油化工管道工厂化预制加工及验收规范	SH/T 3562—2017	
22	X80 级钢管道施工及验收规范	SH/T 3565—2018	GC 类
23	石油化工涂料防腐蚀工程施工技术规程	SH/T T3606—2011	
24	酸性环境可燃流体输送管道焊接规程	SH/T 3611—2012	
25	石油化工非金属管道工程施工技术规程	SH/T 3613—2013	
26	中华人民共和国特种设备安全法	主席令第四号	
27	国务院关于修改《特种设备安全监察条例》的决定	国务院令[2009]第 549 号	
28	关于实施新修改的《特种设备安全监察条例》若干问题的意见	国质检法[2009]192 号	
29	压力管道安装安全质量监督检验规则	国质检锅（2002）83 号	
30	特种设备焊接操作人员考核细则	TSG Z6002—2010	
31	特种设备生产和充装单位许可规则	TSG 07—2019	
32	压力管道安全技术检查规程——工业管道	TSG D0001—2009	
33	压力管道件制造许可规则（汇编合订本）	TSG D2001~7002—2006	
34	压力管道定期检验规则、长输（油气管道）	TSG D7003—2010	
35	压力管道定期检验规则——公用管道	TSG D7004—2010	
36	压力管道定期检验规则——工业管道	TSG D7005—2018	
37	涂装前钢材表面锈蚀等级和除锈等级	GB 8923.1—2011 GB 8923.2—2008 GB 8923.3—2009 GB 8923.4—2013	
38	深度冷冻法生产氧气及相关气体安全技术规程	GB 16912—2008	GC 类
39	压力管道规范工业管道	GB/T 20801-1~6—2006	GC 类
40	埋地钢质管道阴极保护技术规范	GB/T 21448—2017	
41	埋地钢质管道聚乙烯防腐层	GB/T 23257—2017	
42	钢质管道焊接及验收	GB 31032—2014	
43	压力管道规范动力管道	GB/T 32270—2015	GD 类
44	压力管道规范长输管道	GB/T 34275—2017	GA 类
45	工业设备及管道绝热工程施工规范	GB 50126—2008	
46	工业设备及管道绝热工程施工质量验收规范	GB 50185—2010	

序号	法规、标准名称	标准代号	备注
47	现场设备、工业管道焊接工程施工规范	GB 50236—2011	
48	给水排水管道工程施工及验收规范	GB 50268—2008	
49	油气长输管道工程施工及验收规范	GB 50369—2014	GA 类
50	油气输送管道穿越工程施工规范	GB 50424—2015	
51	石油化工金属管道工程施工质量验收规范	GB 50517—2010	GC 类
52	埋地钢质管道防腐保温层技术标准	GB 50538—2010	
53	石油天然气站内工艺管道工程施工规范(2012 年版)	GB 50540—2009	
54	石油化工绝热工程施工质量验收规范	GB 50645—2011	
55	现场设备、工业管道焊接工程施工质量验收规范	GB 50683—2011	
56	石油化工非金属管道工程施工质量验收规范	GB 50690—2011	
57	工业设备及管道防腐蚀工程施工规范	GB 50726—2011	
58	工业设备及管道防腐蚀工程施工质量验收规范	GB 50727—2011	
59	火力发电厂异种钢焊接技术规程	DL/T 752—2010	
60	火力发电厂焊接热处理技术规程	DL/T 819—2010	
61	焊接工艺评定规程	DL/T 868—2014	
62	火力发电厂焊接技术规程	DL/T 869—2012	
63	电力建设施工技术规范第 5 部分：管道及系统	DL 5190.5—2012	GD 类
64	电力建设施工质量验收及评价规程第 5 部分：管道及系统	DL. T5210.5—2009	GD 类
65	电力建设施工质量验收及评价规程第 7 部分：焊接	DL/T 5210.7—2010	
66	城镇燃气管道工程施工质量验收标准	DG/TJ 08—2031—2007	GB 类
67	承压设备焊接工艺评定(合订本)	NB/T 47014~47016—2011	
68	钢质管道聚乙烯胶粘带防腐层技术标准	SY/T 0414—2007	
69	埋地钢质管道石油沥青防腐层技术标准	SY/T 0420—1997	
70	埋地钢质管道环氧煤沥青防腐层技术标准	SY/T 0447—2014	
71	石油天然气建设工程施工质量验收规范 通则	SY 4200—2007	
72	石油天然气建设工程施工质量验收规范 站内工艺管道工程	SY 4203—2016	
73	石油天然气建设工程施工质量验收规范 管道穿跨越工程	SY 4207—2016	
74	石油天然气建设工程施工质量验收规范 长输管道线路工程	SY/T 4208—2016	
75	埋地钢质管道液体环氧外防腐层技术标准	SY/T 6854—2012	
76	室外热力管道安装(架空敷设、含 2003 年局部修改版)	01R413	GB 类
77	室外热力管道安装(架空支架)	01R414	GB 类
78	室外热力管道安装(地沟敷设)	03R411-1	GB 类
79	室内动力管道装置安装(热力管道)	01R415	GB 类
80	城镇供热管网工程施工及验收规范	CJJ 28—2014	
81	脱脂工程施工及验收规范	HG 20202—2014	

第二节　施工准备阶段

管道工程施工前，应根据设计技术文件、现行法规与标准、公司制度、工程项目实际等要求，做好技术准备和施工准备工作，以确保管道工程施工的顺利进行。

一、设计文件核查

施工单位应参加建设单位组织的设计交底和设计文件会审，并重点关注以下几点：

（1）施工的特殊要求以及设计范围等。

（2）装置中所选材质的种类及最大规格（主要以管材为主），以便确定焊接工艺评定和持证焊工的投入计划，参考 NB/T 47014~47016、TSG Z6002 等文件要求。

（3）确定各专业在施工过程需预留或工序间有影响的工作界面。

（4）确定特殊施工工艺，如特殊材料的焊接工艺和方法。

（5）管道材料与设备、仪表专业的匹配性，如连接法兰压力等级、密封面形式等。

（6）确认管道的分类、分级。

二、施工技术方案编制

管道工程在施工前，编制指导施工的施工技术方案，报监理、建设单位批准后方可开工，压力管道还应向当地特种设备监督检验部门报备后方可开工。施工技术方案编制，参考 SH/T 3550。

根据施工计划要求、设计文件和材料到货计划等实际情况并结合其他专业的进度安排，应编制满足施工进度的方案编制计划，如表 2-8-2 所示。

表 2-8-2　施工技术方案编制计划

序号	施工技术方案名称	方案类别	编制时间	备注
1	工艺管道预制、安装施工方案	一般	××年××月	
2	管道气压强度试验施工方案	专项	××年××月	
3	特殊材质管道焊接及热处理施工方案	重大	××年××月	
4	……	……	……	

三、轴测图细化

管道工程施工前，需将轴测图按 SH/T 3562 的要求通过人工或软件进行二次细化设计，内容至少包括在轴测图中标注焊缝编号、预制口和现场安装口信息、焊接位置、管段长度、支架位置和检测比例、检测方法等信息。

四、数据库

根据细化信息，建立相应的管道施工管理数据库，以便材料、焊接日报、焊工、焊口检测、热处理、焊工合格率和工作量等管理统计。

五、压力管道质量保证体系建立

压力管道施工前，应根据企业特种设备质量保证体系的管理要求，建立项目压力管道质量保证体系，体系应满足 TSG 07 的相关要求。

六、施工资源

施工资源指管道工程施工过程需要投入的直接劳动力、施工机具、材料存储和预制场地等。

1. 劳动力

根据管道工程总量、工期计划等，对施工所需的焊工、管工、起重工等做好配置计划，并提前做好组织培训，使其具备上岗操作的能力。直接劳动力需求计划表如表 2-8-3 所示。

表 2-8-3　直接劳动力需求计划表

序号	时间	焊工	管工	起重工	普工	……	备注
1	××××年××月						
2	××××年××月						
……	……	……	……	……	……	……	……

2. 施工机具

按施工技术文件确定的施工方法，选择自动焊设备、焊机、坡口机、切割机、打磨机等施工机具，以采用四新、高效、经济、安全的机械设备为原则。施工机具需求计划表如表 2-8-4所示。

表 2-8-4　施工机具需求计划表

序号	名称	型号	数量(台、套)	备注
1	氩弧焊机			
2	半自动坡口机			
3	半自动回转焊机			
……	……	……	……	……

3. 材料存储

管道材料存储按 GB 50517、SH 3501、GB/T 20801-4、SH/T 3613、GB 50690、DL 5190.5等规范相关要求执行。

4. 预制场地

对于管道工程总量相对较大、管道施工工期相对合理的工程，宜考虑进行管道工厂化预制，策划预制厂，其预制场地、场地设施应满足 SH/T 3562 的要求。

七、技术交底

技术交底参考本指南第一篇第三章相关内容。

八、书面告知

根据特种设备生产和充装单位许可规则 TSG 07 的规定，安装单位应当在压力管道安装施工(含试安装)前履行告知手续。

第三节 工业管道施工

工业管道是指用于输送工艺介质的工艺管道、公用工程管道及其他辅助管道，包括延伸出工厂边界线，但归属企业管辖的工艺管线，划分为 GC1 级、GC2 级、GC3 级。

一、标准选用基本原则

考虑到工业管道工程的特点及所涉及石油化工、煤化工等不同行业，标准选用基本原则如下：

（1）石油化工工业管道施工应执行 SH 3501、GB/T 20801-1~6、GB 50517、SH/T 3517。

（2）钛及钛合金、锆及锆合金有色金属工业管道施工应执行 SH/T 3502。

（3）酸性环境可燃流体输送管道施工应执行 SH/T 3549 和 SH/T 3611。

（4）氧气管道施工应执行 SH 3501、GB 50517、SH/T 3517、GB 16912 等规范。

二、一般施工工艺流程

一般施工工艺流程如图 2-8-1 所示。特殊工艺管道应按设计和规范标准要求增加其他工序，如氧气管道在焊接完成后需进行内洁检查和脱脂处理，铬钼合金钢管道焊缝需要焊后热处理等。

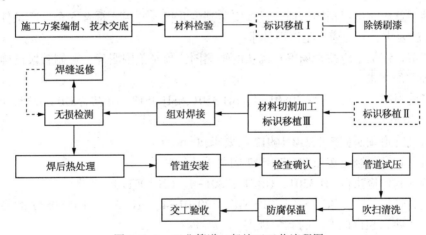

图 2-8-1 工业管道一般施工工艺流程图

三、一般规定

（1）工业管道施工单位应持有相应级别的压力管道安装许可证。

（2）管道施工时，修改设计文件或材料代用，应经设计单位批准。

（3）工业管道分级应执行设计文件的规定。当设计文件未规定时，应根据介质的性质及设计条件按 SH 3501 第 4.6 条、GB 50517 第 4.0.1 条、SH/T 3517 第 3.11 条的规定进行分级。

四、材料验收

工业管道施工前材料验收，按照 GB/T 20801-4 对管道组成件及管道支承件的要求进行检查与验收，石油化工工业管道材料验收应参考 SH 3501、SH/T 3517、GB 50517 等。

（1）管道组成件、弹簧支吊架、低摩擦管架、阻尼装置、减振装置等产品应具有质量证明文件。材料验收时应对质量证明文件进行核查，并与实物标志核对，如无质量证明文件或与标识不符的产品不得验收。

（2）管道组成件和支承件在使用前应逐件进行外观检查和尺寸规格确认。

（3）阀门的验收应按照 SH 3501 和 SH/T 3518 的相关条款要求，安全阀应按设计文件和 TSG 07 的规定进行调试。

（4）阻火器、金属波纹管膨胀节的验收应按照 SH 3501 执行。

（5）其他管道组成件验收如在 GB/T 20801-4、SH 3501、SH/T 3517、GB 50517 中未明确规定，应符合设计文件及相应的产品标准要求。

五、除锈防腐

管道除锈应参考 GB 8923.1、GB 8923.2、GB 8923.3、GB 8923.4 等相应规范的要求执行，管道防腐应参考 GB 50726、GB 50727、SH/T 3606、SH/T 3548 等规范的要求执行，管道除锈防腐后应按批次相应做好施工隐蔽记录。

六、管道预制

管道预制首先应确保预制场地、设施安装到位并投入使用，符合安全生产条件，并满足 SH/T 3562 的要求，其他应满足以下要求：

（1）管道预制加工应按现场审查确认的轴测图，预制范围明确，预制管段已确定，并满足 SH/T 3562 的要求。

（2）管道预制应执行 GB/T 20801-4、SH 3501、SH 3517，并结合 GB 50235、GB 50184、GB 50517 等规范的要求。

（3）氧气管道预制应按照 GB 16912 的要求执行。

（4）衬里管道预制应按照 SH/T 3517 的要求执行。

（5）弯管制作应执行 SH 3501、GB/T 20801-4、GB 50517 的要求。

（6）夹套管加工除应执行 SH 3501、GB/T 20801-4、SH/T 3517、GB 50517 的要求外，还应执行设计文件和 SH/T 3546 的有关规定。

（7）管道支、吊架制作应执行设计文件和 SH/T 3517 的要求。

（8）管道组对、预组装应执行 SH/T 3517、GB 50517 的要求。

七、管道焊接和焊后热处理

工业管道焊接具体要求应参考本指南第二篇第九章的有关内容。

八、管道安装

工业管道安装应执行 GB/T 20801-4、SH 3501、3517，并结合 GB 50517、SH/T 3502、SH/T 3549 等规范要求，氧气管道安装还应参考 GB 16912 的要求。

1. 管道安装条件

（1）预制管段符合管道预制加工图的要求，各项检验已完成并符合设计和施工技术文件要求；

（2）管道的管架、管墩、预埋件、预留洞或地沟等已按设计文件验收合格，并办理工序交接手续；

（3）与设备专业的工序交接已完成；

（4）管道组成件的到货数量、规格、材质等满足安装要求并已验收合格。

2. 管道安装一般顺序

（1）先地下管道后地上管道；

（2）先大管道后小管道；

（3）先高压管道后低压管道；

（4）先夹套管道后单体管道。

3. 与转动机器连接的管道安装

（1）与转动机器连接的管道，其支架的安装应与管道安装同步进行，使管道的重量和其他外力的附加力矩不得传递到机器上；

（2）与设备连接法兰处应加临时盲板，待管道试压、吹扫合格正式投用前拆除；

（3）检查机器连接管口处的法兰及螺栓，应在自由状态下，所有法兰螺栓均能顺利通过螺栓孔，法兰密封面间的平行度、间隙和同心度均应符合设计和规范要求；

（4）管道与转动机器连接法兰进行最终连接前，应在转动机器的联轴器上架设百分表监视其位移，在拧紧法兰连接螺栓时进行观测记录。

4. 伴管安装

伴管的铺设形式应符合设计文件要求，当设计文件未规定时，按 SH/T 3040 的要求进行铺设，伴管应与主管平行铺设，位置、间距、坡度应符合设计技术文件要求。

5. 夹套管安装

（1）夹套管在安装套管前应检查内管外表面，内管上被隐蔽的焊缝应 100% 无损检测且合格，如有缺陷应消除并试压合格后，再安装套管；

（2）安装夹套管的端板时，应将内管和套管间的杂物清理干净；

（3）内管法兰连接处，应在外管的跨接管上安装"拆卸法兰"，其他应符合 SH/T 3546 的要求。

6. 非金属衬里管道安装

非金属衬里管道安装应参考 SH/T 3517 的规定。

7. 阀门安装

阀门安装应执行 SH/T 3517 和 SH/T 3518 的规定。

8. 补偿器安装

金属波型补偿器在试压吹扫合格后、系统正式投用前应按波型补偿器的使用说明书或由制造厂家指导拆除临时固定件。

9. 安全附件安装

（1）安全阀、爆破片、阻火器应按设计文件规定的位号安装；

（2）整定合格的安全阀，在搬运过程中应避免堆放、碰撞，铅封破损的不得安装；

（3）爆破片安装方向应与说明书或铭牌上箭头指示一致。

10. 管道支吊架安装

管道支吊架安装应执行 SH 3501 和 SH/T 3517 的规定。

九、管道质量检查

工业管道质量检查应参考 GB/T 20801.5、SH 3501、SH/T 3517、GB 50517、SH/T 3502、SH/T 3549 等规范的要求，氧气管道质量检查应参考 GB 16912 的要求。

十、管道系统试验

工业管道系统试验应参考 GB/T 20801.5、SH 3501、3517、GB 50517、SH/T 3502、SH/T 3549 等规范的要求。管道系统试验一般分为液体压力试验、气体压力试验、泄漏性试验、真空试验等。管道系统按设计文件施工完毕，热处理和无损检测合格后，按设计规定对管道系统进行压力试验。

压力试验宜在管道系统吹扫或清洗之前进行，气体泄漏性试验应在管道系统吹扫或清洗之后进行。

1. 管道系统试验压力试验前，资料和现场条件应经相关单位和部门检测确认合格。压力试验过程若有泄漏，不得带压修理。缺陷消除后应重新试验

2. 液压试验

（1）液压试验的压力一般为设计压力的 1.5 倍，承受外压的管道，液压试验压力为设计内外压差的 1.5 倍，且应不小于 0.2MPa。

（2）液压试验压力计算应按 SH 3501、GB/T 20801.5 等的规定执行。

（3）液压试验应使用洁净水，当对奥氏体不锈钢、镍及镍合金管道或对连有奥氏体不锈钢、镍及镍合金管道或设备的管道进行试验时，水中氯离子含量不得超过 50mg/L。也可使用其他无毒液体进行试验。当采用可燃液体介质进行试验时，其闪点不得低于 50℃，应考虑试验周围环境并做好安全防护措施。

（4）液压试验介质温度不得低于 5℃，同时，试验介质温度应高于相应金属材料的无延性转变温度。

（5）液压试验时，向管道系统内注水过程中宜利用各管段高点的法兰、阀门、排气口、排液口等排净管道系统内的空气。必要时可增设临时排气口，但试验合格后应及时将临时排气口封闭。

（6）液压试验应分级缓慢升压，达到试验压力后停压 10min 且无异常现象。然后降至设计压力，停压 30min，不降压、无泄漏和无变形为合格。液压试验合格排液时，应打开放空阀，并根据空气入口流量确定排液量。

3. 气压试验

（1）气压试验的试验压力为设计压力的 1.15 倍，且试验压力不宜大于 1.6 MPa。

（2）气压试验时，必须进行预试验，预试验压力不应大于 0.2 MPa。

（3）气压试验介质应采用干燥洁净的空气、氮气或其他不易燃和无毒的气体。

（4）气压试验时应装有压力泄放装置，其设定压力不得高于试验压力的 1.1 倍。

（5）气压试验时，应逐步缓慢增加压力。当压力升至试验压力的 50% 时，稳压 3min，未发现异常或泄漏，继续按试验压力的 10% 逐级升压，每级稳压 3min。至试验压力后，稳

压 10min，再将压力降至设计压力，涂刷中性发泡剂对试压系统进行检查，无泄漏为合格。

4. 泄漏性试验

输送极度危害介质、高度危害介质和可燃介质（工作温度低于 60℃丙类可燃液体除外）以及设计文件规定的管道系统，应进行气体泄漏性试验。

（1）泄漏性试验可结合试车工作一并进行。

（2）泄漏性试验应在压力试验合格后进行，试验介质宜采用空气，试验压力为管道系统的设计压力或设备试验压力两者的较小者。

（3）泄漏性试验应逐级缓慢升压，当达到试验压力时，稳压 10min 后，采用涂刷中性发泡剂的方法，对阀门填料函、法兰或螺纹连接处、放空阀、排气阀、排水阀等密封点进行检查，无泄漏为合格，合格后应缓慢泄压。

（4）经气压试验合格，且在试验后未经拆卸的管道系统，可不进行泄漏性试验。

（5）当设计文件和国家现行有关标准规定以卤素、氦气、氨气或气泡等其他方法进行泄漏性试验时，应按相应的技术规定进行。

5. 真空试验

真空度试验应在温度变化较小的环境进行。

（1）真空管道系统在压力试验合格后，应按设计文件的规定进行 24h 的真空度试验，增压率不大于 5%为合格。

（2）真空度试验增压率计算按 SH 3501、GB/T 20801.5 等的规定执行。

十一、管道系统吹扫和清洗

工业管道系统吹扫和清洗应参考 SH 3501、SH/T 3517、GB 50517、SH/T 3502、SH/T 3549 等规范的要求。

（1）管道系统的吹扫和冲洗应有批准的方案并在管道系统压力试验合格后进行。

（2）管道系统吹扫、冲洗合格后封闭前，应会同有关单位共同检查确认，并按 SH/T 3503 的要求填写记录。

（3）蒸汽管道系统吹扫时应在管道系统的低点设置疏水装置，防止水击现象。

十二、管道脱脂

工业管道脱脂与化学清洗应按照设计文件和 SH/T 3517、SH/T 3547、HG 20202 的相关规定执行。

十三、管道绝热

施工具体要求应参考本指南第二篇第十三章的相关内容。

第四节　非金属管道施工

在石油化工工程中，非金属管道主要是指塑料管、钢骨架聚乙烯复合管、玻璃钢管、玻璃钢与塑料复合管等管道。非金属管道施工主要涉及的标准有 SH/T 3613、GB 50690。

1. 施工准备

非金属管道施工前应做好技术准备、现场准备与资源准备，具体应按照 SH/T 3613 的要求执行。

2. 材料验收

材料验收应按照 SH/T 3613、GB 50690 的要求执行，并按 GB 50690 的要求做好相应存放和搬运工作。

3. 管道预制、安装

非金属管道预制、安装应按照 SH/T 3613、GB 50690 的要求执行。

4. 管道连接

管道连接应按施工技术文件要求进行，接头连接完成后，应对照管道单线图做好标识，标明作业人员的代号，并做好接头检查。

5. 管道连接接头检查

非金属管道连接接头检查应按照 GB 50690 的要求执行，管道对接接头应进行 100%外观检查，外观检查不合格的接头应进行返修处理，并按要求重新检查。

6. 管道系统试验

管道安装完毕经检查合格后，应按批准的管道系统试验方案进行试验，非金属管道系统试验应符合下列要求：

（1）管道系统试验前，资料和现场试验条件应符合规范要求；

（2）试验过程中如有泄漏，不得带压修补；

（3）管道系统试验合格后，应及时排净试验介质，排放时控制排放速度，避免形成负压，并及时拆除所有临时盲板和临时加固措施，恢复管道系统。

7. 管道系统吹扫与清洗

管道系统吹扫与清洗应按设计文件要求进行，设计文件无规定时应按批准的管道系统吹扫与清洗方案进行。管道系统吹扫与清洗程序应按照规范要求进行，作业合格后，填写管道系统吹扫与冲洗检验记录，全部验收合格后对管道系统进行最终封闭。

第五节　公用管道施工

公用管道是指城市或乡镇范围内用于公用事业或民用的燃气管道和热力管道，分级为 GB1 和 GB2 两级，GB1 级为燃气管道，GB2 级为热力管道。公用管道基本特点是敷设于城镇地下，一般压力较低，选线条件复杂、困难。公用管道施工主要涉及的标准有 CJJ 28、CJJ 63 及相关标准。

1. 施工准备

公用管道施工准备按 CJJ 28 第 2 章的要求执行。

2. 工程测量

公用管道工程测量按 CJJ 28 第 3 章的要求执行。

3. 公用管道土建工程

公用管道明挖、暗挖、顶管、定向钻、土建结构、回填等土建工程按 CJJ 28 第 4 章的要求执行。

4. 管道安装

公用管道安装按 CJJ 28 的要求执行。

5. 热力站和中继泵站

公用管道热力站和中继泵站施工按 CJJ 28 的要求执行。

6. 防腐保温

公用管道防腐保温按 CJJ 28 的要求执行。

7. 压力试验、清洗、试运行

公用管道压力试验、清洗、试运行按 CJJ 28 的要求执行。

第六节　动力管道施工

动力管道是指火力发电厂用于输送蒸汽、汽水两相介质的管道，划分为 GD1 级（设计压力≥6.3MPa，或者设计温度≥400℃）、GD2 级（设计压力<6.3MPa，且设计温度<400℃）。动力管道施工涉及的标准主要有 DL 5190.5、GB/T 32270、DL 5190.8、DL/T 869、DL/T 5072、DL 5009.1 等。

一、管道施工条件

设计及其他技术资料齐全，施工设计文件应经会审并经设计交底，管道施工组织设计、施工方案已经审批，施工资源配备到位，施工用水、电、气等满足施工需要。

二、材料验收

动力管道施工前材料验收，应按照 DL 5190.5、GB/T 32270 的规定对管道组成件及管道支吊架等进行检查与验收。

（1）管道、管件、管道附件及阀门必须具有制造厂的合格证明文件及有效的产品质量检验证明文件，有关指标应符合现行国家或行业标准。

（2）管道、管件、管道附件及阀门在使用前，应按设计要求核对其规格、材质及技术参数。合金钢材料在使用前，应逐件进行光谱检查，并作材质标记。

（3）厂家供货的导汽管、油管等定型管道到货后，应确认运输过程未受损，管内壁清洁无锈蚀。

（4）管道、管件、管道附件、阀门的检验应按照 DL 5190.5 的相关要求执行。

（5）高压管道工厂化配制应按照 DL 5190.5 的规定执行。

（6）工厂化配制管道的检验应按照 DL 5190.5 的规定执行。

三、除锈防腐

动力管道除锈应参考 GB 8923.1、GB 8923.2、GB 8923.3、GB 8923.4 等相应规范的要求执行，管道防腐应参考 DL/T 5072 的要求执行，管道除锈防腐后应按批次相应做好施工隐蔽记录。

四、管道预制

动力管道预制应按照 GB/T 32270、DL 5190.5 等规范的要求执行。

五、管道焊接

动力管道焊接应按照 DL/T 868、DL/T 869、GB/T 32270 等规范的要求执行，异种钢焊接应按照 DL/T 752 的要求执行。

六、焊后热处理

动力管道焊后热处理应按照 GB/T 32270、DL/T 819 等规范的要求执行。

七、管道安装

动力管道安装应按照 DL 5190.5 的要求执行。

八、管道质量检查

动力管道质量检查应按照 GB/T 32270 的规定执行。

九、管道系统试验

动力管道系统试验应按照 DL 5190.5 的规定执行。

十、管道系统清洗

动力管道系统清洗应按照 DL 5190.5 的规定执行，主要方式有：水冲洗、油清洗、压缩空气吹洗、蒸汽吹洗、化学清洗、人工清洗等。

十一、管道绝热

动力管道绝热施工应按照 DL/T 5072 的要求执行，并做好施工隐蔽记录。

第七节　长输管道施工

长输管道工程施工主要包含线路工程、穿越工程、站场管线工程等施工内容，适应于原油、天然气、成品油管道施工。

一、材料验收

长输管道施工主要材料包括钢管、焊接材料、防腐保温材料、线路截断阀、管道附件等。

1. 一般规定

（1）钢管、防腐管、弯头、管件等管道元件，根据 TSG D2001 的要求，检查制造厂和防腐厂是否具有相应资质。

150

（2）工程所用材料及设备，热煨弯管、冷弯管等管线元件其材质证明和外观质量除符合设计要求外，还应满足 GB 50369 的要求。

2. 防腐管验收

（1）钢管尺寸偏差、防腐成品管外观检查及处理应符合 GB 50369 的要求。

（2）钢管应逐根进行外观检查，并有验管记录与交接手续。

3. 绝缘接头（法兰）验收

绝缘接头（法兰）使用前必须进行水压试验和电绝缘检测，合格标准按照 GB 50369 执行。

4. 线路截断阀验收

施工单位应对线路阀门进行外观检查、阀门启闭检查及水压试验，检查结果应符合 GB 50369 的规定。

二、交接桩与测量放线

施工方依据设计交接桩提供的控制桩及线路中心拐点桩进行测量放线。交桩、移桩、测量放线按照 GB 50369 执行。

三、施工作业带清理及施工便道修筑

办理好征（占）地手续和放线作业后进行施工作业带清理、施工便道修筑，作业带宽度除满足设计要求外，还应满足 GB 50369 的要求。施工便道应平坦，具有足够的承载能力，并能保证施工车辆和设备的行驶安全。

四、防腐管等材料的装卸、运输及保管

防腐管等材料在装卸、运输及保管过程中，关键在于保证运输装卸安全和管材的质量。堆管的位置应靠近管线安装位置，方便安装，管堆之间的距离不宜超过 500m。防腐管的装卸、运输及保管应按照 GB 50369 的要求进行。

五、管沟开挖

管沟应根据地质情况和管沟开挖深度确定其坡度，深度超过 5m 的管沟开挖坡度应满足 GB 50369 的要求。深度超过 3m 管沟开挖按照危险性较大的分部分项工程进行方案的审批，深度超过 5m 的管沟开挖按照超过一定规模的危险性较大的分部分项工程进行方案审批。

管沟开挖前应进行地下设施分部情况的交底，层土堆放、管沟爆破、文物保护、安全措施及验收应按照 GB 50369 的要求进行。

六、布管及现场坡口加工

布管在方便施工和满足安全的前提下，还应采取保护防腐层不受破坏的措施。现场坡口一般采用火焰加工，具体根据焊接工艺规程加工，加工应符合 GB 50369 的要求。

七、管口组对、焊接及验收

焊接前应根据 GB 31032 进行焊接工艺评定，并编制焊接作业指导书或焊接工艺卡，焊工应持有《特种设备作业人员证》，并根据工程实际要求进行入场考试。

管口组对采用的对口器应根据现场实际情况确定，优先选用内对口器，不具备使用内对口器条件时可选用外对口器，对组对、焊接及验收要求应满足 GB 50369 的要求。

焊口无损检测应符合国家现行标准 GB/T 50818 和 SY/T 4109 的规定，射线检测及超声检测的合格等级均应为Ⅱ级及以上。

八、防腐及补口、补伤

管道无损检测合格后，应及时进行防腐补口。防腐材料的品种、规格、性能应满足设计要求，应依据 SY/T 0414 和 SY 4200 的要求进行进场验收记录。

（1）管道补口、补伤处表面除锈等级应满足设计文件和 GB/T 8923.1、SY/T 0407 的要求。剥离强度试验数量及检查结果应符合设计和 SY/T 0414、SY 4208 的要求。

（2）钢管、弯管、弯头的防腐和保温，现场防腐补口、补伤施工应符合设计要求和现行有关标准的规定。不同材质的防腐层应选择不同的规范进行施工验收，规范选取按照 GB 50369。

（3）防腐层外表面检查按照 GB 50369 执行，搭接长度与搭接面处理按照 SY/T 0414、SY 4208 的要求进行。

（4）防腐涂层电火花检漏根据石油沥青、液体环氧涂料、聚乙烯、聚乙烯胶黏带不同材质分别按照 SY/T 0420、SY/T 6854、GB/T 23257、SY/T 0414 的规定和设计要求进行。

（5）管道锚固墩、穿越段管道、阴极保护测试线焊接处的防腐以及管道出、入土的防腐层施工应满足 GB 50369 要求。

九、管道下沟及回填

管道下沟及回填既要保证质量又要保证安全，关键是控制连续下沟的管道长度、沟底质量及回填质量。

管道下沟时间、措施、下沟前管道和管沟检查以及管沟的回填应满足 GB 50369 的要求。

十、管道清管、测径、试压及干燥

施工单位应在管道清管、测径、试压前编制施工方案，并经批准。制定的安全措施和试压介质的选定符合 GB 50369 的规定。

（1）清管试压至少用 2 块压力表与试验系统相连，分段管道的清管、测径、试压技术要求应按照 GB 50369 执行。

（2）管道试压、清管结束后应进行管道干燥。管道干燥方法和验收应按设计文件要求进行。管道干燥应符合 SY/T 4114 的要求。

十一、管道连头

管道连头主要控制作业面、切割管口、组对焊接、检测及返修过程的质量，并满足 GB 50369 的规定。

十二、管道附属工程

管道附属工程主要包括截断阀室及阀门安装、阴极保护工程、桩墩工程、线路保护构筑物等工程施工，施工依据执行 GB 5036 的规定。

（1）阀室内工艺管道安装应符合 GB 50540 的要求。

（2）线路阴极保护工程施工及验收应符合 GB/T 21448 的有关规定。

（3）里程桩、转角桩、标志桩的设置及格式应符合设计及 SY/T 6064 的有关规定。

（4）锚固墩设置及格式应符合设计及 SY/T 0407 的有关规定。

（5）线路保护构筑物施工应符合 SY/T 4126 的有关规定。

十三、管道穿越工程

管道穿越的方法主要有定向钻法穿越、顶管法穿越、盾构法穿越、开挖法穿越、隧道穿越等。管道穿越施工技术要求及验收应符合 GB 50424 的规定。

十四、站场管线工程

站场内管线施工分为管道下料与加工，管道安装、焊接，管沟开挖、下沟与回填，吹扫与试压，防腐与保温等施工内容。站场内管线施工技术要求及验收应符合 GB 50540 的规定。

第九章 焊接与热处理

焊接是两种或两种以上同种或异种材料通过原子或分子之间的结合或扩散连接成一体的工艺过程。焊接是石油化工建设施工中金属构部件的最常见连接形式；焊后热处理是改善焊接接头晶粒度和力学性能或耐腐蚀性能的重要手段，是焊接作业过程中的一项重要环节。焊接及焊后热处理的质量直接关系到石油化工装置的安全运行。

第一节 法律法规标准

项目开工前，根据工程合同、设计技术文件要求列出焊接施工所需的标准清单，作为项目施工技术文件编制依据。列清单时应注意标注版本的有效性，常以法律法规、国标、行标的字母及编号顺序排列。焊接施工中常用的法律法规、标准如表2-9-1所示。

表2-9-1 常用法律法规、标准

序号	法规、标准名称	标准代号	备注
1	石油化工管式炉高合金炉管焊接工程技术条件	SH/T 3417—2018	
2	石油化工有毒、可燃介质钢制管道工程施工及验收规范	SH 3501—2011	
3	钛和锆管道施工及验收规范	SH/T 3502—2009	
4	石油化工建设工程项目交工技术文件规定	SH/T 3503—2017	
5	管式炉安装工程施工及验收规范	SH/T 3506—2007	
6	石油化工钢结构施工质量验收规范	SH/T 3507—2011	
7	石油化工乙烯裂解炉和制氢转化炉施工技术规程	SH/T 3511—2007	
8	石油化工球形储罐施工技术规程	SH/T 3512—2011	
9	石油化工铝制料仓施工质量验收规范	SH/T 3513—2009	
10	石油化工钢制管道工程施工技术规程	SH/T 3517—2013	
11	石油化工铬钼钢焊接规范	SH/T 3520—2015	
12	石油化工铬镍不锈钢、铁镍合金和镍合金焊接规程	SH/T 3523—2009	
13	石油化工静设备现场组焊技术规程	SH/T 3524—2009	
14	石油化工低温钢焊接规范	SH/T 3525—2015	
15	石油化工异种钢焊接规范	SH/T 3526—2015	
16	石油化工不锈钢复合钢焊接规程	SH/T 3527—2009	
17	石油化工立式圆筒型钢制储罐施工技术规程	SH/T 3530—2011	
18	石油化工给水排水管道工程施工及验收规范	SH/T 3533—2003	
19	立式圆筒形低温储罐施工技术规程	SH/T 3537—2009	
20	石油化工建设工程项目施工过程技术文件规定	SH/T 3543—2017	

续表

序号	法规、标准名称	标准代号	备注
21	石油化工管道无损检测标准	SH/T 3545—2011	
22	石油化工建设工程项目施工技术文件编制规范	SH/T 3550—2012	
23	石油化工钢制管道焊后热处理规范	SH/T 3554—2013	
24	石油化工工程焊接通用规范	SH/T 3558—2016	
25	液化天然气(LNG)储罐全容式钢制内罐组焊技术规范	SH/T 3561—2017	
26	石油化工铝制料仓施工技术规程	SH/T 3605—2009	
27	压力容器	GB 150—2011	
28	铬镍奥氏体不锈钢焊缝铁素体含量测量方法	GB 1594—2008	
29	金属和合金的腐蚀不锈钢晶间腐蚀试验方法	GB/T 4334—2008	
30	钢制球形储罐	GB/T 12337—2014	
31	镍基合金晶间腐蚀试验方法	GB/T 15260—1994	
32	埋弧焊用不锈钢焊丝和焊剂	GB/T 17854—2018	
33	焊接预热温度、道间温度及预热维持温度的测量指南	GB/T 18591—2001	
34	承压设备焊后热处理规程	GB/T 30583—2014	
35	钢质管道焊接及验收	GB/T 31032—2014	
36	立式圆筒形钢制焊接储罐施工及验收规范	GB 50128—2014	
37	现场设备、工业管道焊接工程施工规范	GB 50236—2011	
38	油气长输管道工程施工及验收规范	GB 50369—2014	
39	石油化工金属管道工程施工质量验收规范	GB 50517—2010	
40	石油天然气站内工艺管道工程施工规范	GB 50540—2009	(2012版)
41	钢结构焊接规范	GB 50661—2011	
42	石油天然气管道工程全自动超声波检测技术规范	GB/T 50818—2013	
43	埋弧焊用碳钢焊丝和焊剂	GB/T 5293—2018	
44	气焊、焊条电弧焊、气体保护焊和高能束焊的推荐坡口	GB/T 985.1—2008	
45	埋弧焊的推荐坡口	GB/T 985.2—2008	
46	铝及铝合金的气体保护焊推荐坡口	GB/T 985.3—2008	
47	复合钢的推荐坡口	GB/T 985.4—2008	
48	承压设备无损检测	NB/T 47013—2012 NB/T 47013—2015	
49	承压设备焊接工艺评定	NB/T 47014—2011	
50	压力容器焊接规程	NB/T 47015—2011	
51	承压设备产品焊接试件的力学性能检验	NB/T 47016—2011	
52	承压设备用焊接材料订货技术条件	NB/T 47018—2017	
53	固定式压力容器安全技术监察规程	TSG 21—2016	
54	特种设备焊接操作人员考核细则	TSG Z6002—2010	
55	焊接材料质量管理规程	JB/T 3223—2017	
56	石油天然气金属管道焊接工艺评定	SY/T 0452—2012	
57	钢制管道焊接及验收	SY/T 4103—2006	
58	石油天然气钢制管道无损检测	SY/T 4109—2013	

第二节　焊接工艺评定

焊接工艺评定是指为验证所拟定的焊件焊接工艺的正确性而进行的试验过程和结果评价，是指导现场焊接施工的基础性文件。焊接施工前，必须根据工程实际、设计文件和合同要求，选用相应的焊接工艺评定。焊接工艺评定的特性：

（1）特种设备焊接工艺评定通常有拉伸、弯曲、冲击、金相等试验内容。

（2）焊接工艺评定覆盖范围由重要因素、补加因素共同确定。

（3）焊接工艺评定覆盖范围与管材直径变化无关。

（4）焊接工艺评定试件若采用立焊位置焊接，适用于全位置焊接。

（5）焊接工艺评定合格后，焊接工艺评定文件长期有效，应结合现行标准使用，不存在过期。

一、特种设备焊接工艺评定

（1）石油化工压力容器、压力管道等焊接工艺评定，一般执行 NB/T 47014、ASME Ⅸ、ISO 15614 等相关要求。特种设备焊接工艺评定应在本单位进行，不得"借用"，应由本单位操作技能熟练的焊接人员使用本单位设备焊接试件。

（2）不锈钢材料焊接工艺评定，当焊缝处于腐蚀介质中或设计有晶间腐蚀要求时，焊接工艺评定应增加晶间腐蚀试验，按照 GB/T 4334 的相关要求执行。超低碳钢和稳定化钢种一般应敏化处理后，再进行晶间腐蚀试验。

（3）当奥氏体不锈钢焊缝需进行铁素体含量测定时，按照 GB 1594 中有关规定执行；当奥氏体–铁素体型双相不锈钢焊缝需进行铁素体含量的测量时，按照 SH/T 3523 规定执行。

（4）镍基合金材料焊接工艺评定，当焊缝处于腐蚀介质中或设计有晶间腐蚀要求时，焊接工艺评定应增加晶间腐蚀试验，按 GB/T 15260 的有关规定执行。

（5）铸造炉管焊接工艺评定，可不进行弯曲试验、冲击试验，但应增加高温短时机机械性能试验、持久性能试验和宏观金相试验，按 SH/T 3417 规定执行。

（6）立式圆筒型钢制焊接储罐当单道焊厚度大于 19mm 时，应对每种厚度的接头进行焊接工艺评定，且 T 型接头角焊缝应采用与储罐底圈壁板及罐底边缘板同材质、同厚度的钢板制成，按照 GB 50128—2014 中相关及附录 A 规定执行。

（7）液化天然气（LNG）全容式钢制内罐 9%Ni 钢焊接工艺评定，当钢材或焊材制造商改变时，应重新进行焊接工艺评定，按照 SH/T 3561 的规定执行。

（8）不锈钢复合钢焊接工艺评定，当复层厚度包括在强度计算内时，按照 NB/T 47014 进行焊接工艺评定；复层厚度不包括在强度计算内时，可采用不锈钢复合钢板试件进行焊接工艺评定，也可采用基层材料进行基层焊缝和耐蚀层堆焊组合评定，按照 SH/T 3527 执行。

（9）固定式压力容器焊接工艺评定，应由监督检查人员（特种设备安全监管部门相关人员）对焊接工艺评定过程进行监督，按照 TSG 21—2016 执行。

二、长输管道焊接工艺评定

（1）长输管道焊接工艺评定允许同时施工单位的焊接工艺评定，由其中一家施工单位或科研机构进行制作，其他单位可以依据此焊接工艺评定编制的相应的焊接工艺规程，指导现场焊接施工。

（2）长输管线通常按照 GB/T 31032、SY/T 0452、SY/T 4103 等进行焊接工艺评定。长输管道焊接工艺评定通常有拉伸、弯曲、冲击、刻槽锤断、金相等试验内容。

（3）长输管道焊接工艺评定覆盖范围由基本要素确定。GB/T 31032、SY/T 4103 中管壁厚分组变化、管外径分组变化、坡口型式变化为基本要素。

三、钢结构焊接工艺评定

钢结构焊接工艺评定，执行 SH/T 3507 和 NB/T 47014 的相关规定。

第三节　焊接工艺

焊接作业前，应结合现场实际情况，根据设计及图纸具体要求，选择适用的焊接工艺评定，如无适用的焊接工艺评定，应先进行焊接工艺评定制作。根据焊接工艺评定，制定焊接工艺，包括编制焊接施工方案、焊接工艺指导书(焊接工艺卡)、焊接技术交底等焊接作业指导文件。

一、焊接工艺制定

1. 焊接工艺制定基本规定

（1）焊接工艺应包括焊接母材、焊接位置、焊接方法、焊接材料、坡口型式、热处理要求(包括预热、后热、焊后热处理)、检查及检验等信息。

（2）焊接施工前，项目焊接责任工程师宜根据设计文件，结合施焊的材质、规格、焊接部位、焊接位置等条件，选定适用的焊接工艺评定，保证需施焊的焊接接头均有焊接工艺评定支持。

（3）焊接工艺制定，应综合考虑设计文件、焊接设备、施焊部件、焊接位置等。

（4）焊接工艺制定常用下列参考标准及规范：

① 石油化工工程焊接常用标准及规范如下：

金属材料通用焊接要求按照 SH/T 3558 有关规定执行。

铬钼钢焊接应按照 SH/T 3520 有关规定执行。

铬镍不锈钢、铁镍合金和镍合金焊接应按照 SH/T 3523 有关规定执行。

低温钢焊接应按照 SH/T 3525 有关规定执行。

异种钢焊接应按照 SH/T 3526 有关规定执行。

不锈钢复合钢焊接应按照 SH/T 3527 有关规定执行。

钛和锆管道焊接应按照 SH/T 3502 有关规定执行。

设备及工业管道焊接应按照 GB 50236、GB 50683 有关规定执行。

② 容器焊接常用标准及规范如下：

SH/T 3506、SH/T 3511、SH/T 3512、SH/T 3513、SH/T 3524、SH/T 3530、SH/T 3537、SH/T 3561、GB 150、GB 12337、NB/T47015 等。

③ 管道焊接常用标准及规范如下：

SH 3501、SH/T 3517、SH/T 3533 等。

④ 钢结构焊接常用标准及规范如下：

SH/T 3507、GB 50661 等。

（5）焊接工艺参数主要包括电流、电压、焊接速度、坡口型式、气体流量等，应依据所选定的焊接工艺评定、焊接位置、焊接材料、坡口型式、焊接设备等制定，但焊接线能量、预热后热温度、热处理温度及时间等重要参数不能超出规定值。

2. 焊接方法

常用焊接方法有焊条电弧焊、钨极气体保护焊、熔化极气体保护焊、埋弧焊、气电立焊等。

（1）容器焊接通常采用焊条电弧焊、熔化极气体保护焊、埋弧焊等焊接方法。

（2）压力管道打底焊接通常采用钨极气体保护焊（单面焊双面成型工艺）等焊接方法。

（3）钢结构焊接通常采用焊条电弧焊、熔化极气体保护焊等焊接方法。

（4）长输管道打底焊接通常采用纤维素焊条下向焊、熔化极气体保护焊等焊接方法。

3. 坡口型式

（1）焊接坡口制定应根据设计技术文件确定，修改设计技术文件中坡口型式及尺寸，应报设计单位审批。

（2）当图纸无要求时，或因现场实际情况限制，无法按图纸坡口施工时，坡口形式及尺寸宜按保证焊接质量、填充金属少、使用操作等原则选用。

① 铬钼钢焊接坡口可根据 SH/T 3520 选用。

② 铬镍不锈钢、铁镍合金和镍合金焊接坡口可根据 SH/T 3523 选用。

③ 低温钢焊接坡口可根据 SH/T 3525 选用。

④ 异种钢焊接坡口可根据 SH/T 3526 选用。

⑤ 不锈钢复合钢焊接坡口可根据 SH/T 3527 选用。

⑥ 钛和锆管道焊接坡口可根据 SH/T 3502 选用。

⑦ 上述标准中推荐的坡口型式是综合现场经验，自 GB/T 985.1、GB/T 985.2、GB/T 985.3、GB/T 985.4 中选取的常见典型坡口型式，当不能满足现场施工要求时，可根据 GB/T 985 进行坡口选用。

（3）不锈钢复合钢焊接时，坡口的型式的制定与焊接顺序有关，应按照 SH/T 3527 的规定执行。复合板及管径较大的复合管，应按照先焊接基层，再焊接过渡层及复层的顺序焊接；小管径的复合管，可按照先焊接复层，再焊接过渡层及基层的顺序焊接。

（4）立式圆筒形焊接储罐坡口型式及尺寸可按照 GB 50128 制备，液化天然气（LNG）储罐全容式钢制内罐焊接坡口可按照 SH/T 3561 制备。

4. 焊接材料选用

（1）当设计技术文件有要求时，应按照设计技术文件进行焊材选用。

（2）当设计技术文件无要求时，应参照相关规范，根据焊材与母材匹配的原则进行焊材选用。强度钢通常按照强度匹配的原则进行焊材选用，合金钢通常按照强度、合金成分匹配的原则进行焊材选用，低温钢、不锈钢、镍基合金通常按照合金成分匹配的原则进行选用。

（3）承压设备常用钢号匹配的焊接材料可按照 NB/T 47015 中有关规定执行。

（4）常用铬钼钢焊接材料选用、异种铬钼钢焊接材料选用可按照 SH/T 3520—2015 中附录 B 的规定执行。

（5）铬镍奥氏体不锈钢、奥氏体-铁素体（双相）不锈钢、铁镍合金、镍合金及其异种钢焊接材料选用可按照 SH/T 3523—2009 中附录 C.7、C.8、C.9 的规定执行。设备设计温度低于-20℃、管道设计温度低于-29℃（例如-196℃、-101℃）的奥氏体不锈钢焊接材料可按照 SH/T 3525 的规定选用。

（6）低温钢焊接材料选用可按照 SH/T 3525—2015 中附录 D 的规定执行。

（7）异种钢焊接时，执行 SH/T 3526。

① 铁素体钢异种钢焊接，一般根据低强度级别母材选择焊材；

② 不锈钢异种钢焊接，一般按照合金成分低的母材选择焊材；

③ 铁素体钢与奥氏体不锈钢焊接，一般选用奥氏体不锈钢焊接材料，一般采用 25%Cr-13%Ni 系列焊材；

④ 碳素钢、合金钢与奥氏体不锈钢焊接，如压力容器设计温度高于 370℃，压力管道设计温度高于 315℃，应选用镍基焊材焊接，具体焊材型号选择应执行 SH/T 3558。

二、焊接施工方案、焊接工艺指导书

（1）焊接工艺制定完成后，应进行焊接施工方案的编制，焊接施工方案可包含在管道、设备、钢结构等专项方案中，焊接施工方案中应包含施工部位、施焊母材、焊接材料、焊接方法、热处理要求、检查及检验要求等。

（2）根据焊接施工方案编制焊接工艺指导书（焊接工艺卡）、热处理工艺卡等。

焊接工艺指导书（焊接工艺卡）是依据焊接工艺评定编制的指导施工现场焊接操作的具体焊接工艺文件。焊接工艺指导书（焊接工艺卡）是依据焊接工艺评定文件中参数，并结合相关国家、行业标准编制的。焊接工艺指导书（焊接工艺卡）的编制还要符合施工现场实际情况，如（依据 PQR 所覆盖厚度及工艺要求，材料覆盖厚度的上限、中限、下限分别编制焊接工艺卡执行施焊）焊工数量、技能水平，天气环境，材料具备情况，焊缝的受力状态、空间位置，焊工水平，施工进度情况等。

焊接施工方案中，为控制焊接变形，应注明焊接顺序，并采用较小的焊接热输入、适当的反变形措施等。对于大型结构采用分段组装焊接、分别矫正变形后再进行总装焊接或连接的施工方法。

（3）焊接施工方案、焊接工艺卡、热处理工艺卡等应根据 SH/T 3550 的规定进行审批。

第四节　焊接作业

施工项目中的容器、球罐、设备、锅炉、管道、结构等，常用于高温高压有毒介质，其焊接工艺的执行和焊接质量至关重要，本节主要阐述焊接施工管理中的主要环节。

一、焊接材料

1. 通用要求

（1）铬钼钢母材与焊材应符合 SH/T 3520 的有关规定。

（2）铬镍不锈钢、铁镍合金和镍合金母材与焊材应符合 SH/T 3523 的有关规定。

（3）低温钢母材与焊材应符合 SH/T 3525 的有关规定。

（4）异种钢母材与焊材应符合 SH/T 3526 的有关规定。

（5）不锈钢复合钢母材与焊材应符合 SH/T 3527 的有关规定。

（6）钛和锆管道母材与焊材应符合 SH/T 3502 的有关规定。

2. 母材

容器、管道、储罐、低温储罐等焊接工程所采用的母材，应具有质量证明文件，并应有清晰的产品标识，能够追溯到质量证明文件。

（1）铬钼合金钢、含镍低温钢、含钼奥氏体不锈钢管子、管件应采用光谱分析或其他方法对化学成分含量进行验证性检验，并做好记录和标识，符合 SH 3501 的规定。

（2）焊缝有冲击韧性、晶间腐蚀、铁素体含量等要求的，母材尚应满足相应要求。奥氏体不锈钢材料，设计温度高于–196℃时，可免除冲击试验要求。

3. 焊接材料

承压设备用焊接材料除满足相应制造标准外，且应符合 NB/T 47018 的有关规定，并按 NB/T 47018 要求进行复验。

（1）NB/T 47018.4 中引用的碳钢和不锈钢埋弧焊丝标准为 GB/T 5293 和 GB/T 17854，现均已更版为 GB/T 5293 和 GB/T 17854，新旧标准型号表示方法发生了改变，应根据现行版本与旧版本型号进行对照。

（2）NB/T 47018 中焊材复验要求与焊材制造标准相比，增加了熔敷金属弯曲试验、焊丝 S 及 P 含量要求，并将药皮含水量检验修改为熔敷金属扩散氢试验。

（3）进口焊接材料型号不能转换为 NB/T 47018 中型号的，可按照焊材制造标准进行复验。

（4）低温压力容器、球罐焊缝，应选用低氢型药皮焊条，并按批号进行熔敷金属扩散氢含量复验，其复验方法及结果应符合相应标注和技术文件要求。

（5）焊材应具有产品合格证明，焊材使用前应按产品使用说明书要求进行烘干，一般累计烘干次数不超过 3 次。

① 9Cr–1Mo–V 焊条及焊剂，按照 SH/T 3520 的规定，只允许烘干一次，不得重复烘干使用。

② 长输管道用纤维素焊条一般不宜烘干。

（6）焊条库存有效期，按 JB/T 3223 的规定为 5 年。对于有毒、可燃介质压力管道，焊条库存有效期，按 SH 3501 的规定为 1 年，使用超过库存有效期焊材时，应进行外观检查和工艺性能试验，合格后方可使用。与 JB/T 3223 中焊接材料库存有效期的规定不同。

（7）焊材保管应按照 SH/T 3543 的规定填写焊条烘烤、焊条发放回收、焊丝发放、焊剂发放、焊材库温/湿度等记录，并经项目焊接责任工程师审核。

4. 气体

SH 3501、SH/T 3502、SH/T 3520、SH/T 3523、SH/T 3525、SH/T 3526、SH/T 3527、SH/T 3558 中对焊接保护气体成分及水分含量均有相应要求，要求基本一致，焊接保护气体应有产品合格证。

（1）钨极气体保护焊所采用的氩气纯度应不低于 99.99%；锆及锆合金焊接用氩气纯度应不低于 99.999%。

（2）焊接用二氧化碳气体纯度应不低于 99.5%。

（3）氧乙炔所采用的氧气纯度应不低于 99.5%，乙炔纯度应不低于 98%。

（4）焊接用氮气纯度应不低于 99.99%。

（5）焊接用氦气纯度应不低于 99.99%。

（6）焊接用保护气体类型（包括气体种类、混合比），应根据焊材制造标准及产品使用说明书确定，不得超过焊接工艺评定对气体的覆盖范围。

二、焊工管理

SH 3501、SH/T 3502、SH/T 3520、SH/T 3523、SH/T 3525、SH/T 3526、SH/T 3527、SH/T 3558 对焊工资质管理均有相应要求，经考核合格后，可承担相应项目的焊接工作。

（1）施焊焊工应取得国家安全生产监督管理部门颁发的《特种作业操作证》，方可从事焊接作业。

（2）特种设备焊接操作人员（焊工）属特种作业人员，须按照 TSG Z6002—2010，经国家认证的焊工考试机构考核合格，并经市级以上市场监督管理部门审核，取得《特种设备作业人员证》。《特种设备作业人员证》适用于压力容器、设备、压力管道、钢结构、储罐、长输管道及场站的施焊。

（3）从事石油化工建设钢结构焊接的焊工，可按 TSG Z6002—2010 考试合格并取得合格证书，在其考试合格项目及其有效期内施焊。

三、焊接技术交底

焊接技术交底文件内容应包括施工内容，材料特性，焊接工艺，容易出现的缺陷及避免措施，质量目标等。焊接技术交底依据设计文件、相关标准、施工方案、焊接工艺指导书（焊接工艺卡）等编制。

（1）焊接技术交底一般由施工经理组织，焊接技术员、质量检查员、全体施工人员（管铆工、焊工等）参与。

（2）施工焊接前需对焊工及相关人员进行焊接技术交底，并在交底卡上签字。

（3）焊接技术交底及记录，按照 SH/T 3543 进行记录。

四、坡口加工、组对

SH 3501、SH/T 3502、SH/T 3520、SH/T 3523、SH/T 3525、SH/T 3526、SH/T 3527、SH/T 3558 对坡口的加工、组对均有相应规定。

（1）压力容器坡口加工、组对应符合 GB 150 和 NB/T 47015 的有关规定，坡口间隙、错边量、棱角度等应符合设计技术文件规定和施工要求。

（2）管道对接环焊缝组对时，应符合 SH/T 3517 的规定，内壁平齐，其错边量不应超过壁厚的 10%，且不大于 2mm。施焊前应检查坡口形式、组对间隙，清除坡口表面及两侧小于 20mm 范围内的油污、铁锈等污物。

（3）奥氏体不锈钢坡口两侧各 100mm 范围内应采取防飞溅污染措施。

（4）铬钼钢、标准抗拉强度大于等于 540MPa、设计温度低于 -29℃ 的非奥氏体不锈钢坡口如经热加工，应按照 SH 3501 进行无损检测。

（5）不锈钢复合钢的切割和坡口加工、组对执行 SH/T 3527 的规定，宜采用机械方法，采用剪床切割时，复层应朝上。复合钢坡口组对时应以复层为基准，定位焊应在基层母材上。

（6）铝及铝合金、钛、锆焊接前坡口清理比其他材质更为严格。根据 SH/T 3605 的规定进行铝及铝合金坡口及焊丝的清理，超过 8h 未焊接时应重新清理；根据 SH/T 3502 的规定，对钛、锆材质坡口及焊丝进行清理，超过 4h 未焊接时应重新清理。

（7）立式圆筒形储罐最低屈服强度大于等于 390MPa 的罐壁板，如采用火焰切割坡口，应按 GB 50128 的规定，去除硬化层后进行表面无损检测。

（8）设备与管道坡口定位焊尺寸及数量不同，应根据相应施工标准确定。

五、施焊环境要求

环境温度指施焊环境温度，不是指大气温度，现场可采用防风棚、加热器等措施控制。SH 3501、SH/T 3502、SH/T 3520、SH/T 3523、SH/T 3525、SH/T 3526、SH/T 3527、SH/T 3558 均对施焊环境有相应规定。

（1）焊条电弧焊等手工焊时风速，SH 3501—2011 规定小于 8m/s，GB 12337 规定为 10m/s。

（2）焊接电弧 1m 范围内的相对湿度，铝及铝合金的焊接相对湿度不得大于 80%，其他材料的焊接相对湿度不得大于 90%。

（3）当石油化工管道环境温度低于 0℃ 或焊件初始温度低于 -18℃ 时，应根据 SH 3501 和 SH/T 3517 的规定进行预热。

（4）钢结构焊接环境温度低于 0℃ 时，应根据 GB 50661 的规定采取加热、防护措施或进行相应温度下的焊接工艺评定。

（5）储罐焊接时环境温度，碳素钢焊接时低于 -20℃，低合金钢焊接时低于 -10℃，不锈钢焊接时低于 -5℃，储罐壁板为最低标准屈服强度大于 390MPa 的低合金钢焊接时低于 0℃，应按 GB 50128 的规定采取防护措施。

六、预热

焊接接头是否需要预热，需根据材质、壁厚、环境温度等确定，SH 3501、SH/T 3502、SH/T 3520、SH/T 3523、SH/T 3525、SH/T 3526、SH/T 3527、SH/T 3558 等对预热温度均有相应要求，预热时加热宽度、保温宽度等略有差异。

（1）压力容器焊前预热应符合 GB 150 和 NB/T 47015 的有关规定。

（2）石油化工管道预热温度、保温措施等应符合 SH/T 3517、SH/T 3554 的规定，有毒、可燃介质管道尚应符合 SH 3501 的有关规定。

（3）立式圆筒形储罐预热应符合 GB 50128 的规定。

（4）铝及铝合金焊前预热，采用钨极气体保护焊、熔化极气体保护焊时，预热温度不同，应符合 SH/T 3605 的规定。

（5）预热温度的测量，应符合 GB/T 18591 的规定。

七、焊接过程

SH 3501、SH/T 3502、SH/T 3520、SH/T 3523、SH/T 3525、SH/T 3526、SH/T 3527、SH/T 3558 对焊接过程均有相应规定。

（1）焊接过程中，控制线能量输入，最大线能量不得超过焊接工艺指导书（焊接工艺卡）的最大线能量值。不锈钢、镍基、低温钢、高强钢焊接线能量对焊接接头机械性能有较大影响，在 SH/T 3523、SH/T 3525、SH/T 3561、GB 50128 中对焊接线能量控制有相应规定。

（2）碳钢材料压力容器焊接道间温度不得超过 300℃，管道焊接道间温度不得超过 250℃，不锈钢焊接道间温度不得超过 150℃，钛、锆、9%Ni 钢、镍基焊接道间温度不得超过 100℃。

（3）不锈钢、镍基材料、低温钢等材料焊接应采用小线能量焊接，焊条摆幅不得超过焊条直径的 2.5 倍。

（4）不锈钢和有色金属的焊接，设置专用的场地和工装，不得与黑色金属混杂，在 GB 50235、SH 3501、SH/T 3523 中均有规定。施工过程中应采取防止碳及铁污染措施，加工工具应专用，和其他物体的接触面应铺设橡胶或其他不含卤素或卤化物软质材料保护材料表面。材料的堆放与加工应有专用场所，定期清理现场，清除切屑等杂物，保持洁净。

（5）设计有产品焊接试件要求时，产品焊接试件的原材料必须合格，并且与承压设备所代表的元件具有相同标准、相同牌号、相同厚度和相同热处理状态。试件应由现场实际施焊的焊工，采用与施焊部位相同的条件与焊接工艺施焊。试样检验和评定按 NB/T 47016 的规定执行。

（6）钨极气体保护焊背面气体保护，在 SH/T 3520、SH/T 3523、GB 50540 中均有规定。

① SH/T 3520 规定，铬含量公称成分大于等于 2.25% 的焊件，钨极气体保护焊背面应采用惰性气体保护。9Cr-1Mo 和 9Cr-1Mo-V 材料打底焊接至少两层后，方可终止背面惰性气体保护。

② SH/T 3523 规定，不锈钢钨极气体保护打底焊接时，背面必须采用充氩或充氮保护。

③ SH/T 3502 规定，钛材焊缝采用钨极气体保护焊时，喷嘴、拖罩、管腔同时用氩气保护。

④ 对于石油天然气站内工艺管道，执行 GB 50540 规定，当铬含量公称成分大于等于 3% 或总合金元素含量大于等于 10% 时，钨极气体保护焊背面应采用惰性气体保护。

（7）管道焊接应在完成壁厚的 25% 以上且大于等于 10mm 时，方可暂停焊接。

（8）长输管道焊接时，打底焊接与热焊间隔时间不得超过 10min，焊接过程中断应采取保温缓冷措施，并应符合 GB 50540 的规定。铬钼钢材质焊接完成后需后热或保温缓冷时，按 SH/T 3520 执行。长输管道后热保温缓冷措施应按照 GB 50540 的规定执行。

（9）对焊缝返修，规范要求基本一致，不宜超过 2 次。

第五节　焊后热处理

焊后热处理的主要目的是改善焊接接头的组织和性能，消除焊接残余应力等有害影响。焊后热处理是将焊接区域或其中部分加热到足够高的温度，并保持一段时间，而后均匀冷却的过程。

碳钢和低合金钢低于490℃的热过程，高合金钢低于315℃的热过程，均不作为焊后热处理对待。

一、基本要求

压力容器一般采用整体热处理，管道一般采用局部热处理。压力容器焊后热处理温度、时间、保温措施执行 GB 150 和 NB/T 47015 的有关规定。石油化工钢制管道预热、后热、焊后热处理温度、时间、保温措施等执行 SH/T 3554 的规定，铬钼钢焊后热处理尚应执行 SH/T 3520 的规定。

（1）对于铬钼钢 SH/T 3501、SH/T 3554 中对热处理温度、最短保温时间的要求稍有差异，设计无特殊要求时，应执行专项标准 SH/T 3520。

（2）给排水钢制管道热处理按 SH/T 3533 的规定执行。

（3）9Cr-1Mo-V（如 P91）焊后热处理前应保证焊接接头完成马氏体转变，即焊后必须冷却到80~100℃，焊后热处理时机非常重要，应按照 SH/T 3520 的规定进行。

（4）奥氏体不锈钢，除设计有明确焊后热处理要求的稳定化不锈钢（TP321、TP347）外，一般不进行焊后热处理。

（5）立式圆筒形储罐开孔接管与罐壁板、补强板焊接完成后，焊后热处理执行 GB 50128。

（6）压力容器焊后热处理控温温度一般为400℃，管道焊后热处理控温温度一般为300℃。

（7）所选择焊接工艺评定中的热处理保温时间不得低于现场实际累计保温时间的80%，在 NB/T 47014 中有相应规定。现场实际保温时间应根据 NB/T 47015、SH/T 3554、SH/T 3520 等进行计算。

二、焊后热处理方案

焊后热处理前，应编制焊后热处理方案、焊后热处理工艺卡。压力容器焊后热处理应编制专项方案，压力管道焊后热处理方案可包含在安装施工方案中。

焊后热处理工艺参数主要包括焊后热处理温度、保温时间、控温温度、升降温速度、热电偶数量、测温点布置、加热带及保温带宽度等，承压设备焊后热处理工艺参数的选取应符合 GB/T 30583 的规定，钢制管道焊后热处理工艺参数的选取应符合 SH/T 3554 的规定。

三、焊后热处理材料及设备

热处理设备应经检定合格并保持良好的工作状态，经报验审批合格，在 GB/T 30583、

SH/T 3554 中均有规定。

（1）热处理保温材料应具有产品质量证明文件，并经报验审批合格，在 SH/T 3554 中有相应要求。

（2）热电偶、测温仪等热处理计量器具应经检定合格，并在有效期内。

四、焊后热处理过程

焊接接头焊后热处理前，应按设计要求完成相应的无损检测，并合格。焊后热处理测温点数量及布置应符合 GB/T 30583、SH/T 3554 等标准的要求。

（1）有再热裂纹倾向的焊接接头（主要指 12Cr1MoV 和含稳定化元素 Nb 的奥氏体不锈钢），应在焊后热处理后进行无损检测，检测标准应执行 SH/T 3520 等。

（2）焊后热处理作业时，应根据环境条件采取防风、防雨等措施，否则停止作业。

（3）热处理过程中，应检查确认热处理过程及参数是否符合要求，控制升温速率、恒温温度、恒温时间、降温速率。

（4）热处理完成后，除奥氏体不锈钢稳定化热处理，其余材质均应进行硬度检测，并记录硬度检测值。硬度检测合格指标参照 SH/T 3554 的规定，铬钼钢硬度检测合格指标参照 SH/T 3520 的规定，应注意对含 V 的铬钼钢及 9Cr-1Mo-V 材料硬度合格指标的要求。

（5）热处理结束后应提供清晰和内容齐全的热处理曲线图。热处理操作人员及时填写和整理热处理曲线、热处理报告。

（6）热处理曲线、热处理报告以及硬度报告编号填写、存档应符合 SH/T 3503、SH/T 3543的相关规定。

（7）焊接热处理异常情况处理，应按照 SH/T 3554 执行。热处理温度超过材料下临界温度时，应报废处理，常见材料下临界温度见 SH/T 3554。

第六节　无损检测

无损检测是焊接接头缺陷检测的重要手段。无损检测要求应符合 NB/T 47013、SH/T 3545、SY/T 4109 的规定。

（1）焊缝无损检测按照设计技术文件及规范要求的级别进行无损检测型式及比例的确认。

（2）压力容器、球罐的焊接接头的无损检测应符合 NB/T 47015、GB 12337 的规定。

（3）石油化工钢制管道无损检测应执行 GB 50517 的规定；石油化工有毒、可燃介质管道的等级划分及焊缝无损检测应执行 SH 3501 的规定。

（4）石油化工钢结构焊缝的无损检测应执行 SH/T 3507 的规定。

（5）长输管道焊缝的无损检测应执行 GB 50369、GB 50540 的规定。

第十章　电气、电信工程

石油化工电气工程包括变配电系统、自动装置和微机综合自动化系统、电机、电缆、照明、防雷、防爆、接地等工程内容。

石油化工电信工程包括电话系统、扩音对讲系统、电视监控系统数据通信、安全防范系统等工程内容。

火灾自动报警系统在设计方面从属于电信专业，在施工方面一般从属于电气专业。

电气、电信工程主要施工工序如图 2-10-1 所示。

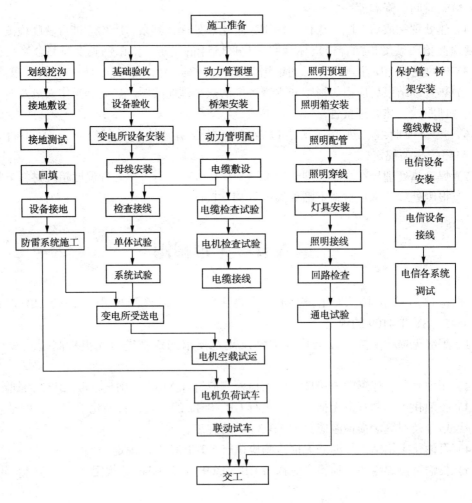

图 2-10-1　电气、电信工程主要施工程序

第一节 法律法规标准

项目开工前，根据设计技术文件、施工合同，筛选制定项目电气、电信工程施工所需的有效国家、行业标准明细，列入项目施工组织设计。根据具体专业施工技术方案的需要，列入部分技术标准，作为电气、电信工程施工及验收的标准依据。

电气、电信工程常用法律法规标准见表2-10-1。

表 2-10-1 电气、电信工程常用法律法规标准

序号	法规、标准名称	标准编号	备注
1	石油化工建设工程项目交工技术文件规定	SH/T 3503—2017	
2	石油化工建设工程项目交工技术文件规定	SH/T 3543—2017	
3	石油化工建设工程项目施工技术文件编制规范	SH/T 3550—2012	
4	石油化工电气工程施工质量验收规范	SH 3552—2013	
5	石油化工电信工程施工及验收规范	SH/T 3563—2017	
6	石油化工电气工程施工技术规程	SH 3612—2013	
7	电气装置安装工程 高压电器施工及验收规范	GB 50147—2010	
8	电气装置安装工程 电力变压器、油浸电抗器、互感器施工及验收规范	GB 50148—2010	
9	电气装置安装工程母线装置施工及验收规范	GB 50149—2010	
10	电气装置安装工程电气设备交接试验标准	GB 50150—2016	
11	火灾自动报警系统施工及验收规范	GB 50166—2007	
12	电气装置安装工程电缆线路施工及验收规范	GB 50168—2018	
13	电气装置安装工程接地装置施工及验收规范	GB 50169—2016	
14	电气装置安装工程旋转电机施工及验收规范	GB 50170—2018	
15	电气装置安装工程盘、柜及二次回路接线施工及验收规范	GB 50171—2012	
16	电气装置安装工程蓄电池施工及验收规范	GB 50172—2012	
17	电气装置安装工程低压电器施工及验收规范	GB 50254—2014	
18	电气装置安装工程起重机电气装置施工及验收规范	GB 50256—2014	
19	电气装置安装工程爆炸和火灾危险环境电气装置施工及验收规范	GB 50257—2014	
20	建筑电气工程施工质量验收规范	GB 50303—2015	
21	石油化工建设工程施工安全技术标准	GB 50484—2019	
22	高压电器端子尺寸标准化	GB/T 5273—2016	
23	母线焊接技术规程	DL/T 754—2013	
24	继电保护及电网安全自动装置检验规程	DL/T 995—2016	
25	高杆照明设施技术条件	CJ/T 3076—98	

第二节　施工准备

电气、电信工程施工准备阶段的主要工作参见本书第一篇第三章。除此之外，还应注意以下事项：

（1）电气、电信专业施工图核查时，除了核查本专业图面问题外，还应重点核查与其他专业之间设计是否协调，例如：电缆桥架与设备管道空间布置是否相碰、变电所土建预留洞及预埋件是否正确、电气与仪表联锁是否一致等。

（2）成套电气、电信设备施工安装时应优先遵守生产厂家技术要求，并同时满足国家强制性规范条文的相关规定。

（3）进口电气、电信设备应有商检报告，验收应符合采购合同要求，交接试验应按合同规定的标准执行。

（4）与电气、电信工程相关的土建工程施工质量是保证电气、电信工程施工质量的基础，土建工序验收应符合 SH 3552 的要求。

（5）电气、电信工程涉及大量的试验和测量工作，应按照 SH 3552 的要求，检查电气、电信工程施工所用的试验设备和计量器具，并应经检定校准合格。

第三节　接地工程施工

石油化工装置具有易燃易爆的特点，接地工程的施工质量直接关系到生产装置的正常运行以及人身安全。电气、电信接地工程施工及验收执行 SH 3552、GB 50169、SH/T 3563。其中，施工质量验收侧重于执行 SH 3552。

由于电气接地要配合土建等专业施工的特点，电气专业属于最早进场的安装队伍之一，相应的施工技术管理要配套跟上，必要时，编制单独的电气接地施工技术方案指导接地工程施工。

接地工程的主要施工应符合下列要求：

（1）地下接地网的施工应执行 GB 50169，配合土建和给排水的土方工程进行。减少重复的土方开挖，从而加快电气工程进度。地下接地网施工属于隐蔽工程，回填土前，建设单位、监理单位应组织检查验收。

（2）对电气装置金属部分进行接地，在 GB 50169 中有规定，为防止带电后危及人员生命安全，厂内架空电气、电信电缆的吊索也应接地。

（3）包括接地极、接地干线和支线在内的整个接地装置的材质及规格应符合设计图纸要求，采用钢材时均应热镀锌。材料验收时还应检查钢、铜及铜覆钢等接地材料的规格不低于 GB 50169 要求的最小规格。材料验收应重点注意是否是冷镀锌材料冒充热镀锌材料。

（4）接地装置的敷设应符合 GB 50169 及 SH 3552 的规定。施工时还应注意以下事项：

①铜覆钢接地极与接地线应用已较为广泛，应避免与地下金属部件相接触，当无法避免时应采取绝缘措施，这是因为铜覆钢接地装置与埋地的其他金属材料接触会产生电化学腐

蚀，从而影响接地装置的寿命。

②成列安装盘、柜的基础型钢和成列开关柜的接地母线，除了满足不少于两点可靠接地以外，要注意接地线引出应"明显"，不能埋在混凝土里等看不见的地方，应明敷设。

（5）接地装置的连接在地面上以螺栓连接为主，在地下应采用搭接焊接或放热焊接。具体的连接和防腐质量要求应符合 SH 3552 以及 GB 50169 的规定。施工时应注意以下事项：

①接地线连接螺栓不能被隐蔽在防火层或混凝土中。

②螺栓连接的接触面长度、螺栓个数和螺栓规格应按现行国家标准 GB 50149 矩形母线搭接规定执行，在实际施工中经常出现接触面长度偏短、螺栓个数偏少、螺栓规格偏小、螺栓孔偏大等现象。

③水平直角弯处的接地扁钢不得采用对焊连接。

（6）防雷接地施工的要点是防雷接地连接应齐全可靠。具体施工质量应符合 SH 3552、GB 50169、SH/T 3563 的要求。需要注意的是，屋面避雷带支撑的安装宜采用预制块形式，禁止直接在屋面打孔固定、补做防水的做法。

（7）防静电接地施工应符合 SH 3552 的规定。

（8）接地网施工完毕后应按 SH 3552 的要求测试接地电阻值，测试结果应符合设计要求。接地电阻测试记录应有测量点位置示意图。

（9）接地工程的主体属于隐蔽工程，施工应填写 SH/T 3503—2017 的表 J112"隐蔽工程验收记录"、J122"接地电阻测量记录"、J416"管道静电接地测试记录"。

第四节　变配电设备施工

变配电设备是电气系统正常运行的关键，主要安装在变电所、配电室等场所，其中又分为室内安装和室外安装方式。变配电设备主要包括变压器、电抗器、互感器、高压开关柜、低压开关柜、控制屏、保护屏、母线装置、真空断路器、六氟化硫断路器、六氟化硫封闭式组合电器、隔离开关、负荷开关、高压熔断器、避雷器、电容器、蓄电池、UPS 不间断电源、变频器等。

变配电设备应具有完整的质量证明文件，到达现场后均应进行开箱检查验收，并按有关标准的要求做好施工和验收工作。

一、变压器、电抗器

变压器是石化企业的核心电气设备，其制造、安装质量直接关系到企业的安全运行。变压器、油浸电抗器、互感器施工及验收执行 GB 50148、SH 3552。干式电抗器施工及验收执行 GB 50147。

（1）变压器、电抗器的装卸和运输不应有严重冲击和振动，大型变压器、电抗器常采用充氮气或充干燥空气运输的方式，装卸和运输应符合 GB 50148 的要求。

（2）变压器、电抗器到达现场后应进行外观检查并妥善保管，并符合 GB 50148 的规定。干式绝缘变压器的外观检查应符合 SH 3552 的相关规定。

（3）变压器、电抗器本体就位安装应符合设计、制造厂的要求，并符合 GB 50148 的规定。设备基础底部灌浆应密实，不应有空鼓；基础上预埋件应牢固，宽度不窄于变压器底座宽度；变压器一般依据槽型母线 B 相中心线找正。

（4）变压器、电抗器到达现场后，应进行器身检查和不进行器身检查的条件，GB 50148—2010 都有相应规定。

（5）绝缘油到达现扬，都应存放在密封清洁的专用油罐或容器内；每批到达现场的绝缘油均应有试验记录，并应按 GB 50148 的规定取样进行简化分析，必要时进行全分析；绝缘油应按照 GB 50150 的规定试验合格后，方可注入变压器、电抗器中。

（6）变压器、电抗器本体及附件安装应符合 GB 50148 的规定。气体绝缘变压器的检查和验收还应符合 SH 3552 的规定。干式电抗器的检查和验收应符合 GB 50147 的规定。

（7）变压器、电抗器在试运行前，应进行检查确认全部电气试验合格，保护装置整定值符合规定，操作及联动试验正确。检查项目在 GB 50148 中有规定。如无设计要求，变压器的中性点 N 不应在变压器室直接接地，而是从变压器低压桩头引出 4 根母线（L1、L2、L3、PEN），进入配电柜之后分成 PE 母线和 N 母线，并且从此开始，N 线对地绝缘，不允许再对 PE 线连接，而 PE 线从此处与接地干线连接，成为变压器中性点的接地点。

（8）变压器、电抗器试运行时应按 GB 50148 的规定项目进行检查。变压器安装及试验结束后，应根据实际发生的检试验内容，填写 SH/T 3503—2017 的表 J507"变压器安装检验记录"和 SH/T 3543—2017 的表 G504"电力变压器试验记录"、G511"交流耐压试验记录"、G520"变压器器身检查记录"、G521"变压器干燥记录"。

二、高低压开关柜、控制及保护屏

高低压开关柜、控制及保护屏均为成套组合式电气设备，安装的重点在于柜（屏）体就位和主要功能、性能的验证。

高压开关柜施工及验收执行 GB 50147、GB 50171、SH 3552。低压开关柜、控制屏、保护屏施工及验收执行 GB 50171、SH 3552。

（1）每列基础型钢应有两处及以上明显的接地，安装允许误差应符合 GB 50171 的规定。

（2）进线柜定位时应与进线套管位置相对应，并与主变压器的相位一致，定位后将柜体与基础固定牢固；相对排列的柜以跨越母线柜为准进行对面柜体的就位；其他柜体按顺序就位。

（3）柜（屏）间用螺栓固定牢固；柜体应与基础型钢固定牢固，固定方式有螺栓连接和焊接两种，安装前宜与建设单位协商决定。柜（屏）安装允许误差、安装检查应符合 GB 50171 的规定。统称为"五防联锁"的五方面机械闭锁及电气闭锁是开关柜检查调整必做的重点内容。

（4）柜（屏）的二次回路结线应符合 SH 3552 的规定。柜（屏）安装完成后，宜用塑料布将所有柜（屏）包裹起来，做好成品保护，防止灰尘进入。

（5）包括母线在内的柜（屏）安装及试验结束后，应根据实际发生的安装和检试验内容，填写 SH/T 3503—2017 的表 J508"高/低压开关柜安装检验记录"和 SH/T 3543—2017 的表 G509"保护/控制盘（屏）安装检验记录"，以及表 G505、G506、G511～G517 等电气设备、元器件、微机综保等试验记录。

三、母线

由于母线制造技术的成熟，目前由施工人员制作母线已很少见，基本采用制造厂生产的成套母线或母线槽进行现场安装，这大大减轻了母线安装的工作量和难度，但金属封闭母线等仍有较大的安装难度。母线施工及验收执行 GB 50149、SH 3552、GB/T 5273、DL/T 754。

（1）母线与母线、母线与分支线、母线与电器接线端子搭接连接时，随接触面两边材质的不同，应采取不同的镀层处理方式，具体在 GB 50149 中有相应规定。

（2）矩形母线互相搭接时，母线连接尺寸、钻孔个数和孔径、连接螺栓规格应符合 GB 50149 的规定。母线与设备接线端子连接时，应符合现行国家标准 GB/T 5273 的规定。

（3）母线的接触面应连接紧密，并涂电力复合脂，连接螺栓应用力矩扳手紧固，其紧固力矩值首先应符合制造厂的规定，且不应低于 GB 50149 的规定。

（4）母线等带电部分的安全净距离应符合 GB 50149 的规定，制造厂生产的成套配电装置不适用于 GB 50149 安全净距离的规定。

（5）软母线、金属封闭母线的安装、铝合金管型母线的制作和安装，GB 501490 都有相应规定。

（6）管型母线及封闭母线的焊接应由合格的氩弧焊焊工施焊，焊接质量应符合 DL/T 754 的有关规定。

四、真空断路器、六氟化硫断路器、气体绝缘金属封闭开关设备

35kV 及以下的断路器主要选用真空断路器，目前真空断路器已做到本体和机构一体化设计制造，在现场主要是就位安装、传动检查、试验工作。六氟化硫断路器和气体绝缘金属封闭开关设备主要用于 110kV 及以上电压等级，设备可以做到充气整体运输或相对整体运输，现场的安装调整工作量也较小。

真空断路器、六氟化硫断路器、气体绝缘金属封闭开关设备施工及验收执行 GB 50147、SH 3552。

（1）真空断路器的安装和调整应符合 GB 50147 的规定。

（2）六氟化硫断路器和气体绝缘金属封闭开关设备（简称 GIS）安装前应对设备基础进行检查验收，安装应在制造厂技术人员指导下进行，并应符合 GB 50147 的规定。

（3）断路器安装调整结束后，应填写 SH/T 3543—2017 的表 G522"断路器安装调整记录"、表 G507"真空断路器试验记录"。

五、隔离开关、负荷开关、高压熔断器、避雷器、电容器

隔离开关、负荷开关、高压熔断器、避雷器、电容器都是重要的高压电器，安装和调整应执行 GB 50147 的规定。

（1）隔离开关和负荷开关的触头表面应涂薄层中性凡士林，不能错涂电力复合脂。隔离开关、负荷开关安装调整结束后，应填写 SH/T 3543—2017 的表 G523"隔离开关/负荷开关安装调整记录"。

（2）避雷器目前基本采用金属氧化锌避雷器，避雷器各节之间的接触面不需要涂抹电力复合脂，但设备和接地引下线的接触表面仍应涂电力复合脂。避雷器安装试验结束后，应填

写 SH/T 3543—2017 的表 G510"氧化锌避雷器试验记录"。

（3）电容器一般采用全密封结构，安装简便，电容器倒装时应采用倒装型支持瓷瓶。电容器安装试验结束后，应填写表 G509"并联电容器试验记录"。

六、蓄电池

蓄电池常用类型为阀控式密封铅酸蓄电池组和镉镍碱性蓄电池组。蓄电池施工及验收执行 GB 50172、SH 3552。

（1）蓄电池组安装和充放电应符合 GB 50172 的有关规定。

（2）蓄电池室内不得装设开关、插座，并应采用防爆型电器。

（3）蓄电池组安装和充放电结束后，应填写 SH/T 3503—2017 的表 J510"直流系统/UPS/EPS 安装检验记录"、SH/T 3543—2017 的表 G524-1"蓄电池充放电记录"。

七、UPS/EPS 不间断电源

UPS/EPS 均为不间断电源设备，由制造厂成套供货，安装要求基本与一般盘柜相同，现场重点是核对型号、规格，检查内部线路。UPS/EPS 不间断电源装置施工及验收执行 SH 3552 的规定。

UPS/EPS 安装和试验结束后，应填写 SH/T 3503—2017 的表 J510"直流系统/UPS/EPS 安装检验记录"。

八、变频器

变频器主要用于电动机的调速节能，分为高压变频器和低压变频器。变频器安装、调试应符合 SH 3552 的规定。

第五节　电机施工

电机主要包括发电机和电动机。电机的机械部分安装一般是由施工单位动设备专业（俗称钳工）负责，不属于电气专业施工范围；大型电机的抽芯检查应有动设备专业配合；电机负荷试运转方案应由动设备、电气、仪表等专业联合编制。电机的施工及验收执行 GB 50170、SH 3552。

（1）电机的接地应符合 GB 50170 和 SH 3552 的规定。

（2）发电机的安装应符合 SH 3552—2013 的规定。发电机的引线及出线的安装应符合 GB 50170—2018 的规定。

（3）电动机安装时的检查应符合 GB 50170 的规定。有固定转向要求的电动机，试车前检查电机与电源的相序应一致。由于现在制造厂的制造质量的提高，运到现场的电动机一般不做抽芯检查，除非出现 GB 50170 规定的情况，现场才做抽芯检查，抽芯检查要求应符合 GB 50170 的规定。

（4）当电机的绝缘电阻不符合 GB 50150 的有关要求时，应对电机进行干燥，并符合 GB 50170—2018 的规定。

（5）电动机宜在空载情况下做第一次启动，空载运行时间宜为 2h；当制造厂无规定时，电动机带负荷启动次数应符合 GB 50170 的规定。

（6）电机试运行中的检查应符合 SH 3552 的规定。电动机运行记录应填写齐全、正确，尤其是铭牌参数和温度参数，实际施工中容易出错。

（7）电机安装和空载运行结束后，应根据实际发生的工作内容，填写 SH/T 3503—2017 的表 J502"交流电动机试验记录"、表 J506"交流电动机安装检验与空载运行记录"和 SH/T 3543—2017 的表 G518"电机抽芯检查记录"、表 G519"电机干燥记录"。

（8）电机负荷试车前，应配合填写 SH/T 3503—2017 的表 J319"机组试车条件确认记录"。电机负荷试车结束后，应配合填写 SH/T 3503—2017 的表 J323"电动机试车记录"。

第六节　电缆线路施工

电缆是石化装置电气设备正常运行的"血脉"，近年来，电缆出现了许多新材料、新工艺，同时也发生过很多电缆选型、采购、施工等质量问题。电缆线路的施工及验收执行 GB 50168、SH 3552、SH/T 3563。

一、电缆保护管

电缆保护管的种类主要有钢管、硬质塑料管，以钢管为主。石油化工工程埋地电缆管允许采用套管焊接连接的工艺，这一点不同于建筑电气工程的施工标准，使用时要加以区分。

（1）保护管的加工、口径选择和弯曲半径应符合 SH 3552 的规定。现场常见问题是保护管规格偏小和管口有毛刺，这容易造成电缆敷设时外皮破损。

（2）镀锌钢管明敷设宜采用螺纹连接方式，埋地敷设时宜采用套管焊接连接。连接要求应符合 SH 3552 的规定。

二、电缆桥（支）架

电缆桥架和电缆支架都是电缆敷设的通路。常见桥架种类有钢制桥架、铝合金桥架、玻璃钢桥架。

（1）金属电缆桥（支）架的接地应符合 SH 3552 的规定。

（2）电缆支架的制作和安装应符合 GB 50168 的规定。

（3）电缆桥架安装的支架间距应符合 SH 3552 的规定。现场自制弯头时角度应准确，对口严密平整、无间隙，切割或钻孔处毛刺应打磨光滑。

（4）电缆桥架伸缩缝设置应符合 GB 50168 的规定。

（5）铝合金桥架与钢支架固定时，应有防电化腐蚀措施。镀锌桥架与支架固定时应采用镀锌螺栓，不应采用焊接，以免损伤桥架的镀锌层。

（6）电缆桥架进入建筑物处应有"内高外低"的防水坡度。

三、电缆敷设

电缆敷设的途径有电缆桥架、保护管、电缆沟等，直埋电缆已少见。敷设方式有人工和机械牵引两种。

（1）电缆敷设前应按 GB 50168 进行检查，并重点注意以下事项：

① 施工现场应对电缆芯线直径进行实测实量的抽查，实测电缆芯线直径结果应合格。

② 电缆外观是保证电缆长期安全运行的先决条件，电缆外观应无损伤，大面积的外观损伤则有可能是电缆使用了不良的绝缘护套材料造成的。

③ 对设计图纸未明确具体敷设方式的分支电缆线路，应请设计人员明确是直埋敷设还是穿保护管敷设，施工单位不得自行决定敷设方式。

（2）人工敷设电缆时应符合 GB 50168 的要求。用机械敷设电缆时的最大牵引强度宜符合 GB 50168 的规定。在严寒地区冬季敷设电缆时，应注意电缆的最低允许敷设温度，避免出现大面积的电缆绝缘护套变脆开裂的质量问题。

（3）直埋电缆之间，电缆与其他管道、道路、建筑物等之间平行和交叉时的最小净距，应符合 GB 50168 的规定。

（4）构筑物中电缆线路敷设时，与热力管道（设备）的净距应符合 GB 50168—2018 的要求。

（5）电缆的排列、固定应符合 SH 3552 的规定。

（6）电缆、光缆的终端头、接头处应装设标志牌，标志牌的标志要求应符合 SH 3552 的规定。

（7）电缆工程施工结束后，应填写 SH/T 3503—2017 的表 J503"电缆桥架安装检查记录"、表 J504"电缆敷设与绝缘检测记录"、表 J505"电缆安装质量验收记录"。

四、电缆附件

电缆附件品种繁多，多为制造厂定型产品，使用前应检查出厂证明文件应齐全合格，作业人员应熟知相关操作说明书。

（1）电力电缆的接地应符合 SH 3552 的规定。注意，三芯电力电缆的金属护层应在两端都接地，这是 GB 50169 的新增要求，电缆终端头施工时应严格执行。

（2）控制电缆的金属屏蔽层接地应符合 SH 3552 和 GB 50169 的相关要求：

① 计算机监控回路的模拟信号回路控制电缆屏蔽层，应集中式一端接地；

② 变电所内部二次控制电缆的屏蔽层，应在开关安装场所和控制室侧两端接地；

③ 去现场的控制电缆屏蔽层，应在控制室盘柜侧一端接地，现场端的屏蔽层不得露出保护层外；

④ 对于双层屏蔽电缆，内屏蔽应一端接地，外屏蔽应两端接地。

（3）控制电缆的铠装层宜两端接地，在控制室侧必须接地，现场操作柱为绝缘材料时可不接地。

（4）高压电缆头各层结构尺寸和制作工艺应符合安装工艺说明书要求，所用的材料、部件应由电缆接头制造商成套提供。高压电缆头制作的技术要求应符合 GB 50168 的规定。

（5）电气盘柜侧的低压电力电缆终端头宜采用成型电缆附件；控制电缆终端头可采用包扎法。

五、光缆

光缆的基本结构一般是由光纤缆芯、加强钢丝、填充物和护套等几部分组成。施工中应执行 SH 3552 和 SH/T 3563 的相关规定。

（1）光缆过度弯曲时相比一般电缆更易受到损伤，敷设前应按照 SH/T 3563 的规定进行检查，敷设时应符合 SH 3552 的规定。

（2）室内光缆线路不应进行光纤中间接续，室外光缆线路中需进行光纤接续时应符合 SH/T 3563 的规定。

（3）光纤的连接和测试应符合 SH 3552 的规定。

六、电缆线路防火阻燃及隔离密封

电缆的阻燃选型是依靠设计完成的，在施工中应按照设计要求做好防止外部因素引起电缆着火和火灾蔓延。

（1）防火阻燃材料应具备质量证明文件，GB 50168 有相应规定。

（2）防火阻燃材料的施工、电缆孔洞的封堵要求，GB 50168 都有相应规定。孔洞较大者或电缆竖井应加耐火衬板后再进行封堵，耐火衬板应保证必要的强度，防止人员踩塌后造成高处坠落事故。

（3）电缆保护管的封堵和电缆进入设备的封堵应符合 SH 3552 的规定。

第七节　照明施工

照明工程主要包括照明线路、照明灯具、照明配电箱、插座和开关等安装，以及照明系统试亮等工作。照明工程施工与验收执行 SH 3552、GB 50303。

照明工程施工与验收结束后，应填写 SH/T 3543—2017 的表 G525"电气照明安装检查记录"。

一、照明线路

照明线路的安装包括照明管路和照明电缆（导线）两大部分，照明保护管的安装除执行本章第六节中"电缆保护管"的相关规定外，还应符合下列要求：

（1）明配线路应符合 SH 3552 的规定，重点是做到"横平竖直"；暗配管路应符合 SH 3552的规定。

（2）照明接线应符合 SH 3552 的规定。不应采用传统的导线缠绕连接法。

（3）室外照明配电箱的进线电缆不应从箱上部引入，以防止雨水沿电缆进入箱内。出线保护管从箱上部引出时，保护管的垂直段所有丝扣连接外露部分宜刷漆防护，保护管上方的管口应严密封堵，以防止雨水从管口或丝扣连接处进入管内，渗入箱中造成积水，引起事故。

二、照明设备

照明设备包括照明配电箱、照明灯具、开关、插座等。

（1）照明配电箱安装应符合 SH 3552 的规定。

（2）照明灯具安装应符合 SH 3552 的规定。安装时要注意灯具与灯杆的连接螺纹处防腐密封必须良好，这是灯具内进水的主要渗漏途径。

① 高杆灯设施的安装应符合 CJ/T 3076 的有关规定。

② 航空障碍标志灯安装应符合 GB 50303 的规定。

③ 照明灯具试亮应符合 SH 3552 的规定。

（3）开关、插座的安装是室内电气安装的重要环节，直接影响室内的美观，从技术角度来说难度不大，但是质量问题时有发生，应该引起充分重视，安装应符合 SH 3552 的规定。

第八节　起重机电气装置施工

起重机电气装置包括各式起重机、电动葫芦的电气装置以及配套的滑线等。起重机电气装置施工及验收执行 GB 50256、SH 3552。

（1）起重机电气装置安装前应按 GB 50256 做好土建工程质量验收工作。

（2）起重机的轨道、金属结构及所有电气设备的外壳、管槽、电缆金属外皮，均应可靠接地。接地应符合 SH 3552、GB 50256 的规定。

（3）滑触线的布置、安装应符合 GB 50256 的规定，安全式滑触线的安装还应符合 GB 50256的规定。

（4）桥吊、门吊使用的悬吊式软电缆的安装应符合 GB 50256、SH 3552 的规定。电动葫芦使用的卷筒式软电缆安装应符合 GB 50256 的规定。

（5）起重机安全装置的动作必须迅速、准确、可靠，调试结果和试运转结果在 GB 50256都有相应规定。

第九节　火灾自动报警系统施工

火灾自动报警系统调试工作是一项专业技术非常强的工作，国内外不同生产厂家的火灾自动报警产品不仅型号不同，外观各异，而且从报警概念、传输技术和系统组成上都有区别，特别是近年来国内外产品广泛采用了计算机、多路传输和智能化等多种高新技术，因此，对火灾自动报警系统的调试需要熟悉此专业技术的专门人员才能完成。调试负责人应由有资格的专业技术人员担任，一般由生产厂的工程技术人员完成。火灾自动报警系统的安装和调试执行 GB 50166、SH 3552。

（1）施工前应按 GB 50166 的要求，重点检查火灾自动报警系统产品名称、型号、规格与检验报告的一致性。

（2）火灾自动报警系统的布线有抗干扰的技术要求，系统内不同电压等级、不同电流类别的线路不应布在同一管内或线槽的同一槽孔内。火灾自动报警系统的线路和线槽安装应符合 SH 3552 的相关规定。

（3）常见的点型感烟、感温火灾探测器的安装应符合 GB 50166 的规定。线型红外光束感烟火灾探测器、缆式线型感温火灾探测器的安装，GB 50166 都有相应规定。在各种敞开式皮带输送装置上敷设时，不宜敷设在输送装置的两侧。

（4）火灾自动报警系统的安装位置、施工质量和功能等应进行调试及验收，调试及验收执行 GB 50166。

（5）火灾自动报警系统安装调试结束后，应填写 SH/T 3503—2017 的表 J511"火灾自动报警系统安装检验记录"。

第十节　电信工程施工

电信工程的施工一般由电气专业人员来完成。电信线路的敷设与电气工程的线路敷设总体上要求相似，但电信系统的抗干扰要求高，施工时应予以重视。电信设备的安装一般由施工单位来完成，电信设备的调试以电信设备制造厂为主，施工单位配合。电信工程安装、检测、验收应执行 SH/T 3563。

（1）常用的电信电缆为对绞电缆。对绞电缆是由 4 对双绞线按一定密度逆时钟互相扭绞在一起，具有较好的抗干扰能力，对绞电缆终端接线、对绞电缆与 8 位模块通用插座的固定连接，SH/T 3563 有相应的规定。

（2）当设计无明确要求时，电信设备安装高度宜符合 SH/T 3563 的规定。配线箱、电话分(出)线盒、信息插座盒的安装位置应注意屋内美观及使用方便，并符合 SH/T 3563 的规定。

（3）各种电信设备的安装应符合下列要求：
① 摄像机的视野范围应满足监视的要求，安装应符合 SH/T 3563 的规定。
② 通话站和扬声器的安装应符合 SH/T 3563 的规定。
③ 周界入侵探测器的安装，应能保证无防区交叉，避免盲区。
④ 门禁控制设备、访客对讲设备的安装应符合 SH/T 3563 的规定。

（4）电信系统的接地和信号线路浪涌保护器的安装应符合 SH/T 3563 的规定。

（5）电信设备的检测验收应符合 SH/T 3563 的有关规定。

（6）电信工程安装、检测完成后，盘柜安装、接地、桥架安装、电缆安装等记录表格与电气专业相同，填写 SH/T 3503 的相关表格。检测记录可利用 SH/T 3543 的表 G123"＿＿试验/调校记录"空白表填写。

第十一节　爆炸危险环境电气施工

石油化工工程多属于爆炸危险环境，以爆炸性气体环境为主，这是区别于其他行业的显著特点。近年来随着煤化工项目的增多，爆炸性粉尘环境也日益增多。电气设备运行中产生的火花或电弧、电气线路运行中发生的过热燃烧，都是引起火灾或爆炸的直接原因。爆炸危险环境电气设备、电气线路的施工及验收执行 GB 50257、SH 3552。

一、爆炸危险环境电气设备

爆炸危险环境电气设备的种类很多，如电动机、变频器、照明灯具、轴流风机、配电箱、插座箱等，安装前，要对照设计的爆炸危险区域划分图，做好验收检查工作。

（1）按照 SH 3552 的要求，进行设备"防爆三要素"检查：

① 爆炸危险环境电气设备必须有"Ex"标志，"Ex"是爆炸性环境用电气设备的警示标志，对爆炸性气体环境和爆炸性粉尘环境都适用。

② 到货的电气设备防爆类型、型式、组别、级别应符合设计要求。实际施工中存在虽然到货是防爆设备，但类别、型式、级别、组别的一项或多项与设计不符的现象，如粉尘爆炸危险区域的到货电气设备是气体爆炸危险区域的。

③ 在设备铭牌上应标明有效的防爆合格证号。我国防爆合格证的有效期为 5 年，现场检查时除注意有无防爆合格证外，还应注意其有效期，检验方法是：防爆合格证采用 6 位数字编号，其中，前两位数字为年份，后 4 位数字为顺序号，它们之间用"."隔开。

（2）按照 SH 3552 对防爆电气设备进行外观目测检查应合格。

（3）不同型式爆炸危险环境电气设备安装应符合下列要求：

① 隔爆型电气设备应符合 SH 3552 的规定。

② 增安型和"n"型电气设备应符合 SH 3552 和 GB 50257 的规定。

③ 正压外壳型"p"电气设备应符合 GB 50257 的规定。

④ 油浸型"o"电气设备应符合 SH 3552 的规定。

⑤ 本质安全型"i"电气设备(即安全火花型电气设备)应符合 SH 3552 的规定。

（4）爆炸性粉尘环境电气设备安装应符合 SH 3552 的规定。

（5）国外引进的爆炸危险环境电气设备安装应符合 SH 3552 的规定。有些进口的爆炸危险环境电气设备电缆引入装置的螺纹与国内常用的电缆引入装置的螺纹不相匹配而无法连接，这种情况应加装过渡螺纹短管。

二、爆炸危险环境电气线路

爆炸危险环境的电气线路敷设方式应符合设计要求，主要线路敷设路径也应由设计决定，分支线路敷设路径可由施工单位按照 GB 50257 原则自行决定。

（1）电缆和绝缘导线的敷设和隔离封堵应符合 GB 50257 和 SH 3552 的规定。注意各种防爆箱(盒)进线孔的密封性。

（2）钢管配线应符合 SH 3552 和 GB 50257 的规定。防爆挠性连接管与电动机接线盒连接时，3 度和螺纹尺寸宜根据实际需要定制加工，如 NPT 螺纹、公制螺纹等，标注螺纹规格时应注明内外螺纹。

（3）本质安全电路与关联电路的施工应符合 GB 50257 的规定。

第十二节　电气、电信工程调试

电气、电信工程调试的主要目的是检查安装质量，同时也可发现制造厂设备、材料出厂时带来的错误或缺陷。一部分调试工作在分部分项安装过程中即应开展，大多数的调试工作是在安装完成之后进行。电气、电信工程调试技术质量要求主要执行 GB 50150，配套执行 SH 3552、SH/T 3563。

一、一般规定

电气、电信工程调试前，应从"人、机、料、法、环"各个方面做好准备工作。电气设备交接试验的试验项目和试验标准应符合 GB 50150 和 SH 3552—2013 的相关要求。调试应填写试验记录，执行 SH/T 3503 和 SH/T 3543 的相关规定。

（1）调试前应研究图纸资料、制造厂的出厂试验报告和相关技术资料，了解现场设备的布置情况，熟悉有关的电气、电信系统接线等，并制定设备的调试方案。

（2）试验用设备和计量器具应符合 SH 3552 的规定。

（3）现场试验条件和试验过程及试验报告应符合 SH 3552 的规定。

（4）电信设备的检测和记录应符合 SH/T 3563 的相关要求。

二、一次设备试验作业

一次设备是指发、输、配电的主系统上所使用的设备，如发电机、变压器、断路器、隔离开关、母线、电力电缆、电动机、变频器等。按照 SH 3552 的规定进行下列作业：

（1）测量绝缘电阻。

（2）测量直流电阻，强调引线与试品接触的可靠性对测量结果有较大影响。

（3）直流耐压及直流泄漏电流试验，强调泄漏电流读数异常的原因与多方面的因素有关，不能简单判断为设备问题，应仔细排查。

（4）测量介质损失角正切值 $\tan\delta$。

（5）工频交流耐压试验。

（6）绝缘油电气强度试验，强调及早开展绝缘油强度试验的必要性。

（7）测量绝缘油介质损耗正切值 $\tan\delta$。

三、二次设备试验作业

二次设备是指对一次设备的工作进行控制、保护、监察和测量的设备，如测量仪表、继电器、操作开关、按钮、自动控制设备、计算机、信号设备、控制电缆以及提供这些设备能源的一些供电装置（如蓄电池、整流器等）。二次设备及回路的试验主要执行 SH 3552 的相关要求，参照执行 DL/T 995 的相关要求。

二次回路检验、屏柜控制保护装置检验、整定值的整定及检验、纵联保护通道检验、操作箱检验、整组试验、厂站自动化系统、继电保护及故障信息管理系统的配合检验、采用一次电流及工作电压的检验等，SH 3552 都有相应要求。

四、电信系统调试

电信各系统的检测包括主要检测性能和系统功能，应符合制造厂和建设单位的要求。电信系统的工程实施和质量控制及系统检测的内容可参照 SH T 3563—2017 附录 A 电信系统工程检测项目表。

第十一章　仪表工程

石油化工工程中的仪表工程是实现装置智能化与自动化十分重要的一个环节，其工程质量对石油化工装置的安全运行方面具有至关重要的影响。主要施工内容包括取源部件安装、仪表设备安装、仪表线路安装、仪表管道安装、脱脂、防爆和接地、仪表防护、仪表试验。仪表工程与其他各专业具有很强的相关性，需要各专业相互配合。

第一节　法律法规标准

仪表工程常用的相关法律、法规、标准见表 2-11-1。

表 2-11-1　仪表工程常用相关法律、法规、标准

序号	法规、标准名称	标准代号	备注
1	石油化工有毒、可燃介质管道工程施工及验收规范	SH/T 3501—2011	
2	石油化工阀门检验与管理规范	SH/T 3518—2013	
3	石油化工建设工程项目施工过程技术文件规定	SH/T 3543—2017	
4	石油化工仪表工程施工质量验收规范	SH/T 3551—2013	
5	自动化仪表工程施工及质量验收规范	GB 50093—2013	
6	电气装置安装工程电缆线路施工及验收规范	GB 50168—2018	
7	电气装置安装工程爆炸和火灾危险环境电气装置施工及验收规范	GB 50257—2014	
8	建筑电气工程施工质量验收规范	GB 50303—2015	
9	石油化工金属管道工程施工质量验收规范	GB 50517—2011	

第二节　施工准备

施工准备包括技术准备、现场准备、人员机具准备、设备和材料的检验和保管等。通用的技术准备内容参见本指南第一篇第三章，仪表工程需要重点关注图纸核查、设计交底、施工方案编制、技术交底、设备和材料的检验与保管。

一、图纸核查

仪表工程的施工应按已批准的设计文件进行，施工前应组织图纸核查工作，并进行记录。

（1）图纸核查是由专业施工技术人员进行，核查的目的是避免出现规范性的错误，保证

180

图纸内容满足施工需求。

（2）图纸核查主要包括下列内容：

① 检查设计文件的完整情况。

② 核查流程图、系统图、回路图、平面布置图、仪表索引表、安装图等在相应的仪表位号、型号、规格、材质和位置等方面的一致性。

③ 核查系统原理图与接线图的一致性。

④ 核对仪表材料表中开列的材料数量。

⑤ 核查设计漏项。

（3）专业间图纸核查是由施工单位技术负责人组织本单位具有一定的专业技术水平和现场施工经验的施工技术人员，对设计图纸进行核查。核查的目的是检查各个专业图纸之间在设计上有无冲突，是否满足规范要求。

（4）专业间图纸核查主要包括下列内容：

① 核查仪表专业提出的盘柜基础、预埋件、预留孔等在土建设计图中的相应位置、尺寸、数量上的符合性。

② 核查仪表设备和取源部件在设备图、管道图中相应位号的型号、规格、材质、位置上的符合性。

③ 核查仪表设备、仪表管道、仪表线路的安装位置与有关专业设施在空间布置上的合理性。

④ 核查仪表控制系统相互之间，仪表专业与电气专业之间在供电、接地、联锁、信号等相关设计要求的一致性和连接的正确性。

（5）图纸核查应注意以下几个方面：

① 完整性检查。对照设计文件目录核对图纸有无缺漏，并根据施工工序检查相关图纸是否齐全。

② 突出重点检查图纸的合法性、功能性和完整性。

③ 先粗后细地审核平面图。平面图涉及仪表主槽盒走向、仪表设备位置等，便于对整个工程有一定的理解。

④ 系统地进行审图。全面核查平面图、系统图、安装图、接线图、材料表，核对型号、规格和数量，从现场到控制室，从现场一次仪表到接线箱，再到仪表控制室，核对电缆的进线方式、方法等。

⑤ 先本专业后审核其他相关专业。仪表专业的线路走向、布置，要与工艺平面图相结合进行审图，一次仪表的安装要结合工艺单线图和设备轴测图进行审核，审图还要结合土建专业的预留件、预埋件，电气专业的联锁等进行图纸核对，做到专业衔接无误。

（6）先一般后特殊。先审核常规仪表施工部分，后审核特殊仪表部分。

（7）图纸核查完成后，施工单位应将检查出的问题填入 SH/T 3543-G110"施工图核查记录表"。

二、施工方案

（1）仪表工程应单独编制施工方案。

（2）对复杂、关键的安装和试验工作应编制专项施工技术方案，通常仪表专业需要编制的专项方案有放射性仪表安装施工方案、综合控制系统安装和调试方案。

三、技术交底

（1）仪表工程施工前，专业技术负责人应对施工人员进行技术交底。技术交底是强化施工技术方案的有效工作，根据不同的作业内容，有针对性地对作业人员开展交底活动。

（2）技术交底应具有针对性和指导性，要根据施工项目的特点、技术要求、质量标准、安全要求等情况确定具体的施工方法。

四、设备、材料的验收和保管

（1）施工前对设备、材料的验收属于施工准备工作范畴，应根据图纸和到货清单核对到货设备、材料的规格、数量、连接方式、电气接口等参数是否与仪表规格书、仪表材料表以及到货清单等相关文件中的要求相一致。

（2）对于设计压力大于或等于10MPa的铬钼合金钢螺柱和螺母，应按照SH/T 3551的要求，每批抽检5%，且不少于10件进行光谱分析，并做好相应的标识，出具相应的报告文件。

（3）对于含镍低温钢、含钼奥氏体不锈钢管道组成件，应按照SH/T 3501进行主要合金元素含量验证性检验，每批抽检10%，且不少于1件进行光谱分析，并做好相应的标识，出具相应的报告文件。

（4）仪表设备和材料的开箱检查应根据GB 50093的要求进行，包装和密封应良好；型号、规格、材质、数量与设计文件的规定应一致，并应无残损、无短缺；铭牌标志、附件、备件应齐全；产品的技术文件和质量证明书应齐全。

（5）安装在爆炸危险环境的仪表、仪表线路及材料，应按照GB 50093的要求进行设备和材料验收：其规格、型号应符合设计文件规定，防爆设备应有铭牌和防爆标识，并应在铭牌上标明国家授权的机构颁发的防爆合格证编号。对用在防爆工程上的仪表和材料的质量要求，是仪表安装工程质量的基本保证，不符合防爆要求的仪表在使用过程中易发生爆炸或火灾等安全事故。

（6）仪表设备及材料验收后，应按要求的保管条件进行保管，标识应明显清晰，保管应按照GB 50093进行，材质为不锈钢和有色金属的材料不得与碳素钢接触。

第三节　取源部件安装施工

仪表工程中的取源部件安装应由设备和管道专业根据设计文件进行，仪表专业配合进行安装，配合工作主要是核对取源部件的安装位置、方向、直管段长度等应满足仪表安装的要求。

一、施工工艺流程

在取源部件的安装施工过程中，仪表专业主要负责取源部件的检查和安装的配合工作，主要工序见图2-11-1。

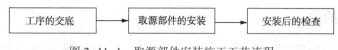

图 2-11-1 取源部件安装施工工艺流程

二、工序的交底

取源部件的安装工作虽然由管道、设备专业来实施，但安装质量对仪表的测量结果会产生重大影响，所以在安装前仪表技术人员应和管道、设备技术人员一起对安装人员进行取源部件的安装位置、朝向以及直管段预留的技术交底工作。

三、取源部件的安装

（1）在设备或管道上安装的取源部件的开孔，应按照 GB 50093 的要求在设备或管道的防腐、衬里和压力试验前进行。因为当设备和管道防腐、衬里完毕后，在其上开孔及焊接取源部件，会破坏防腐或衬里。同时，在压力试验后再开孔或焊接必然将铁屑、焊渣落入设备或管道内，且未经试压的管道焊缝存在不合格的风险，直接影响装置的安全运行。

（2）温度取源部件安装应符合 SH/T 3551 的规定。取源部件在管道拐弯处安装时、与管道呈倾斜角安装时、与管道相互垂直安装时，应对其安装质量进行检查。同时，对温度取源部件的插入深度应进行重点检查。

（3）节流装置最短直管段长度的要求，应符合 GB 50093—2013 附录 B 的规定。

（4）对于压力取源部件的安装，应按照 SH/T 3551 的规定进行。

（5）压力取源部件的方位，应根据管道内介质的状态，依据 GB 50093 来确定。

① 对于测量气体介质的压力取源部件，为了使气体内少量的凝结液不流入到仪表测量管道内，取压点方向应满足 SH/T 3551 的要求，一般取垂直向上位置；

② 对于测量液体介质的压力取源部件，为了使液体里面析出的少量气体不进入到仪表测量管道内，取压点方向应满足 SH/T 3551 的要求，一般取水平位置；

③ 对于测量蒸汽介质的压力取源部件，为了保持测量管道内有稳定的冷凝液，防止工艺管道底部的固体杂质进入到测量管道，取压点的方向应满足 SH/T 3551 的要求，一般取垂直向上位置或水平位置。

（6）流量取源部件的安装应要满足 GB 50093 中关于直管段的规定。

（7）节流装置的安装方向，应根据管道内介质的状态，依据 SH/T 3551 来确定。对于测量气体介质的压力取源部件，为了使气体内少量的凝结液不流入到仪表测量管道内，取压点方向应满足 SH/T 3551 的要求，一般取 45°向上或垂直向上位置；对于测量液体介质的压力取源部件，为了使液体里面析出的少量气体不进入到仪表测量管道内，取压点方向应满足 SH/T 3551 的要求，一般取 45°向下位置；对于测量蒸汽介质的压力取源部件，为了保持测量管道内有稳定的冷凝液，防止工艺管道底部的固体杂质进入到测量管道，取压点的方向应满足 SH/T 3551 的要求，一般取 45°向上位置。

（8）双室平衡容器是用差压法原理来测量液位的，应确保正、负压室的严密性，安装应符合 GB 50093 的要求以及 SH/T 3551 关于垂直度的要求。

（9）分析取源部件的安装应符合 SH/T 3551 的仰角要求，主要是为了防止采样介质带有水分和固体杂质，影响测量精度。

四、安装后的检查

（1）取源部件的安装位置、方向以及直管段等关键参数应满足 GB 50093 的要求。

（2）取源部件的焊接检查应按照 GB 50517 的规定进行。

第四节　仪表线路安装施工

仪表工程中的线路安装包括支架除锈与防腐、支架制作与安装、电缆槽盒安装、电缆保护管安装、电缆敷设以及电缆接线。

一、施工工艺流程

仪表线路安装施工工艺流程见图 2-11-2。

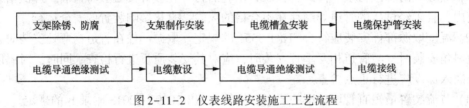

图 2-11-2　仪表线路安装施工工艺流程

二、支架除锈、防腐

仪表支架的防腐应符合 SH/T 3551 的规定。

三、支架制作安装

（1）支架安装应执行 GB 50093 的规定。

（2）线路支架的间距应执行 SH/T 3551 的规定，对于伸缩缝两侧也要设置支架，支架设置位置一般为离伸缩缝 1m 以内。

（3）明敷电缆的支架间距应满足 SH/T 3551 的规定，垂直段支架间距宜为 1.2m。

四、电缆槽盒安装

（1）电缆槽盒热膨胀措施应执行 GB 50093 的规定，钢制桥架的直线长度大于 30m 时，应采取热膨胀措施。

（2）考虑到电缆在电缆槽盒内的敷设厚度，保护管与槽盒的连接应按照 SH 3551 的要求在电缆槽盒侧面高度 2/3 以上引出。

（3）电缆槽盒排水孔的设置应符合 SH/T 3551 的要求。

（4）电缆槽盒内的支架应按照 GB 50093 进行设置。

（5）电缆槽盒的严密性应符合 GB 50093 的要求。

五、电缆保护管安装

（1）为了保证顺利地将电缆穿入电缆导管内，不损伤电缆，保护管的冷弯应执行 SH/T 3551 的规定。

（2）为了有利于穿线、维修和防止导线受到损伤，当保护管直线长度超过 30m 或弯曲角度总和超过 270°时，应按照 SH/T 3551 的要求加装穿线盒。

（3）保护管与保护管之间的连接应满足 GB 50093 的要求。保护管与设备连接时，为了防止雨水进入仪表设备，应低于设备进线口约 250mm，连接应满足 GB 50093 的要求。同时保护管的防潮应执行 GB 50093 的规定。

（4）保护管埋墙敷设时，应满足 GB 50093 要求的埋入深度，保护管埋地敷设时应满足 SH/T 3551 的规定。

（5）出地面的保护管高出地面的距离应满足 GB 50093 的规定。

（6）当电缆穿过墙壁时，为了保护电缆，应在墙内埋入一段保护套管或防护罩。为土建施工的方便，保护套管或保护罩伸出墙面的长度应符合 GB 50093 的要求，不应大于 30mm。

（7）保护管穿楼板时，应加保护套管；穿钢平台或格栅板时，宜采用焊接扁钢进行防护。

（8）保护管从电缆槽盒引出时，内外均需要安装锁紧螺母。

六、电缆导通绝缘测试

（1）测量电缆的绝缘电阻时，应按照 GB 50093 的规定，将已连接上的仪表设备及部件断开。断开的目的是为了防止在测量电缆绝缘电阻时，仪表和部件受到损伤。

（2）电缆敷设前应进行外观和导通检查，检查应根据 SH/T 3551 进行。

七、电缆敷设

（1）仪表弱电线路的安装和验收，应执行 GB 50093 和 SH/T 3551 的相关要求。涉及仪表供电线路的安装，应执行 GB 50168 的相关规定。涉及建筑物内的供电线路的安装，应执行 GB 50303 的相关规定。爆炸区域的线路敷设还应满足 GB 50257 的相关要求。

（2）当线路周围环境温度超过 65℃时，应根据 GB 50093 的要求采取隔热措施。当线路附近有火源时，应采取防火措施。目的是为了保证线路在运行过程中的安全，避免因环境影响而损坏线路。

（3）电缆敷设作业前，应进行环境温度检查、敷设条件检查（包括电缆的检查、路径贯通和安装质量的检查）、电缆表与现场实际的核实，环境温度应符合 GB 50093 的规定。

（4）电力电缆的弯曲半径应符合 GB 50168 的规定，控制电缆的弯曲半径不应小于其外径的 10 倍。

（5）线路进入室内时，应有防水和封堵措施，进入盘、柜、箱时应执行 GB 50093 的规定。

（6）为了避免线路受损伤，线路经过建筑物的伸缩缝和沉降缝处应留出补偿余度。

（7）为了减少各种不同信号、不同电压等级线路的相互干扰，应按照 SH/T 3551 的要求进行隔离。

（8）直埋电缆的敷设应执行 SH/T 3551 的规定。

（9）补偿导线的外包绝缘层较电缆要简单得多，因此容易遭受机械损伤，敷设时应执行 GB 50093 的相关要求。

（10）光缆敷设前应按照 GB 50093 进行外观检查和光纤导通检查。

（11）本安电缆和非本安电缆应按照 GB 50093 的要求分开进行敷设。

八、电缆接线

（1）现场仪表的接线和屏蔽的处理应按照 GB 50093 进行。

（2）电缆中间接头的处理应执行 GB 50093 的要求。

（3）总线电缆的内护层尽可能靠近接线终端处进行剥离。

九、线路防爆

（1）电缆进入防爆仪表和电气设备时，应根据 GB 50093 的要求，采用防爆密封圈密封或用密封填料进行封固，外壳上多余的孔应做防爆密封，弹性密封圈的一个孔应密封一根电缆。这是防止爆炸危险环境的气体顺着未密封的电缆芯线周围的空隙进入仪表箱、接线箱和仪表设备的内部发生爆炸或火灾事故。

（2）当电缆桥架或电缆沟道通过不同等级爆炸危险区域的分隔间壁时，应根据 GB 50093 的要求，在分隔间壁处做充填密封。其目的是使爆炸性混合物或火焰隔离断开，以防止其扩散到其他部分或其他区域。

（3）当电缆导管穿过不同等级爆炸危险区域的分隔间壁时，应根据 GB 50093 的要求做充填密封。目的是防止爆炸危险环境里面的气体扩散到其他部分或其他区域。

（4）本质安全型仪表及本质安全关联设备，应按照 GB 50093 的要求，有国家授权的机构颁发的产品防爆合格证，其型号、规格的替代应经原设计单位确认。本质安全电路的分支接线应设在增安型防爆接线箱（盒）内，因为在操作和运行的过程中，本质安全和非本质安全电路系统的导电部分互相接触，会造成能量混触。

（5）当对爆炸危险区域的线路进行连接时，应按照 GB 50093 的要求进行。

（6）用于火灾危险环境的箱、盒等，应根据 GB 50093 的要求，采用金属或阻燃材料制品，电缆和电缆桥架应采用阻燃材料制品。

第五节　仪表管道安装施工

仪表工程中的管道安装包括材料的检查、支架的除锈和防腐、支架的预制安装、测量管道安装、气动信号管道安装、气源管道安装、伴热管道安装、吹扫、压力试验及气密性试验。

一、施工工艺流程

仪表管道安装施工工艺流程见图 2-11-3。

二、管道组成件验收

（1）管道组成件在安装前应对其进行外观的检查，并符合 SH/T 3551 的要求。

（2）其他管道组成件的检查和验收应执行 GB 50517 的规定。

（3）仪表管道阀门的试压比例应符合 SH/T 3518 的要求。

三、支架除锈防腐和安装

（1）仪表管道支架的制作与安装应符合 GB 50093 的规定，支架的间距应符合 GB 50093 的要求。

（2）为避免不锈钢管被渗碳，影响使用寿命，不锈钢管与碳钢支架之间应根据 SH/T 3551 的规定进行隔离。可根据需要选用不锈钢、PVC 等摩擦系数小、不含碳素的材料或柔性材料，现场一般采用铝箔纸或电缆皮进行隔离。

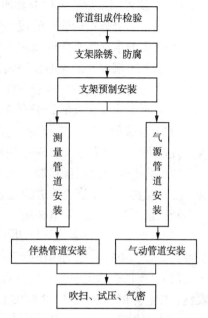

图 2-11-3　仪表管道安装施工工艺流程

（3）仪表管道应按照 GB 50093 的要求，采用管卡固定。对于在机组附近等振动较大的场所，管道与支架间有可能产生相对运动，通过加软垫来减缓因相对运动引起的损伤。

四、测量管道安装

（1）输送有毒和可燃介质的测量管道的施工及验收应执行 SH/T 3501 的相关规定。

（2）为了防止管内发生液塞和气塞，仪表测量管道的水平敷设应有合适的坡度。SH/T 3551要求是 1∶10~1∶12，GB 50093 要求是 1∶10~1∶100，石油化工工程应执行 SH/T 3551 较严的要求。

（3）测量管道敷设长度宜尽可能地短。敷设长度应满足 SH/T 3551 的规定。

（4）测量管道的焊接宜采用氩弧焊。

（5）安装在垂直管道上的孔板，测量管道的取压方式应符合 SH/T 3551 的规定。

（6）所有仪表测量管道均应按工艺焊接评定要求施焊。高压、耐腐蚀特殊合金钢测量管道的焊接要求更高，应按照 SH/T 3551 的要求施焊，并宜委托工艺管道专业人员进行。

（7）仪表管道焊接时，应将仪表设备与管道连接处临时拆开，防止焊接电流通过仪表设备金属体、连接螺纹、阀门阀芯、金属密封垫等处，这些部件通过焊接电流时会造成仪表设备的电路部分、管道附件的螺纹或阀芯、密封垫的密封面等发生电焊击伤，或因焊接过程因热传导损伤仪表设备。焊接时应按照 GB 50093 的要求，不得损伤仪表设备。

（8）低温金属管道投运时容易发生负向热膨胀，即冷缩现象，应按照 GB 50093 的要求，采取膨胀补偿措施。测量管道与高温工艺管道或设备连接时应采取热膨胀补偿措施。

（9）目前在用仪表规范没有仪表测量管道卡套连接方式的相关质量要求。为了保证卡套接头和不锈钢管相匹配，应保证管道与接头为同一厂家产品，且规格型号完全符合设计要求。

（10）仪表测量管道采用卡套连接方式时，施工质量应达到如下要求：

① 用于卡套连接的管子的规格型号应符合卡套接头的连接工艺要求。

② 管子与卡套接头之间无应力。

③ 管子末端应光滑无明显缺陷，切口断面应平整。

④ 卡套安装完成后，卡套方向、位置顺序应正确，卡套应无轴向滑动。

⑤ 靠近卡套接头处的管子有直角弯时，管子应有足够长的直管段。

（11）仪表管道埋地敷设时，应根据 GB 50093 的要求，经试压合格和防腐处理后再埋入。直接埋地的管道连接时应采用焊接，并应在穿过道路、沟道及进出地面处设置保护套管。埋地管道若未经试压检验，当发生渗漏时不易被发现。在穿过道路、沟道处理设保护管，主要是为了便于仪表管道的检维修，进出地面处加装保护套管可减弱其周围回填土沉降等不利因素引起的仪表管道破坏。

（12）低温管及合金管下料切断后，应根据 GB 50093 的要求移植原有标识。薄壁管、低温管及钛管，不得使用钢印作标识。

（13）当仪表管道引入安装在有爆炸和火灾危险、有毒、有害及有腐蚀性物质环境的仪表盘、柜、箱时，应按照 GB 50093 的要求，采取密封及隔离措施，目的是防止爆炸和火灾危险环境的危险气体进入盘柜箱内部，产生危险和造成仪表故障。

五、气源管道安装

（1）气源管道的管径选择应根据设计图纸进行，当设计未做规定时可根据 SH/T 3551 中的供气系统配管管径选取范围表进行选用。

（2）气源管道应根据 SH/T 3551 的要求采用螺纹连接，拐弯处应采用弯头，且连接处应密封。缠绕密封带或涂抹密封胶时，不应使其进入管内。

（3）为了检修拆卸方便，气源管道安装一般每隔 20~30m 安装一个活接头。

六、气动管道安装

气动管道的安装应按照 GB 50093 的要求进行，当需要做中间连接时，宜采用卡套式中间接头。

七、伴热管道安装

（1）伴热管道通过液位计、测量管道的阀门、冷凝器、隔离器等附件时，应根据 GB 50093 的要求，加装活接头。加装活接头的目的是易于拆卸伴热管路，方便对液位计、测量管道的阀门、冷凝器、隔离器等附件进行检维修。

（2）现场伴热采用重伴热还是轻伴热，应根据设计文件确定。当采用轻伴热时，伴热管道与仪表管道不应直接接触，应进行隔离。

八、吹扫、压力试验及气密性试验

（1）气源管道安装完成后，应按照 GB 50093 进行吹扫，气压试验应符合 SH/T 3551 的规定。

（2）测量管道安装完成后，应按照 SH/T 3551 进行试压。气密性试验应按照 SH/T 3551

的要求随工艺管道一起进行试验，并应及时填写试验记录。

（3）伴热管道安装完成后，应进行水压试验，试验压力应按照 SH/T 3551 的要求进行。

（4）测量和输送易燃易爆、有毒、有害介质的仪表管道，应根据 GB 50093 的要求进行管道压力试验和泄漏性试验。

第六节　仪表设备安装施工

仪表工程中的仪表设备安装包括仪表盘、柜、箱安装，温度检测仪表安装，压力检测仪表安装，流量检测仪表安装，物位检测仪表安装，分析仪表安装，轴系仪表安装以及控制阀安装等。

一、施工工艺流程

仪表设备安装施工工艺流程见图 2-11-4。

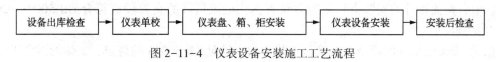

图 2-11-4　仪表设备安装施工工艺流程

二、设备出库检查

设备出库检查参见本章第二节"施工准备"，需要强调的是技术人员、材料人员均应参与设备的出库检查，技术人员主要负责核对到货设备的技术参数是否与仪表规格书一致。

三、仪表单校

仪表单校参见本章第七节"仪表试验施工"。

四、仪表盘、箱、柜安装

（1）控制室内的仪表盘、柜、箱的安装，应执行 SH/T 3551 的相关要求。

（2）室外的仪表盘、柜、箱的安装，应执行 SH/T 3551 的相关要求。

（3）仪表盘柜安装的偏差应符合 GB 50093 的规定，仪表盘、柜、操作台的型钢底座应在地面二次抹面前安装完毕，其上表面宜高出地面（包括防静电地板）3~5mm 或齐平，安装固定应牢固。

（4）仪表盘柜的固定应符合 SH/T 3551 的规定。仪表盘柜的绝缘应经设计确认，盘柜固定时不得采用电焊。

（5）单个仪表盘柜安装的水平度和垂直度应符合 SH/T 3551 的规定，成排仪表盘柜的安装应符合 SH/T 3551 的规定。

（6）成排接线箱的安装宜以接线箱顶标高齐平进行安装。

五、仪表设备安装

（1）仪表设备安装的位置和高度应满足 GB 50093 的规定。仪表安装图中的位置为示意位置，安装时应根据现场实际情况进行确定。

（2）仪表安装前应按设计文件核对仪表设备的位号、型号、规格、材质和附件，同时还应核对设备和管道上的管嘴、法兰、一次阀等，应与仪表安装的规格、大小相一致。

（3）通常被测介质为氧气的仪表需要进行脱脂，脱脂的相关要求参见 GB 50093。

（4）为避免吹扫管道时损坏仪表元件，在吹扫前应按照 GB 50093 的要求进行，在无旁路管道时，要先拆下仪表，或采用短管代替，管道吹扫完成后再安装仪表。

（5）带毛细管的仪表设备安装时，应符合 GB 50093 的要求，因为毛细管内充满了硅油，一旦破裂，硅油将会泄漏，从而导致仪表损坏，所以设备安装前应采取保护毛细管的措施。

（6）总线仪表的安装应符合 GB 50093 的规定，对于每条总线上的仪表数量和总线的最大距离应按照设计文件执行，当设计文件未具体明确时，可参照随机技术文件进行。

（7）测温元件水平安装时，因重力或设备内高温的原因，会引起一定程度的变形弯曲。安装前应仔细确认并应符合 GB 50093 的规定。

（8）节流件应按照 GB 50093 的要求，在管道吹洗后安装。目的是为防止节流件在管道吹洗过程中受到损伤。

（9）各类流量计的安装由管道专业负责，孔板流量计的直管段应符合 GB 50093—2013 附录 B 的规定。

（10）音叉液位计的两个平行叉板安装方向应满足 GB 50093 的规定，叉体的两个平行叉板与地面垂直，是为了保证物料能容易地从叉板之间流出。

（11）轴系仪表的安装应符合 GB 50093 的规定，需要强调的是探头、同轴电缆和放大器要匹配，不能混用。

（12）控制阀的安装由管道专业负责，仪表专业配合安装。

（13）核辐射式仪表安装前应按照 GB 50093 的要求编制专项施工方案，方案内容要涵盖对运输、安装人员、特殊工具、方法的要求和采取的防护措施等。

（14）安装过程中的安全防护措施应符合国家现行有关放射性同位素卫生防护标准的规定。同时，安装现场应有明显的警戒标识。

六、仪表设备安装防护

（1）在整个施工过程中，应对现场已安装的仪表设备进行防护，对于可能受到电焊火星污损的设备应采用防火布进行遮盖。

（2）对于带毛细管类的仪表设备，除了采用角钢进行防护，还应采用电缆皮对毛细管进行包裹，避免毛细管被损坏。

（3）对于已安装在控制室内，但还未上电的盘柜，应进行防护，主要是防止灰尘进入仪表机柜内。

第七节　仪表试验施工

仪表工程中的仪表试验包括仪表单体调试和仪表回路联校。

一、施工工艺流程

仪表试验施工工艺流程见图 2-11-5。

图 2-11-5　仪表试验施工工艺流程

二、建立调试实验室

仪表实验室温度、湿度以及环境应符合 GB 50093 的规定，一般仪表的试验室应根据现场条件进行设置，可以利用永久建筑设施或采用集装箱。

三、仪表单体调试

仪表单体调试是对仪表设备在安装和使用前的检查、校准和试验，目的是发现仪表设备的质量问题以及运输、储存中产生的损坏和缺陷。它不同于仪表的计量检定，计量检定是对计量器具性能全面性评定，需检定的仪表按照相关法规的要求和合同规定，委托具有检定资质资格的单位进行检定，所以要区别对待。

（1）仪表单体调试应按照 GB 50093 进行单台仪表校准和试验。

（2）双金属温度计、压力式温度计的单校应按照 GB 50093 进行示值校验，校验点不应少于两点，若有一点不合格，则应做不合格处理。现场校验时可采用二种方式进行，第一种方式是采用专用的校验设备(干井炉)进行；第二种方式是在常态条件下采用简便方法进行，一点可以是室温，另一点是沸点进行校验。

（3）热电偶、热电阻的单体调试应按照 SH/T 3551 的要求进行，检测可在常温下对元件进行通、断和绝缘检测，不必进行热电性能试验，但应对其鉴定合格证明的有效性进行验证。对于测量重要部位的热电阻、热电偶(例如炉区测温仪表)应根据建设单位的要求采用校验设备进行校验。

（4）流量仪表的单体调试应按照 GB 50093 的要求，对出厂合格证和校验合格报告进行验证，可不进行现场流量标定，但要做现场通电检查。

（5）禁油和脱脂的仪表在校准和试验时，应按照 GB 50093 的要求，对校准仪器仪表和仪表设备进行脱脂。

（6）随机仪表的单体调试应按照合同执行。

四、仪表回路调试

回路试验是对仪表性能、仪表管道和仪表线路连接正确性的全面试验，其目的在于对仪表和控制系统的设计质量、设备材料质量和安装质量进行全面检查，确认仪表工程质量符合生产运行的要求。

（1）仪表工程在系统投用前应按照 GB 50093 的要求进行回路试验。

（2）系统试验是仪表施工的最后一道工序，对仪表投用至关重要，建设单位的相关人员应全程参与其中并确认。

(3) 报警系统试验应按照 GB 50093 的要求进行。

五、综合控制系统试验

综合控制系统试验指的是分散控制系统(DCS)、可编程序控制器(PLC)、安全仪表系统(SIS)、现场总线系统(FCS)以及数据采集与监视控制系统(SCADA)等系统试验，综合控制系统试验应按照 GB 50093 的相关要求进行。

第八节　仪表接地施工

仪表工程中的仪表接地通常包括保护接地、工作接地(仪表信号回路接地、本质安全系统接地、屏蔽接地)、防静电接地等。

一、施工工艺流程

仪表接地施工工艺流程见图 2-11-6。

图 2-11-6　仪表接地施工工艺流程

二、接地线的敷设

仪表接地线的敷设应按照 SH/T 3551 的要求进行。

三、接地线的连接

(1) 仪表保护接地应按照 GB 50093 的要求接到电气设备的保护接地网上，连接应可靠，不应串接。

(2) 仪表接地线的连接应符合 GB 50093 的要求，采用铜芯绝缘电线或电缆，并用镀锌螺栓进行固定。

四、屏蔽电缆接地

(1) 仪表电缆屏蔽在控制室端和中间接线箱端的接地应符合 SH/T 3551 的规定。

(2) 仪表电缆屏蔽在设备端的接地应符合 SH/T 3551 的规定。

(3) 中间接线箱内主电缆的分屏蔽层与二次电缆屏蔽层的连接，应一一对接，不能混接，并应符合 GB 50093 的规定。

五、仪表系统接地

(1) 仪表设备本体的接地应符合 SH/T 3551 的规定。

(2) 仪表信号回路的接地点应符合 GB 50093 的规定。

（3）仪表及控制系统的工作接地、保护接地应共用接地装置。仪表盘、柜、箱内各回路的各类接地与接地干线和接地极的连接，应符合 GB 50093 的规定。常见的接地方式见图 2-11-7。

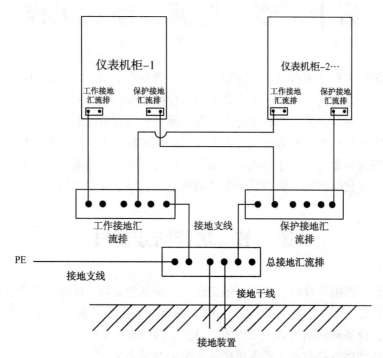

图 2-11-7　控制系统接地方式

（4）供电电压高于 36V 的现场仪表的外壳、仪表盘、柜、箱、支架、底座等正常不带电的金属部分应按照 GB 50093 的规定做保护接地。

第十二章 防腐、防火工程

石油化工防腐工程分为石油化工钢制设备、管道及钢结构防腐工程和钢质石油储罐防腐工程，包括设备和管道防腐工程、钢质管道阴极保护工程、钢结构防腐工程、设备管道钢结构表面色和标志工程、钢质石油储罐防腐工程、油气长输管道防腐工程等。

石油化工防火保护工程分为建筑物防火保护、构筑物防火保护工程，包括设备裙座、支腿、钢结构、钢管混凝土柱、压型钢板、混凝土组合楼板、钢与混凝土组合梁等组合结构的防火保护工程，不包括内置型钢混凝土组合结构。

第一节 法律法规标准

项目开工前，根据设计技术文件、施工合同，筛选制定项目防腐、设备、钢结构防火工程施工所需的有效国家、行业标准目录。根据专业施工技术方案的需要，列入部分技术标准，作为防腐、设备和钢结构防火工程施工及验收的标准依据。

防腐、设备和钢结构防火工程常用法律法规标准见表 2-12-1。

表 2-12-1 防腐、防火工程常用法律法规标准

序号	法规、标准名称	标准编号	备注
1	石油化工设备管道钢结构表面色和标志规定	SH/T 3043—2014	
2	石油化工涂料防腐蚀工程施工质量验收规范	SH/T 3548—2011	正在修订
3	石油化工钢结构防腐蚀涂料应用技术规程	SH/T 3603—2009	正在修订
4	石油化工涂料防腐蚀工程施工技术规程	SH/T 3606—2011	拟转企标
5	石油化工钢结构防火保护技术规范	SH 3137—2013	正在修订
6	石油化工安装工程施工质量验收统一标准	SH/T 3508—2011	
7	石油化工建设工程项目交工技术文件规定	SH/T 3503—2017	
8	石油化工建设工程项目施工过程技术文件规定	SH/T 3543—2017	
9	石油化工建设工程项目施工技术文件编制规范	SH/T 3550—2012	
10	石油化工建设工程项目竣工验收规定	SH/T 3904—2014	
11	安全色	GB 2893—2008	
12	安全标志及其使用导则	GB 2894—2008	
13	漆膜颜色标准	GB/T 3181—2008	
14	涂覆涂料前钢材表面处理表面清洁度的目视评定第 1 部分：未涂覆过的钢材表面和全面清除原有涂层后的钢材表	GB/T 8923.1—2011	
15	热喷涂金属及其他无机覆盖层锌、铝及其合金	GB/T 9793—2012	

续表

序号	法规、标准名称	标准编号	备注
16	涂覆涂料前钢材表面处理喷射清理后的钢材表面粗糙度特性第2部分：磨料喷射清理后钢材表面粗糙度等级的测定方法比较样块法	GB/T 13288.2—2011	
17	消防安全标志第一部分：标志	GB 13495.1—2015	
18	涂覆涂料前钢材表面处理表面清洁度的评定试验第3部分：涂覆涂料前钢材表面的灰尘评定(压敏粘带法)	GB/T 18570.3—2005	
19	钢制管道外腐蚀控制规范	GB/T 21447—2018	
20	埋地钢质管道阴极保护技术规范	GB/T 21448—2017	
21	埋地钢质管道聚乙烯防腐层	GB/T 23257—2017	
22	钢质管道内腐蚀控制规范	GB/T 23258—2009	
23	钢结构防护涂装通用技术条件	GB/T 28699—2012	
24	钢质石油储罐防腐蚀工程技术标准	GB/T 50393—2017	
25	油气长输管道工程施工及验收规范	GB 50369—2014	
26	钢结构防火涂料	GB 14907—2018	
27	建筑钢结构防火技术规范	GB 51249—2017	
28	石油化工建设工程施工安全技术标准	GB 50484—2019	
29	管道外防腐补口技术规范	GB/T 51241—2017	
30	火力发电厂保温油漆设计规程	DL/T 5072—2007	
31	钢质管道单层熔结环氧粉末外涂层技术规范	SY/T 0315—2013	
32	涂装前钢材表面预处理规范	SY/T 0407—2012	
33	钢质管道聚烯烃胶粘带防腐层技术标准	SY/T 0414—2017	
34	埋地钢质管道石油沥青防腐涂层技术标准	SY/T 0420—2005	
35	钢质管道熔结环氧粉末内涂层技术标准	SY/T 0442—2010	
36	埋地钢质管道环氧煤沥青防腐层技术标准	SY/T 0447—2014	
37	钢质管道液体环氧涂料内防腐层技术标准	SY/T 0457—2010	
38	钢结构防火涂料应用技术规范	CECS 24：90	

第二节 施工准备

一、防腐施工准备

防腐工程施工的前期准备，包括防腐施工企业资质、专业人员要求，防腐材料要求及防腐层补口材料使用前的性能检验、工艺评定，防腐机具要求，防腐施工环境，防腐前的工序交接等。

（1）防腐施工企业应具有相应资质，并应具有健全的质量管理体系和责任制度；根据住建部2014(159号)第18项"防水防腐保温工程专业承包资质标准"，防腐施工企业需要具有

195

相应施工资质。

（2）防腐工程施工应有专业人员负责相应的技术、质量管理和安全防护。施工前施工单位专业工程师应核查防腐工程的设计文件，编制施工技术文件，并经过审批。施工前对施工人员进行技术交底。作业人员应经过技术培训和安全教育。

（3）防腐层补口材料使用前应按 GB/T 51241 的相关规定进行性能检验。防腐层补口现场施工前，应对选用的补口材料和施工方式按照 GB/T 51241 进行工艺评定试验（PQT）。

（4）按照 GB/T 50393，涂料防腐施工机具及防护设施应安全可靠，并满足涂装工艺要求。防护设施应安全可靠，施工机具和施工设施应齐全，施工用水、电、气应能满足现场连续施工的要求。涂料的存放按照 GB/T 50393 应存放在通风、干燥的仓库内，防止日光直射，并应隔离火源，远离热源。

（5）按照 GB/T 50393，涂漆时环境最大相对湿度不应超过 80%。涂装表面的温度应高于露点温度 3℃方可施工。露点、环境温度与相对湿度之间的关系见 SH/T 3606—2011 附录C。施工环境应通风良好，并应符合产品涂装要求。遇雨、雾、雪、强风天气应停止防腐层的露天施工。

（6）防腐蚀工程施工前应进行检查验收（包括热处理和焊道检验等），并办理工序交接手续。

二、设备、钢结构防火施工准备

设备、钢结构防火工程施工的前期准备。包括防火施工企业资质、专业人员要求，防火施工前应具备的条件，防火材料检查验收，防火施工前应办理工序交接等。

（1）施工现场应具有健全的质量管理体系、相应的施工技术标准和施工质量检验制度。施工现场质量管理可按 GB 51249—2017 附录 E 的要求进行检查记录。

（2）钢结构防火保护材料不应含有石棉和甲醛，不宜采用苯类溶剂。干燥后不应有刺激性气味，燃烧时不应产生浓烟和有害人身健康的气体，SH 3137 有相应规定。

（3）用于生产钢结构防火涂料的原材料应符合国家环境保护和安全卫生相关法律法规的规定，钢结构防火保护材料应有产品质量证明文件和使用说明书，并应选择经国家检测机构检测合格的不腐蚀钢材的钢结构防火涂料。钢结构防火保护材料的耐火极限不应低于建（构）筑物钢结构构件的耐火极限，GB 14907 有相应规定。

（4）GB 14907 中钢结构防火涂料分类按火灾防护对象分为普通钢结构防火涂料及特种钢结构防火涂料。特种钢结构防火涂料用于特殊建（构）筑物（如石油化工设施、变配电站等）钢结构表面的防火涂料。在图纸核查时应关注设计选型对特种钢结构防火材料应用的符合性。

（5）根据 GB 51249 的规定，钢结构防火保护工程施工前应具备下列条件：

① 相应的工程设计技术文件、资料齐全；
② 设计单位已向施工、监理单位进行技术交底；
③ 施工现场及施工中使用的水、电、气满足施工要求，并能保证连续施工；
④ 钢结构安装工程检验批质量检验合格；
⑤ 施工现场的防火措施、管理措施和灭火器材配备符合消防安全要求；
⑥ 钢材表面除锈、防腐涂装检验批质量检验合格。

（6）钢结构防火层施工环境要求。雨天、气温在零度以下，不能施工。喷涂时应注意风向，应顺风喷涂，风力过大或飓风不宜施工。构件表面有结露或霜冻时需待构件干燥后施工。

（7）钢结构防火保护层施工前，应先对基层检查验收，应在构件制作和安装工程的质量检验合格后办理工序交接手续。在 SH 3137 规范中对防火层施工工序交接有要求。在 GB 51249 规范中只是要求检验合格。在实际施工中应按照 SH 3137 办理工序交接。

（8）防火涂料涂装工程应由经过专门培训的施工人员施工，符合 SH 3137 的要求。

第三节 涂覆涂料前钢材表面处理

涂覆涂料前钢材表面处理是设备和管道防腐工程施工、钢结构防腐工程施工、油气长输管道防腐工程施工、钢质石油储罐防腐蚀工程施工过程中的一道工序。本节适用于采用喷射清理、手工和动力工具清理以及火焰清理等方法进行涂覆涂料前处理的热轧钢材表面处理，也适用于除残余氧化皮之外还牢固附着残余涂层和其他外来杂质的钢材表面处理。

一、钢材表面处理施工程序

钢材表面处理施工程序见图 2-12-1。

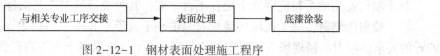

图 2-12-1 钢材表面处理施工程序

二、施工基本规定

1. 钢材表面锈蚀等级

需涂装的钢材表面应进行表面处理，表面处理前，应先对钢材表面的锈蚀等级进行判断。SH/T 3606 和 GB/T 8923.1 对于钢材表面的锈蚀程度分别以 A、B、C 和 D 四个锈蚀等级表示，但表述略有不同。

对于储罐防腐锈蚀等级按照 GB/T 50393 腐蚀等级分为大气环境腐蚀等级及介质环境腐蚀等级两种情况。

（1）大气环境腐蚀等级可按储罐金属在大气环境下暴露第一年的均匀腐蚀速率 v_1（mm/a）分为四个等级。

（2）介质环境腐蚀等级可按介质对储罐金属的均匀腐蚀速率 v_1（mm/a）和点蚀腐蚀速率 v_2（mm/a）分为四个等级。

2. 钢材表面处理等级

（1）GB/T 8923.1 规定了表示不同表面处理方法和清洁程度的若干处理等级，处理等级通过处理后表面外观状况来定义。

（2）钢材表面处理等级应按除锈方法和除锈程度确定，执行 SH/T 3606。

（3）采用喷射处理后的表面除锈等级应执行 GB/T 8923.1 的规定。

3. 钢材表面目视评定

钢材表面的检查应凭借正常视力，在良好的散射日光下或在照度相当的人工照明条件下进行，将其与每一张照片进行比较，详见 GB/T 8923.1。将相应的照片尽量靠近待检测的钢材表面，并与其置于同一平面上。恶劣环境下例如浸水环境和连续冷凝环境下的涂层，应考虑用物理方法和化学方法来检测，具体检测方法见 GB/T 18570.3 的规定。

（4）评定锈蚀等级时，记录最差的等级作为评定结果。评定处理等级时，记录与钢材表面外观最接近的等级作为评定结果。

（5）表面粗糙度特性应参考 GB/T 13288.2 的规定。当设计文件或产品技术文件无规定时，钢材喷（抛）射除锈后的表面粗糙度 R_z 宜为 $40\sim75\mu m$。

（6）灰尘等级应选用 GB/T 18570.3。

三、表面处理

表面除锈，可采用抛射除锈法、干喷射法、手动工具除锈法、动力工具除锈法。

（1）抛射除锈使用的磨料宜为铸钢丸、铸铁丸、钢丝段、棱角钢砂等金属磨料，磨料的粒径可选用 $0.5\sim2.0mm$。

（2）干喷射法除锈应符合下列规定：

① 喷射使用的空气压缩机，应设有油、水分离装置，压缩空气中不应含有水分和油污，空气过滤器中的填料，应定期更换，空气缓冲罐内的积液应及时排放；喷砂作业用的喷砂罐应定期进行液压试验，所用的压力表、安全阀等均应定期校验。

② 干喷射使用的磨料应清洁干燥，不含杂质，其种类及喷射工艺指标见 SH/T 3606。

③ 干喷射除锈时，施工现场环境相对湿度小于或等于80%，钢材表面温度应符合 SH/T 3606 的要求。喷射除锈现场应设置围护或封闭作业，5级风以上不得进行露天喷射作业。

（3）钢材表面处理施工安全防护应执行 SH/T 3606—2011 的要求。暴露在喷射除锈尘埃中的喷射操作者应佩戴与干净的压缩空气源相连接的防护面具。暴露在喷射除锈尘埃环境附近的其他作业人员应佩戴口罩。

（4）被油脂污染的金属表面，除锈前应将油污清除，可用水或蒸汽冲洗。清除油污的方法见 SH/T 3606。

（5）旧漆层处理执行 SH/T 3606 的规定，可采用机械法、碱液清除法、有机溶剂清除法。

（6）钢结构表面在进行喷射或者手工/动力工具打磨处理之前，应清除焊渣、飞溅等附着物，清洗表面可见的油脂及其他污物，并符合 SH/T 3603 的要求。

（7）只有在喷射处理无法到达的区域，储罐表面方可采用动力或手工工具进行处理。这是 GB/T 50393 从保证表面处理质量方面提出的要求。

四、表面处理的检查与控制

（1）基底经表面处理全面检查合格后办理隐蔽工程验收，经确认后方可进行施工。

（2）采用喷射处理后的表面除锈等级应符合 GB/T 8923.1 的规定。当采用涂料涂层时，表面除锈等级为 Sa2.5 级或 Sa3 级；当采用金属涂层时，表面除锈等级为 Sa3 级；手工或动力工具处理的局部钢表面应符合 GB/T 8923.1—2011 中 St3 级的要求；灰尘等级应符合 GB/T 18570.3 中 2 级或 2 级以上的要求；对于钢质储罐表面可溶性氯化物残留量不应高于 $5\mu g/cm^2$，其中，罐内液体浸润的区域不宜高于 $3\mu g/cm^2$；表面粗糙度应符合设计文件和所用涂料的要求。

（3）处理后的表面不符合要求时，应重新处理直至符合要求。

（4）表面处理后应检查处理质量，对达不到质量要求的重新处理直到合格，填写表面处理检查记录及按照 SH/T 3503—2017 填写隐蔽工程验收记录。

第四节　设备和管道防腐工程施工

石油化工钢制设备、管道防腐工程包括地上设备、管道外表面涂层施工、埋地设备和管道外涂层施工，本节不包括钢质管道内防腐工程施工。

石油化工钢制设备、管道的外表面涂料防腐蚀工程施工主要执行 SH/T 3606。钢材表面处理主要执行 GB/T 8923.1、GB/T 13288.2、GB/T 18570.3。石油化工钢制设备、管道的外表面涂料防腐蚀工程施工质量验收主要执行 SH/T 3548。其中埋地管道外防腐补口施工主要执行 GB/T 51241。输送介质温度低于100℃的油、气、水管道的外防腐主要执行 GB/T 21447。埋地钢质管道聚乙烯防腐层主要执行 GB/T 23257。

一、设备和管道防腐工程施工程序

设备和管道防腐工程施工程序见图 2-12-2。

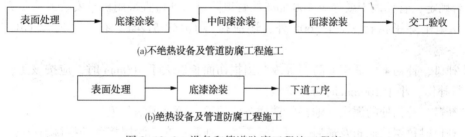

(a)不绝热设备及管道防腐工程施工

(b)绝热设备及管道防腐工程施工

图 2-12-2　设备和管道防腐工程施工程序

二、施工基本规定

（1）根据 SH/T 3606 和 SH/T 3548 的要求，防腐蚀涂料应有产品质量证明文件、质量检验报告和产品技术文件，不应使用超过存放期限的涂料。对产品质量有怀疑时，现场应见证取样，并提交复验。

（2）根据 SH/T 3606 的规定，涂料应在专用仓库内储存，并规定了涂料专用仓库的防火防爆要求。经验证明，仓库管理不严、防火防爆设施不落实，是引起仓库火灾的主要原因。此外，仓库内住人，在发生火灾、爆炸事故时会造成人员伤害扩大，故禁止把仓库当作宿舍。

（3）地上设备、管道及钢结构涂层施工，可采用刷涂法、滚涂法、空气喷涂法和高压无气喷涂法。应执行 SH/T 3606。

① 涂底漆前应对标识、焊接坡口、螺纹等特殊部位加以保护。

② 涂层施工金属表面处理后，宜在 4 h 内涂底漆，当发现返锈或污染时，应重新进行表面处理。

③ 制造厂已涂漆的管件，当不符合要求时，应将旧漆层除去，重新进行防腐处理。管件在出厂前，制造厂在管件的外壁涂刷了一层防锈油或防锈漆，短期内能有效防止管件的锈蚀，但长周期不能起到防腐蚀的效果，加上工艺温度不同，防锈油或防锈漆不能耐高温，导致防锈油会脱落。因此，管件到工地后，应先将旧漆层除去，再按设计文件的规定，按管道的防腐蚀工艺要求进行除锈及配套的防腐蚀涂料涂装。

④ 设备和管道及钢结构防腐蚀涂装的底漆宜在焊接施工前进行涂装(整体热处理的设备或管道除外)，但应将全部焊道留出，并将焊道两侧的涂层做成阶梯状接头。

⑤ 设备和管道及钢结构防腐蚀中间漆或面漆涂装宜在焊接施工(包括热处理和焊道检验等)完毕、系统试验合格并办理工序交接后进行，也可在焊接施工前进行涂装，但应将全部焊道留出，并将焊道两侧的涂层做成阶梯状接头，待试验合格后按要求补涂。

⑥ 除产品技术文件规定外，前一道漆膜实干后，方可涂下一道漆。

⑦ 涂装作业中产生缺陷的原因及其防止措施见 SH/T 3606—2011 附录 F。

⑧ 刷涂法、滚涂法、空气喷涂法、高压无气喷涂法施工，SH/T 3606 有相应规定。

(4) 埋地设备和管道涂层施工执行 SH/T 3606。防腐蚀材料、石油沥青涂料的配制与施工、环氧煤沥青的配制与施工、改性厚浆型环氧涂料的配制与施工有相应要求。钢质管道内涂层和衬里管道的接头部位的防腐处理执行 GB/T 23258。

(5) 外防腐管在现场焊接后回填前应进行防腐层补口。补口防腐层及补口材料选择应与管道主体防腐层匹配。防腐层补口施工方式应根据补口材料的类型，结合管道沿线地质环境特点综合确定，管径大于或等于 1000mm 的管道防腐层补口宜采用机具安装或涂敷方式。补口与补伤施工除了执行 SH/T 3606 外，还应执行 GB/T 51241。有冲突时以 GB/T 51241 为准。

① 补口、补伤不应低于原防腐等级。当损伤面长度大于 100mm 时，应按该防腐蚀涂层结构进行补伤，小于 100mm 时可用涂料修补。

② 补口、补伤处的泥土、油污、铁锈等应清除干净呈现钢灰色。

③ 补口时每层玻璃布及最后一层聚氯乙烯工业膜应在原涂层接茬处搭接 50mm 以上。

(6) 成品保护及安全防护应执行 SH/T 3606。

① 防腐蚀后的管段堆放、装卸、运输等应采取防腐层不受损伤的防护措施，管段应分类整齐堆放，底部用支垫垫起，并高出地面，不得直接放在地面上。

② 已涂沥青涂料的管道，在炎热天气应避免阳光直接照射。

③ 搬移管段时，应采用专用吊具。宜使用宽幅尼龙带等专用吊具，防止损伤防腐层。

④ 涂料防腐蚀施工作业场所不得有明火或电火花作业，作业人员应穿防静电工作服。因涂料中均含有挥发性溶剂，且易燃易爆，禁止有明火或电火花作业，作业人员应穿防静电的工作服。

⑤ 接触有毒物质的作业人员应佩戴专用防护用品。

三、过程检查与施工质量控制

防腐蚀工程是整个工程中的最后一道工序。

(1) 设备和管道涂料防腐蚀施工质量检验项目见 SH/T 3606。

(2) 涂层质量应符合 SH/T 3606 的规定。

（3）涂层检查应符合下列要求：

① 电火花检测的检漏电压按 SH/T 3606 执行，以不打火花为合格。

② 涂层感观检查时，表面应平整，无气泡、流挂、漏涂、针孔缺陷。

③ 石油沥青防腐层和环氧煤沥青防腐层粘结力的检查方法应执行 SH/T 3606。

④ 改性厚浆型环氧涂料防腐层应进行附着力检测，附着力检测应在涂层固化后进行。

⑤ 涂层粘结力和附着力检测的质量标准执行 SH/T 3606。

⑥ 石油沥青、环氧煤沥青、改性厚浆型环氧涂料涂层厚度应符合 SH/T 3606 的规定。

⑦ 涂层厚度检测点应执行 SH/T 3606，随机抽检，每个检测点面积宜为 $100cm^2$，检测点面积范围内任意测量 5 个数据，测量结果去除 1 个最大值和 1 个最小值后取平均值作为该测点的厚度值。

⑧ 涂层应进行 100%感官检查，并按 SH/T 3606 要求进行电火花检测、粘结力或附着力检查、涂层厚度检查。涂层检查后应按 SH/T 3606—2011 附录 H 填写埋地设备、管道涂层质量检查记录。

（4）补口施工过程中应进行检验和试验，检验项目和频率应按检验和试验计划（ITP）执行，执行 GB/T 51241 的规定，并应做好记录。

四、施工过程及交工技术文件

（1）施工过程技术文件，过程质量控制见证技术文件应与涂料防腐蚀工程进度同步完成，并应符合 SH/T 3543 的规定。

（2）涂料防腐蚀按合同规定的内容施工完毕后，应按照 SH/T 3606 的规定对技术文件进行确认。其中，表面处理检查记录按照 SH/T 3606—2011 附录 D 执行；地上设备、管道及钢结构涂层质量检查记录按照 SH/T 3606—2011 附录 G 执行；埋地设备、管道涂层质量检查记录按照 SH/T 3606—2011 附录 H 执行。

（3）交工技术文件执行 SH/T 3548 的规定，按 SH/T 3503 的规定提交技术文件。

第五节　钢结构防腐工程施工

钢结构防腐包括钢结构及钢结构附属件的防腐。适用于受气态介质腐蚀作用下的石油化工钢结构防腐施工。石油化工钢结构防腐施工以 SH/T 3603 为主，结合 GB/T 28699。

一、钢结构防腐施工程序

钢结构防腐施工程序见图 2-12-3。

图 2-12-3　钢结构防腐施工程序

201

二、施工基本规定

（1）产品质量证明文件执行 SH/T 3603 的规定。

（2）钢结构表面带有车间底漆的一般予以清除，按 GB/T 28699 的要求处理。

（3）钢结构表面除锈后，相对湿度低于70%时，应在 4h 内涂装完毕底漆；相对湿度低于50%，大气污染程度较低时，应在 8h 内涂装完毕底漆，相对湿度在 70%~85%时，应在 2h 内涂装完毕底漆。SH/T 3603 有相应的规定。

（4）在雨天、下雪以及大风的天气条件下不宜露天施工。

（5）涂料系统各涂层之间的涂覆间隔时间、涂料的混合应执行 SH/T 3603 的规定。

（6）根据 SH/T 3603 的规定，每一道涂层的施工，在焊缝、角落、自由边以及喷涂不能很好进行的地方都应用刷子进行条涂（预涂），达到要求的漆膜厚度。

（7）防腐蚀涂料施工结束后，涂层应根据说明书的要求进行养护。在养护期间，应注意涂层表面不受到污染、机械压力、化学品侵蚀等。

三、过程检查及施工质量控制

（1）每一道工序的质量检验合格后方可进行下一道工序的施工。SH/T 3603—2009 附录 B 详细列出了每道工序的检验项目、方法、频率和标准。

（2）涂装过程中，应按照 SH/T 3603 使用湿膜测厚仪及时测定湿膜厚度。每层涂装时应对前一涂层进行外观检查，如发现有漏涂、流挂、起皱等缺陷，应及时进行处理，达到要求后方能进行下道漆的施工。涂装结束后，进行涂膜的外观检查，表面颜色应均匀一致，涂膜没有流挂、桔皮、起泡、针孔和裂纹等缺陷。

（3）漆膜固化干燥后，应进行总的干膜厚度测定。按照 SH/T 3603 的规定85%的测量点读数应达到规定的干膜厚度，没有达到规定厚度的15%测量点的读数应达到规定膜厚的85%以上。

（4）涂层附着力应符合设计要求。当漆膜厚度小于等于 $250\mu m$ 时，应按 GB 9286 进行测试。当漆膜厚度大于 $250\mu m$ 时，宜按 GB/T 5210 进行测试。附着力测试结束后应立即对测试部位进行修补。无机硅酸锌涂料只能做拉开法测试。

四、交工验收

钢结构防腐蚀交工验收按照 SH/T 3603 执行。该标准只列出了质量检验内容。交工验收时应提供的资料执行 GB/T 28699。其中，涂装施工及涂层质量检测记录执行 SH/T 3503—2017 中防腐工程质量验收记录 SH/T 3503-J118，表面处理记录执行 SH/T 3503—2017 中隐蔽工程验收记录 SH/T 3503-J112。

第六节　设备管道钢结构表面色和标志工程施工

设备管道钢结构表面色和标志是指石油化工装置和系统单元的设备、地上管道、钢结构的表面色和标志的施工。标志色的规定是为了表示出输送介质的危险类别，包含颜色与文字两部分。采用有色金属、不锈钢、陶瓷、塑料（含玻璃钢）等材料制成或表面已采用搪瓷、镀铸等处理的设备和管道宜保持其本色，不应再刷表面色。设备管道钢结构表面色和标志施工执行 SH/T 3043。其中消防设备、消防管道的表面色和标志应符合 GB 13495.1 的有关规定。烟囱的飞行障碍警示标志设置应符合 GB 50051 的有关规定。塔、火炬筒等高耸设备及结构的飞行障碍警示标志设置应符合航空管理部门的要求。防护罩等安全装置的安全色和安全标志、设置应符合 GB 2893 和 GB 2894 的有关规定。

一、设备管道钢结构表面色和标志施工程序

设备管道钢结构表面色和标志施工程序见图 2-12-4。

图 2-12-4　设备管道钢结构表面色和标志施工程序

二、施工

1. 一般规定

（1）需感知温度变化的位置应涂刷变色漆，变色漆的位置应保证正常巡检时能被观察到。执行 SH/T 3043 的规定。

（2）已刷变色漆的表面不应再刷表面色，同一设备或管道的变色漆色应与其表面色有明显差别，否则应用色带隔离或设置标志。执行 SH/T 3043 的规定。

（3）防火涂料和绝热材料保护层的外表面不应刷表面色。防火涂料外表面和绝热材料外保护层基本不刷漆，也就无需刷表面色。标志字体应为印刷体，位置和尺寸应符合 SH/T 3043 相关条款的规定。

2. 设备

（1）设备的表面色和标志文字色宜符合 SH/T 3043 的规定。钢烟囱、火炬一般无位号及名称等标志文字，因此不作规定。联轴器防护罩一般也无文字标志。

（2）电气、仪表设备的表面色和标志文字色、设置应符合 SH/T 3043 的规定。

（3）石油化工企业中自备电厂设备的表面色可按 DL/T 5072 的规定执行。漆膜颜色应符合 GB/T 3181 的有关规定，色卡参见 SH/T 3043—2014 附录 A。

3. 钢结构

（1）钢结构构架、平台及梯子的表面色宜符合 SH/T 3043 的规定。

（2）栏杆、护栏等安全设施应按 GB 2893 和 GB 2894 的有关规定涂刷安全警示标志。

（3）避雷针、放空管塔架、投光灯架和火炬支撑等的表面色宜刷银色。

4. 管道

（1）需要涂刷表面色的管道，应对管道外表面全部涂刷，颜色宜符合 SH/T 3043 的规定。

（2）消防管道属于消防设施，其颜色应按 GB 13495.1 规定，底色为大红，文字为白色，注明消防介质名称。

（3）石油化工企业中自备电厂管道的表面色可按 DL/T 5072 规定执行。漆膜颜色应符合 GB/T 3181 的有关规定，色卡参见 SH/T 3043—2014 附录 A。

（4）阀门和管道附件的表面色宜符合 SH/T 3043 的规定。

5. 标志执行 SH/T 3043

管道标志应包括介质流向、标志色、文字色及文字。

（1）标志色和文字色应反映输送物料的特性，标志文字应注明介质名称。

（2）管道标志色宜采用局部色带表示，色带宽度宜比文字内容两端各增加 20cm～30cm。管道标志的设置应符合 SH/T 3043 规定。

第七节　油气长输管道防腐工程施工

包括陆地长距离输送油气管道、煤（层）气管道、成品油管道线路工程的外防腐工程施工。管口预处理应执行 SY/T 0407 的规定。钢管、弯管、弯头的防腐，现场防腐补口、补伤施工外壁防腐层施工主要执行 GB 50369 及 GB/T 51241。根据不同的防腐层材料分别执行：石油沥青防腐层应执行 SY/T 0420 的规定；环氧煤沥青防腐层应执行 SY/T 0447 的规定；聚乙烯防腐层应执行 GB/T 23257 的规定；聚乙烯胶黏带防腐层应执行 SY/T 0414 的规定；熔结环氧粉末外涂层应执行 SY/T 0315 的规定；熔结环氧粉末内防腐层应执行 SY/T 0442 的规定；液体环氧涂料内涂层应执行 SY/T 0457 的规定。

一、油气长输管道防腐工程施工程序

油气长输管道防腐工程施工程序见图 2-12-5。

图 2-12-5　油气长输管道防腐工程施工程序

二、施工基本规定

执行 GB 50369 的规定。

（1）管道无损检测合格后，应及时进行防腐补口。

（2）钢管、弯管、弯头的防腐和保温，现场防腐补口、补伤施工应符合设计要求。

（3）管道下沟过程中，应使用电火花检漏仪检查管道防腐层，检测电版应符合设计及现行有关标准的规定，如有破损或针孔应及时修补。

（4）锚固墩、穿越段管道、阴极保护测试引线焊接处的防腐是薄弱环节，防腐材料应与管道防腐层相匹配并与测试线外皮粘接良好。

（5）管线地下与地上交界处的防腐层易破损，也经常是两种不同类型的防腐，要求妥善处理。管道出、入土的防腐层应高出地面 100mm 以上，应在地面交界处的管外采取包覆热收缩套或其他防护性措施。热收缩套搭接处应平缓，无破损和漏点。

（6）采用专用吊具可很好地保护管口。

（7）焊接时应对防腐管进行保护。对于环氧粉末防腐管，焊接飞溅易造成每侧 0.3m 的防腐层烧伤，有时甚至漏出母材，导致防腐层破坏。对 0.5m 范围内进行保护即可防止出现飞溅灼伤问题。

三、过程检查及施工质量控制

执行 GB 50369 的规定。

（1）防腐层的外表面应平整，无漏涂、褶皱、流淌、气泡和针孔等缺陷；防腐层应能有效地附着在金属表面；聚乙烯热收缩套(带)、聚乙烯冷缠胶黏带，以及双组分环氧粉末补伤液、补伤热熔棒等补口、补伤材料应按其生产厂家使用说明书的要求施工。

（2）检测完成后，应按要求进行防腐补口、补伤，经建设单位(或监理)确认合格后，应及时进行管沟回填。防腐补口执行 GB/T 51241。

（3）管沟回填土自然沉降密实后，应对管道防腐后进行地面检漏，且应符合设计规定。根据近几年管道工程的施工经验确定自然沉降时间，一般地段自然沉降宜为 30d，沼泽地段及地下水位高的地段自然沉降宜为 7d。

四、交工验收

（1）GB 50369 提出在开工前应以文件的形式明确交工技术文件和记录编制所执行的标准和要求，主要是针对建设单位及监理单位提出的要求。技术文件的编制宜符合 SY/T 6882 的有关规定。

（2）施工单位完成合同规定范围内全部工程项目，并经验收合格后，应及时与建设单位办理交工手续。

（3）根据 GB 50369 的规定，工程交工验收前，施工单位应按照规定向建设单位提交技术文件。

第八节　埋地钢质管道阴极保护工程施工

钢质管道阴极保护工程包含陆上管道阴极保护工程和海底管道阴极保护工程两部分。陆上管道阴极保护工程是指陆上埋地钢质油、气、水管道外表面阴极保护系统施工。埋地油气长输管道、油气田外输管道和油气田内埋地集输干线管道应采用阴极保护；其他埋地管道宜采用阴极保护。阴极保护应与防腐层联合实施。钢质管道阴极保护工程施工主要执行 GB/T 21448、GB/T 21447。电绝缘装置安装应符合 SY/T 0086 的有关规定。深井阳极地床的安装应符合 SY/T 0096 的规定。极化探头和阴极保护检查片的安装应符合 SY/T 0029 的规定。阴极保护电缆敷设应符合 GB 50217 的相关规定。与受阴极保护的陆上管道直接相接的短距离海底管道或其支管的阴极保护工程执行 GB/T 21448。

一、钢质管道阴极保护工程施工程序

钢质管道阴极保护工程施工程序见图 2-12-6。

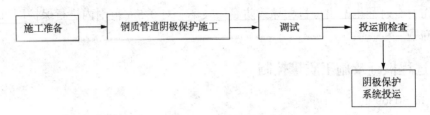

图 2-12-6　钢质管道阴极保护工程施工程序

二、施工基本规定

陆上钢质管道阴极保护工程分为施工与调试两部分。施工分别执行 GB/T 21448 及 GB/T 21447，调试执行 GB/T 21448。

1. 安装

(1) 电源设备的安装应执行 GB/T 21448 的规定。设备周围 500mm 内不应有其他物体，应预留足够空间用于接线安装、检测与维护。电源设备与阴极保护电缆的连接应符合设计要求，接线应正确，电气接触应导通良好，电缆应明确标识。电缆敷设安装应执行 GB/T 21448。阴极保护电缆敷设应符合 GB 50217 的相关规定，宜在电缆正上方每隔 50m 以及电缆转角处设置电缆走向标志桩。

(2) 浅埋阳极地床的施工应执行 GB/T 21448 的规定。施工前应检查阳极，阳极不应有损伤和裂纹，阳极接头应牢固密封完整，阳极电缆应完整无损坏，每根阳极电缆长度均应符合安装位置尺寸的要求，并留有余量。阳极安装后，宜在阴极保护系统断电状态下测试阳极组的接地电阻，并做好测试记录。

(3) 深井阳极地床的施工应执行 GB/T 21448 的规定。要求深井阳极地床的安装施工符合 SY/T 0096 的规定。安装过程中应保证电缆的松弛度，电缆不应承重。牺牲阳极的施工应执行 GB/T 21448 的规定。

(4) 测试桩的施工应执行 GB/T 21448 的规定。测试电缆与管道连接后应防腐密封，并留有裕量。测试桩应安装铭牌，标识管道信息，铭牌宜面对油气流方向。

2. 调试

阴极保护系统的调试应在管道投产前完成，执行 GB/T 21448。其中管道交流电压应满足 GB/T 50698 的规定。直流干扰防护应符合 GB 50991 的规定。

三、交工验收

阴极保护系统通电和(或)调试之后，阴极保护工程应达到阴极保护准则的要求方可通过验收。阴极保护系统调试完成后，应向建设单位提交设计及施工资料与调试报告。GB/T 21448 有相应要求。

第九节　钢质石油储罐防腐蚀工程施工

石油化工钢质石油储罐主要指用于储存石油产品的钢质容器。在 GB/T 50393 中指立式圆筒形焊接储罐。钢质石油储罐的防腐蚀施工包括涂层施工、阴极保护联合施工，其中涂层施工又包括涂料涂层和金属涂层两类。

钢质石油储罐防腐蚀施工执行 GB/T 50393。当储罐表面采用锌、铝及其合金等金属热喷涂层外加封闭涂层保护时，施工应执行 GB/T 9793 的有关规定。

一、钢质储罐防腐蚀施工程序

钢质储罐防腐蚀施工程序见图 2-12-7。

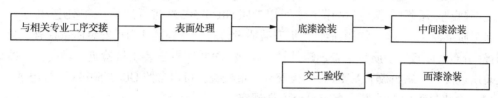

图 2-12-7　钢质储罐防腐蚀施工程序

二、施工基本规定

（1）防腐蚀工程所用材料按照 GB/T 50393 应具有产品质量证明文件。

（2）储罐及其附件表面处理可采用喷射除锈、手动和动力工具除锈等方法。储罐及其附件表面处理的其他要求按照本章第三节涂覆前钢材表面处理的要求执行。

（3）涂料的配制和涂装施工应符合下列规定：

① 金属表面处理后，宜在 4h 内涂底漆，当发现返锈或污染时，应重新进行表面处理；

② 双组分或多组分涂料的配制应按涂料施工指导说明书进行，并配置专用搅拌器搅拌均匀；

③ 涂装间隔时间，应按涂料施工指导说明书的要求，在规定时间内涂敷底漆、中间漆和面漆；

④ 涂层厚度应均匀，不应漏涂或误涂；

⑤ 焊接接头和边角部位宜进行预涂装；

⑥ 应对每道涂层的厚度进行检测；

⑦ 涂装前应进行试涂，试涂合格后可进行正式涂装；

⑧ 辊涂或刷涂时，层间应纵横交错，每层宜往复进行；

⑨ 上道涂层受到污染时，应在污染面清理干净且涂层修复后进行下道施工；

⑩ 涂层完工后，应避免损伤涂层，如有损伤宜按原工艺修复；

⑪ 喷涂宜采用高压无气喷涂，执行 GB/T 50393 的规定。

（4）金属涂层施工应符合 GB/T 9793 的规定。当采用涂料涂层封闭施工时，应符合 GB/T 50393 的规定。

（5）边缘底板防护施工环境应符合相应材料要求，充水试验合格后可进行施工。

（6）边缘底板防护施工应执行 GB/T 50393 的规定。

（7）储罐阴极保护施工分罐内牺牲阳极的施工及罐外牺牲阳极的施工，应执行 GB/T 50393 的规定。

（8）外加电流阴极保护工程、浅埋阳极地床、深井阳极地床、线性阳极地床、网状阳极地床、阴极保护电缆和参比电极的施工，执行 GB/T 50393 的规定。

（9）安装过程中要注意阳极电缆的放置，保证电缆有一定的裕量且无损伤和承重。在井口固定好阳极电缆，通过套管引入接线箱，按顺序接好。一周后在保护系统断电状态下测量阳极接地电阻并做好记录。安装测试完工后，安装阳极井地面标记。

三、过程检查与施工质量控制

储罐涂装过程质量检验一般包括涂层外观检查、表面清洁度检查、检查/检测区域记录、粗糙度/湿膜厚/干膜厚/漏电检测记录。可以参照 GB/T 50393 进行记录。储罐阴极保护过程检查与施工质量控制一般包括罐内牺牲阳极安装质量检查、罐外牺牲阳极安装质量检查、罐外辅助阳极–分布式阳极安装质量检查、罐外辅助阳极–深井阳极安装质量检查、罐底板下线性阳极安装质量检查、罐底板下 MMO 带阳极安装质量检查，可以参照 GB/T 50393 进行记录。

（1）涂装过程中的质量检查应符合下列规定：

① 每道涂层的外观应平整、颜色一致，无漏涂、泛锈、气泡、流挂、皱皮、咬底、剥落、开裂等缺陷；

② 每道湿膜厚度或金属涂层厚度应符合设计文件要求；

③ 涂装间隔时间应符合涂料施工指导说明书及设计文件的要求。

④ 涂装完成且漆膜实干后，涂装质量的检查应符合 GB/T 50393 的规定。涂层应无漏点，绝缘型涂层检测时，宜采用电火花检漏仪，当涂层厚度小于 200μm 时，可采用低压检漏仪检测；导静电涂层应采用低压检漏仪检测。

（2）导静电型防腐蚀涂料涂层表面电阻率宜采用表面电阻测定仪进行检测。漆膜实干后涂装质量检查应符合 GB/T 50393 的规定。低压检漏仪为使用直流电压低于 100V 的低压湿海绵检漏仪，当绝缘型涂层厚度大于 25μm 且小于 200μm 时，选用低压检漏仪是合适的。电火花检测仪虽能检测任意厚度的防腐层，但为破坏性检验，为了保证涂层质量，所以导静电涂层不推荐采用电火花检测仪。

（3）涂层最终质量检查应包括下列内容：

① 涂层固化后，应及时检验外观、厚度、漏点和附着力。

② 涂层应全部目测检查，表面应平整、光滑，不得有发黏、脱皮、气泡、斑痕等缺陷。如有缺陷，则根据缺陷情况进行修补或复涂。修补使用的涂料和厚度应与原涂层相同。

③ 涂层厚度、漏点检测应符合 GB/T 50393 的规定。

④ 不同涂装方案的涂层附着力检测可采用附着力试板验证，附着力试板的制作、检测应符合 GB/T 50393—2017 附录 H.5 的规定。当建设单位有要求时或对试板检测结果有异议时，可在实际涂层部位进行附着力检测，检验部位和数量由建设单位、施工方协商。涂层附着力检测属于破坏性试验，因此 GB/T 50393 在保证涂层质量的前提下优先选取同环境下的试块进行检测。

（4）金属涂层工程施工质量的检查，应符合下列规定：

① 表面除锈等级、表面清洁度和粗糙度应符合 GB/T 50393 的规定；

② 当表面处理不合格时，应对不合格区域重新预处理；

③ 金属涂层厚度应符合设计文件要求，厚度、附着力等检测应符合 GB/T 9793 的规定；

④ 金属涂层外观应均匀一致，无起泡或底材裸露的斑点等缺陷。

（5）罐底板边缘防护施工质量的检查，储罐罐底板边缘防护区域、排水斜坡斜度应符合 GB/T 50393 的规定。

（6）阴极保护工程施工质量的检查，应执行 GB/T 50393 要求。

四、交工验收

（1）储罐防腐蚀工程交工验收应由建设单位组织相关单位按 GB/T 50393 进行检查和验收，并在养护期满后方可投用。闲置期间宜采取必要的保护措施。

（2）储罐防腐蚀工程交工验收应执行 GB/T 50393 的规定。施工范围和内容应符合合同规定，工程质量应符合设计文件及 GB/T 50393 的规定，应具有完整的施工技术方案、施工记录及质量检查、检验和检测记录。

（3）阴极保护系统在启动前，应对储罐原始参数进行测量，测量应符合下列规定：

① 罐内采用牺牲阳极阴极保护系统时，可采用便携式参比电极对罐内沉积水部位的保护电位进行测量；

② 罐外阴极保护的测量应至少包括罐底外壁的自然电位、牺牲阳极接地电阻或辅助阳极的接地电阻、与储罐相连的埋地管线的自然电位、与储罐相邻的其他地下金属结构物的自然电位等内容；当有电绝缘装置时，应对其绝缘性能进行检验。

（4）储罐防腐蚀工程验收资料应执行 GB/T 50393 的规定。

第十节　钢结构防火工程施工

钢结构包括钢管混凝土柱、压型钢板-混凝土组合楼板和钢-混凝土组合梁这三种组合构件。钢结构防火层施工依据 SH 3137，结合 GB 14907、GB 51249。设备裙座、支腿防火施工目前没有国家及行业标准，一般按照设计院标准执行。

一、防火层施工程序

（1）钢结构防火施工程序见图 2-12-8。

图 2-12-8　钢结构防火施工程序

（2）设备裙座、支腿防火施工程序见图 2-12-9。

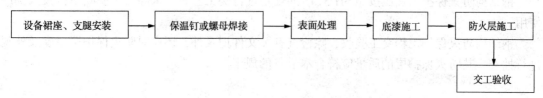

图 2-12-9　设备裙座、支腿防火施工程序

二、施工基本规定

（1）SH 3137 规定的防火保护范围与 GB 50160 是一致的。

（2）钢结构防火保护的常用措施在 GB 51249 中有规定。

（3）钢结构基层处理后，应及时刷上防腐蚀底漆，间隔时间不应超过 8h。钢结构防火涂料涂装前，钢结构构件表面不得出现返锈现象。

（4）钢结构防火涂料施工方法可采用喷涂、抹涂、刷涂、辊涂、刮涂等方法中的一种或多种方法。防火涂料施工后能在正常的自然环境条件下干燥固化，涂层实干后不应有刺激性气味。在 GB 14907 中有相应规定。

（5）复层涂料应相互配套，底层涂料应能同防锈漆配合使用，或者底层涂料自身具有防锈性能。尤其是膨胀型防火涂料，因为它与防腐油漆同为有机材料，可能发生化学反应。在不能出具第三方证明材料证明"防火涂料、防腐材料相容"的情况下，应委托第三方进行试验验证。

（6）按照 GB 51249 规定非膨胀型防火涂料涂层的厚度不应小于 10mm。但是在 GB 14907 中规定非膨胀型钢结构防火涂料的涂层厚度不应小于 15mm。执行时，设计无规定时，应按新发布规范执行。

（7）厚型防火涂料保护层构造按照 SH 3137 的规定应包括基层、防腐蚀底漆、防火涂层。

（8）薄型和超薄型防火涂料保护层构造按照 SH 3137 的规定应包括基层、防腐蚀底漆、防火涂层。

（9）轻质耐火混凝土防火保护层或水泥砂浆防火保护层构造应包括基层、防腐蚀底漆、拉结镀锌钢丝网、轻质耐火混凝土防火保护层或水泥砂浆防火涂层。轻质耐火混凝土防火保护层或水泥砂浆防火保护层端部接缝处，应采用防水油膏封严。SH 3137 有规定。

（10）涂层拐角做成半径为 10mm 的圆弧形。

三、质量检验

执行 SH 3137 的规定。

（1）钢结构防火保护层不得误涂、漏涂，不应有脱层，外观应无明显凹凸，并应粘结牢固，无粉化。

（2）用 0.5kg 手锤轻轻敲击检查防火保护层密实度，声音应铿实清脆，无松散、无空鼓声，同类构件数抽查 10%，且不少于 3 件，每件应抽查 3 点。

四、工程验收

钢结构防火保护工程应按照 SH 3137 的规定进行交工验收，未经交工验收不得投入生产使用。

钢结构防火保护工程交工验收，除检查有关文件记录外，还应对防火保护层厚度及外观进行抽查，其防火保护层的质量应符合本节三的规定。

第十三章 绝热工程

石油化工绝热工程分为石油化工设备、管道绝热工程和液化天然气储罐的绝热工程。绝热工程为设备与管道保温、保冷以及液化天然气储罐及管道保冷的合称。

石油化工绝热工程可划分为施工准备、绝热固定件和支撑件的安装、绝热层施工、防潮层施工、保护层施工等部分。

第一节 法律法规标准

项目开工前，根据设计技术文件、法规要求，筛选制定项目所需的设备和管道施工、材料检验和绝热等专业所需的标准版本明细，作为设备和管道绝热工程施工、验收过程的标准依据。

绝热工程常用相关法律法规标准见表 2-13-1。

表 2-13-1 绝热工程常用相关法律法规标准

序号	法规、标准名称	标准代号	备注
1	石油化工隔热工程施工工艺标准	SH/T 3522—2017	
2	立式圆筒形低温储罐施工技术规程	SH/T 3537—2009	
3	石油化工建设工程项目交工技术文件规定	SH/T 3503—2017	
4	石油化工建设工程项目施工过程技术文件规定	SH/T 3543—2017	
5	工业设备及管道绝热工程施工规范	GB 50126—2008	
6	石油化工绝热工程施工质量验收规范	GB 50645—2011	
7	工业设备及管道绝热工程施工质量验收规范	GB 50185—2010	
8	设备及管道绝热技术通则	GB/T 4272—2008	
9	覆盖奥氏体不锈钢用绝热材料规范	GB/T 17393—2008	
10	低温储罐绝热防腐技术规范	SY/T 7349—2016	
11	低温管道与设备防腐保冷技术规范	SY/T 7350—2016	

第二节 施工准备

绝热工程在施工前应做好技术准备、材料准备、施工机具准备和人员准备等。

（1）石油化工绝热工程施工前，应具备下列条件：

① 设计文件及有关技术文件齐全，施工图纸已经会审。

② 施工组织设计或施工方案已批准，技术及安全交底已经完成。

③ 施工人员已进行安全教育和技术培训，且经考核合格。

（2）绝热工程施工人员应配备完善的劳动保护用品。

（3）应配备绝热层、防潮层、保护层和预制品加工的施工机具。

（4）绝热层、防潮层、保护层材料及其制品所使用的辅助材料应准备齐全。

（5）对设备、管道的安装及焊接、防腐等工序办妥中间工序交接手续。

第三节 绝热层材料

绝热工程采用的绝热材料是影响工程质量的因素之一。绝热材料到货后要进行抽检和验收。设备、管道绝热材料按 SH/T 3522 和 GB 50126 的规定；液化天然气储罐及管道绝热材料要求参照设计要求或 SY/T 7349 和 SY/T 7350 的要求。

（1）绝热材料的质量检查应注意：

① 应具有产品质量检验报告和出厂合格证，其规格、性能等技术指标应符合相关技术标准及设计文件的规定，GB 50126 有规定。

② 绝热材料及其制品到达现场后应对产品的外观、几何尺寸进行抽样检查；当对产品的内在质量有疑义时，应抽样送具有国家认证的检测机构检验。凡不符合设计性能要求的不予使用，有疑义时必须抽样复核。GB/T 4272 有规定。

（2）材料验收应按 GB 50645 和 GB 50185 的要求进行验收。

第四节 设备、管道绝热工程施工

设备与管道绝热工程是为了满足生产工艺以及促进能源资源节约利用，改善劳动条件，提高经济效益。设备与管道绝热工程施工涉及的主要标准有：SH/T 3522、GB 50126、GB 50645、GB 50185、GB/T 4272、GB/T 17393 等。

一、设备、管道绝热工程施工基本流程

（1）设备、管道保温工艺流程见图 2-13-1。

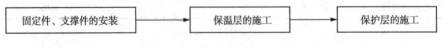

图 2-13-1 设备、管道保温工艺流程

（2）设备、管道保冷工艺流程见图 2-13-2。

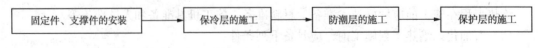

图 2-13-2 设备、管道保冷工艺流程

二、绝热固定件和支承件的安装

绝热结构中常用的固定件和支承件有：钩钉、销钉、浮动环和支撑环等。其设置必须与使用部位的结构相匹配，材质相符，SH/T 3522 和 GB 50126 有相应的要求。

（1）固定件和支承件可采用焊接、粘贴或抱箍等结构，其制作与安装应符合设计文件的规定。

① 固定件和支承件宜选用与设备或管道相匹配的材料，材质不同时宜采用管卡或抱箍固定。

② 直接与设备或管道焊接时，应在设备或管道的防腐、衬里、热处理和强度试验前完成。采用焊接时应加设与设备或管道本体材质相同的垫板，垫板厚度宜为 6~10mm。

（2）固定件和支撑件的安装，GB 50126 和 SH/T 3522 有相应规定。

（3）固定件、支撑件的施工质量按照 GB 50645 和 GB 50185 验收。

三、绝热层施工

绝热层施工应符合 GB 50126 和 SH/T 3522 的相应规定。

1. 填充法施工

（1）散状软质或颗粒状的绝热层材料应采用填充法施工，应符合 SH/T 3522 的规定。

（2）有密封要求的保冷结构施工时，填充施工结束后应密封封口，按设计文件要求做密封试验进行充气试漏。

2. 拼砌法施工

（1）绝热材料瓦块、板、毡、毯制品及管壳结构可采用拼砌法敷设施工。

（2）绝热层采用软质绝热制品拼砌施工应符合 SH/T 3522 的规定。

（3）外径小于 1200mm 的设备和公称直径小于 $DN1200$ 的管道采用半硬质绝热材料拼彻时应符合 SH/T 3522 的规定。

（4）外径等于或大于 1200mm 的设备和公称直径等于或大于 $DN1200$ 的管道，采用半硬质绝热制品宜选用宽度为 500~600mm、长度为 1000~1200mm 的板式绝热制品。

（5）球形容器采用硬质绝热材料时，应采用成型的等腰梯形与球面弧形板拼砌。

3. 粘贴法施工

（1）用于保冷的成型的硬质、半硬质及软质材料可采用粘贴法施工。

（2）粘贴剂或密封胶应符合使用温度的要求，并与绝热材料的性能相匹配。

（3）绝热制品在粘贴前宜进行预组对，缝隙超过 2mm 应先进行平整处理。

（4）贴前应进行试粘。

（5）绝热制品粘贴施工应符合 SH/T 3522 的规定。

4. 捆扎法施工

（1）当绝热材料为软质、半硬质和硬质瓦块、板、毡、毯制品及管壳结构时，可采用捆扎法施工。

（2）绝热层捆扎材料的选用应根据绝热材料的种类、绝热厚度与层次、绝热后的外径确定。捆扎材料的选用应符合 SH/T 3522 的规定。

（3）绝热层捆扎时应松紧适度，不得对绝热层造成损伤。

（4）半硬质材料捆扎部位的压缩率不得大于 5%，软质绝热材料捆扎部位的压缩率宜为 10%~20%。

5. 浇注法施工

（1）设备或管道的阀门、法兰、弯头及异形部件或部位的保冷层可采用现场浇注法施工。

（2）浇注材料的性能、配比及施工应符合产品使用说明书的要求。

（3）浇注料的配制、施工应符合 SH/T 3522 的规定。

（4）固形层或模具可采用木模、钢模或与保护层相同的材料，制作和安装符合 SH/T 3522 的规定。

6. 喷涂法施工

（1）液态或乳稠状的绝热层材料宜采用喷涂法施工。

（2）喷涂前应试喷，并观察发泡的速度、孔径大小及颜色变化，确定喷涂工艺。

（3）喷涂料配制、施工应符合 SH/T 3522 的规定。

（4）喷涂时，应设置试板，并与设备或管道一起喷涂，及时从试板中切取试块，检查喷涂质量；当变更配比时，应重做试板。

7. 涂抹法施工

（1）绝热材料为粉状、颗粒状黏稠浆料或乳稠状时可采用涂抹法施工。

（2）分装供货的绝热层材料应按产品使用说明书进行配制。

（3）绝热层中加设铁丝网时，铁丝网不得露出绝热层表面。

（4）涂抹法施工宜符合 SH/T 3522 的规定。

8. 缠绕法施工

（1）绝热带或绝热绳可采用缠绕法施工。

（2）绝热带或绝热绳宜采用螺旋式，端部和尾部应捆扎或粘贴牢固。

（3）绝热带、绝热绳施工应符合 SH/T 3522 的规定。

9. 绝热层的施工质量验收应符合 GB 50645 和 GB 50185。注意当采用一种绝热制品时应按照 SH/T 3522 的要求。绝热层厚度大于或等于 80mm 时，绝热层施工应分层错缝进行，各层的厚度应接近。

四、防潮层施工

防潮层施工应按照 SH/T 3522 和 GB 50126 的要求施工。

1. 一般规定

（1）设备和管道保冷层外表面、地下设备和管道保温层外表面，其绝热层外侧应设置防潮层；自带防潮层的保冷材料、绝热层采用现场浇注且与保护层形成整体时可不设防潮层。

（2）设备和管道的阀门、法兰断开处的保冷层及成型保冷支座两侧的保冷层宜设置防潮隔汽层。

2. 防潮层施工

（1）可采用阻燃型沥青玛蹄脂或防水冷胶料复合结构、2 层阻燃型沥青玛蹄脂或防水冷胶料复合结构、二层或多层聚氯乙烯或聚酯薄膜等高分子弹性防水卷材施工，施工应符合SH/T 3522 的规定。

（2）支吊架、设备接管、支座处防潮层的施工应密封处理并符合设计文件的规定。

3. 防潮隔汽层施工

（1）法兰和阀门断开处、宜设置防潮隔汽层，施工符合 SH/T 3522 的规定。

（2）管道成型保冷支座与管道保冷层之间宜设置防潮隔汽层，施工宜符合 SH/T 3522 的规定。

4. 应按设计要求的防潮结构及顺序进行施工。施工质量应按照 GB 50645 和 GB 50185 验收。

五、保护层施工

绝热结构的保护层有金属保护层和非金属保护层两种基本形式。金属保护层与其他保护层相比，它具有重量轻外观整齐美观、无裂缝、刚度大、阻燃、防水防油性能好，拆卸后可重复使用，相对经济的优点，石油化工行业基本采用金属保护层。防潮层应按照 SH/T 3522 和 GB 50126 要求施工。

（1）保护层的施工应在绝热层或防潮层检验合格后进行。

（2）保护层材料的选用应符合设计要求。腐蚀性环境下宜选用耐腐蚀材料；有防火要求的设备及管道宜选用不锈钢薄板；当采用软质或抹面保护层时，选用的材料及组分配比应符合产品说明书的要求。

（3）设备金属保护层、管道金属保护层应按 SH/T 3522 的要求进行施工。

（4）毡、箔、布类保护层、抹面保护层施工按 SH/T 3522 和 GB 50126 的要求进行施工。

（5）质量验收应执行 GB 50645 和 GB 50185。非金属保护层应按照 GB 50645 和 GB 50185 验收。

六、施工过程技术文件

施工交工技术文件和施工过程技术文件按 SH/T 3522 的要求编制并应符合 SH/T 3503 和 SH/T 3543 的相关要求。

（1）施工过程技术文件宜包括下列文件：

① 材料质量证明文件和复检报告；

② 设计变更单和材料代用通知单；

③ 隐蔽工程记录；

④ 施工过程记录；

⑤ 工序交接记录。

（2）绝热工程施工应按工序进行质量过程控制，按检验批、分项（或分部）进行检查和验收，并应按 SH/T 3543 及 SH/T 3503 的规定填写相关记录文件。

（3）绝热工程施工技术文件完成后，应作为设备和管道安装工程的一个分项或分部工程，随主体工程一同提交给建设单位/业主。

第五节　低温储罐绝热

低温储罐包括双金属壁单容罐、双金属壁全容罐以及预应力混凝土外罐全容罐。涉及的主要标准有 SH/T 3537、SY/T7349、GB 50126、SY/T7350 等。

一、低温罐保冷施工工序

低温罐保冷施工工序见图 2-13-3。

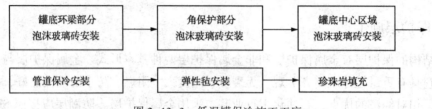

图 2-13-3　低温罐保冷施工工序

二、绝热材料要求

（1）绝热材料的主要性能应符合设计要求，各种材料主要性能可参照 SY/T 7349—2016 的要求。

（2）绝热材料在安装前应储存在干燥通风的库房内，防止受潮。

三、绝热层系统安装要求

（1）一般规定

① 保冷材料的存放和施工应做好防水保护；应将孔洞、临时出入门用防雨布封堵，罐内应保持干燥。

② 砂子填装前，应测定粒度和含水率。粒度应符合设计文件规定，含水率不得超过 1%（质量）。

③ 当环境相对湿度超过 90%或环境文件低于 5℃时不应进行珍珠岩装填。

④ 装填珍珠岩时应采取防止珍珠岩落入内罐的措施。

（2）罐底绝热、环形空间绝热、罐内管道保冷和内悬挂顶保冷的施工应执行 SH/T 3537、SY/T 7349。

第十四章 筑炉衬里工程

石油化工筑炉衬里工程是筑炉工程和衬里工程的合称。石油化工工程中的筑炉衬里工程包括石油化工管式炉筑炉工程及石油化工隔热耐磨衬里工程两部分内容。

石油化工管式炉筑炉工程包括圆筒炉和箱式炉筑炉施工，其特点是炉膛内装有输送物料的管束，火焰通过辐射和对流将管束内物料加热，施工包括耐火砖砌体、耐火浇注料衬里和耐火陶瓷纤维衬里的施工。

石油化工隔热耐磨衬里专指石油化工催化裂化装置反应再生系统设备所涉及的衬里结构施工，包括隔热耐磨单层衬里、龟甲网隔热耐磨双层衬里、侧拉环隔热耐磨单层/双层衬里、耐磨/高耐磨单层衬里施工。

石油化工筑炉衬里工程，根据施工阶段及结构特点，可划分为施工准备、表面处理与检查验收、筑炉衬里层施工、养护、成品保护及配合烘炉等部分。

第一节 法律法规标准

项目开工前，根据设计技术文件、施工合同、法规要求，筛选制定项目筑炉衬里工程施工所需的有效国家、行业标准明细，作为施工依据列入项目施工组织设计/施工方案，并根据具体专业施工技术方案的需要，列入相应的技术标准/规定，作为筑炉衬里工程施工及验收的依据。列清单时应注意版本的有效性。常用相关法律、法规、标准见表2-14-1。

表2-14-1 常用相关法律、法规、标准

序号	法规、标准名称	标准代号	备注
1	石油化工管式炉轻质浇注料衬里工程技术条件	SH/T 3115—2000	
2	石油化工管式炉高强低导浇注料工程技术条件	SH/T 3427—2017	
3	石油化工筑炉工程施工质量验收规范	SH/T 3534—2012	
4	石油化工隔热耐磨衬里施工技术规程	SH/T 3609—2011	拟转企标
5	石油化工筑炉工程施工技术规程	SH/T 3610—2012	
6	工业炉砌筑工程施工与验收规范	GB 50211—2014	
7	隔热耐磨衬里技术规范	GB 50474—2008	

第二节　施工准备

筑炉衬里施工准备包括对施工单位的资质、作业人员的资格审查，作业人员的培训，以及对作业前的技术条件进行确认、场地及临时设施的布置、施工机具进场检修与维护、材料进场与检验等内容。

（1）筑炉工程施工前应对施工单位筑炉工程施工资质、项目质量保证体系和质量检验制度进行检查，SH/T 3610 和 SH/T 3609 均对此进行了规定；施工前应编制施工技术文件，经批准后方可执行。

（2）施工前，应对衬里施工作业人员的操作技能进行培训。对支模浇注法施工的振捣人员和喷涂法施工的操作人员还应按照 SH/T 3609 及 GB 50474 等规范进行考核。

（3）筑炉工程施工前，应熟悉设计文件和标准及施工技术文件，确定各部位的施工方法。根据 SH/T 3550 的规定，催化裂化反应再生系统隔热耐磨衬里施工方案已列入工程实施重大施工方案，施工前应进行技术文件交底。

（4）施工前应进行工序交接，并办理交接手续，并经监理/建设单位确认后方可进行施工。按照 SH/T 3610 对炉壁上的所有开孔、套管等应进行检查验收。

（5）衬里施工对温度有要求，衬里施工环境温度高于 35℃时，应采取降温措施；环境温度低于 5℃时，应采取冬季防冻措施。施工过程应采取措施以防止曝晒和雨淋。

（6）工程施工过程技术文件和交工技术文件的整理应与工程进度同步进行，工程施工过程技术文件应符合 SH/T 3543 和 SH/T 3550 的规定，工程交工技术文件应符合 SH/T 3503 的规定以及 SH/T 3609 和 SH/T 3610 的规定。

第三节　材料验收

筑炉衬里材料质量是筑炉施工质量的基本保证。筑炉衬里材料质量直接影响砌体层和衬里层的整体质量，也直接影响炉体的运行寿命。筑炉衬里材料包括耐火砖、耐火浇注料、耐火陶瓷纤维材料、隔热衬里混凝土以及配套的锚固钉、龟甲网等材料。

（1）筑炉材料应按设计文件要求采用，应有合格的质量证明文件。不定形耐火材料还应具有产品使用技术文件，有时效性的材料应注明其有效期限，并符合 SH/T 3609 和 SH/T 3610 的规定。

（2）筑炉衬里材料应经监理/建设单位确认后方可投入使用，需要抽样检验的衬里材料应经施工单位、材料采购单位和监理/建设单位三方在现场见证取样，送有资质的检测机构进行复验，验证性指标符合相应标准要求后方可使用，并符合 SH/T 3609 和 SH/T 3610 的规定。

（3）当质量证明文件和检测报告性能数据不全、对性能数据有异议、材料有时效性要求或设计文件/合同文件要求的情况下对筑炉衬里材料复验时，应符合 SH/T 3610 的规定。

（4）按照 SH/T 3610，衬里材料存在下列情况下，不得使用：

① 质量证明文件、检测报告的性能数据不符合产品标准及订货技术条件；

② 实物标识与质量证明文件标识不符；

③ 要求复验的材料未经检验或复验不合格；

④ 有时效性的材料超过规定存储期限。

（5）筑炉衬里材料的品种、牌号和规格型号应按相应的产品标准和规定的检验批和数量进行检验，应符合设计文件、合同文件的规定和 SH/T 3610 的规定。

（6）易受潮变质的筑炉衬里材料应库内储存，不得直接放于地面。有防冻要求的材料，应采取防冻措施；有保持水分要求的材料应密封储存。SH/T 3610 有相应规定。

第四节 施工过程管理

筑炉衬里施工通常包括砌体及衬里料衬里两种施工。施工部位包括炉本体及附属设施、烟风道、烟囱等。砌体是由耐火砖砌筑而成筑炉衬里结构；衬里是除耐火砖之外的耐火材料和锚固件构成筑炉衬里结构。耐火砖砌体是管式炉的主要组成部分，在管式炉生产时除承载动、静荷载外还要抵抗高温及气流冲刷，主要采取砌筑方式，需要对耐火砖的加工、砖砌的精度、砖缝的控制、砖缝用泥浆材料的选择、砖缝的饱满度以及膨胀缝等过程进行控制；衬里浇注料既应用于管式炉，也应用于催化裂化装置反应再生系统设备的衬里。衬里结构种类较多，需根据不同的材料性能及特点，采取支模浇注、手工捣制或机械喷涂等方法。

一、筑炉衬里施工基本流程

（1）砌体结构施工流程见图 2-14-1。

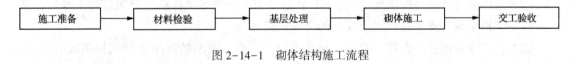

图 2-14-1 砌体结构施工流程

（2）衬里结构施工流程见图 2-14-2。

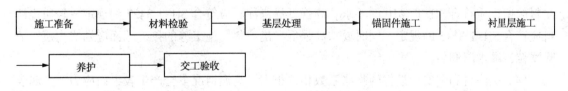

图 2-14-2 衬里结构施工流程

二、基层处理与检查验收

（1）筑炉衬里施工前应办理好工序交接，设备的垂直度和圆度等应符合 GB 50474 及 SH/T 3534 等的规定，易变形的设备在施工前应采取临时加固措施。

（2）所有开孔、锚固钉、套管等隐蔽工程施工完毕，并经检验合格。

（3）金属表面已进行彻底的除锈，除锈等级符合规范要求。金属表面无水、积渣、油污和其他杂物。

（4）凡妨碍施工或施工后无法拆除的临时设施，在衬里前已完全拆除。

三、石油化工管式炉耐火砖砌筑

耐火砖砖缝是砌体的薄弱部位，也是评定砌体等级的主要依据，是施工过程控制的主要部位。

（1）缝隙的宽度、砖缝用泥浆、砖缝的饱满度均应按 SH/T 3610 进行控制。

（2）耐火砖错缝砌筑要求和错缝长度均应符合 SH/T 3610 的要求。

（3）SH/T 3610 对耐火砖的加工、膨胀缝的留设都有详细规定。

（4）复杂或重要部位砌筑前应进行预砌筑，可检查组成砌体的耐火砖配合情况和详细加工尺寸。实际砌筑时应按预砌筑的顺序进行，SH/T 3610 对预砌筑进行了相应规定。

四、石油化工管式炉衬里浇注料施工

石油化工管式炉浇注料包括高强低导浇注料和轻质浇注料。高强低导浇注料以轻质莫来石、陶粒和珍珠岩等为骨料，少量耐火土和硅藻土等为粉料，铝酸盐水泥为结合剂，辅以适当外加剂配制。管式炉轻质浇注料原常用高铝水泥陶粒蛭石轻质浇注料，现逐步被使用条件相似、但品种多样、性能指标显著提高、由生产厂商配制好、现场可直接施工的轻质浇注料代替。浇注料衬里施工可采用手工捣制、支模浇注和机械喷涂等施工方式。

（1）SH/T 3427 对高强低导浇注料的组成及性能进行了规定，SH/T 3115 列出了体积密度 $500 \sim 1300 \mathrm{kg/m^3}$ 范围内的轻质浇注料的性能指标，同时列出了常用轻质浇注料配比中所用的集料和胶结剂的性能要求。

（2）高强低导浇注料按温度分级，SH/T 3427 对高强低导浇注料的分级进行了规定，施工过程中应根据温度要求选择相应代号的浇注料进行施工。

（3）搅拌应采用强制搅拌，施工应连续进行。当施工间断超过耐火浇注料初凝时间时，应留设施工缝；分段浇注时，应错缝留设，接合面应是毛面并完全润湿以利浇注料粘结。施工缝应尽量少留，并应具有良好外形。关于施工缝留设的方式，不同规范不尽相同，普通浇注料的留设应符合 SH/T 3610 的要求，高强低导浇注料应符合 SH/T 3427 的规定，轻质浇注料应符合 SH/T 3115 的规定。同时要求高强低导浇注料，施工缝的接缝端面应划成沟痕、清除浮粒，淋水湿润后，方可继续施工。

（4）浇注料和金属埋设件的膨胀系数相差很大，高温情况下会产生较大内应力，金属表面需包裹耐火陶瓷纤维纸作为膨胀缓冲层，其施工要求应符合 SH/T 3610 的规定。

（5）浇注料衬里应设置膨胀结构，表面应留设伸张缝，其施工应符合 SH/T 3610 的规定。

（6）耐火浇注料成型后，SH/T 3610 规定不得二次抹面。因为浇注料成型后再抹面，无法与原浇注料紧密连接，烘炉时表面层易脱落，造成衬里使用的缺陷。

（7）高强低导浇注料施工时，锚固钉需挂金属网或钢丝时，应先把金属网或钢丝挂好，再固定在一个平面上，以保证其在衬里中的位置。

五、石油化工管式炉耐火陶瓷纤维衬里施工

（1）耐火陶瓷纤维衬里采用层铺式施工，对锚固件的安装、基层的防腐以及纤维表面的高温辐射涂料的施工应符合 SH/T 3610 的规定。

（2）耐火陶瓷纤维毯衬里层铺时，上下层应错缝、同层应相互交错；同层对接时应留有 5mm 的压缩余量，厚度偏差应符合 SH/T 3610 的规定；不同部位的结构形式应符合 SH/T 3610的规定。

（3）燃烧器砖和视孔砖的位置在炉墙中是不可改变的，施工中应先安装燃烧器砖和视孔砖，并以燃烧器砖、视孔砖为基点进行模块安装。

（4）耐火陶瓷纤维模块作为隔热层，模块衬里层铺时，应由下而上，并按模块型号逐排进行，并从墙体中心线开始向两侧安装，模块间应挤压密实，且不得有贯通缝，并应符合 SH/T 3610 的规定。耐火陶瓷纤维模块表面平整度、墙面垂直度应符合 SH/T 3534 的规定。

六、石油化工管式炉耐火陶瓷纤维浇注料衬里施工

（1）耐火陶瓷纤维浇注料使用前需要用机械搅拌，使胶结剂、耐火陶瓷纤维充分均匀混合。SH/T 3610 规定搅拌应采用强制式搅拌。

（2）耐火陶瓷纤维浇注料，加热后收缩比较大，因此需设置伸缩缝，伸缩缝的设置应符合 SH/T 3610 的规定。

（3）应在施工期间留置试块，其试块的留置应符合 SH/T 3534 和 GB 50211 的规定。

七、催化裂化装置反应再生系统设备和管道衬里施工

（1）隔热耐磨衬里层应根据材料的层数、锚固钉及龟甲网等要求选择支模、手工捣制或机械喷涂的方法；特殊部位，也应结合特殊部位的结构特点，采取相应的施工方法，并应符合 SH/T 3609 的规定。

（2）衬里混凝土施工时，锚固件的安装应采用焊接且应避开器壁焊缝，并应符合 SH/T 3609的规定。

（3）衬里混凝土的搅拌应使用强制式搅拌机，并应符合 SH/T 3609 的规定。施工应连续进行，当施工间断超过耐火浇注料初凝时间时，应按 SH/T 3609 的规定留设施工缝。

（4）Ω 型锚固钉隔热耐磨单层衬里施工，采用振捣方法时振捣应密实，且不得发生漏振、过振、离析现象，并应符合 SH/T 3609 的规定；采用机械喷涂时，应先进行试喷，喷涂过程中应保持稳定，并应符合 SH/T 3609 的规定。

（5）侧拉型圆环隔热耐磨单层衬里应分两次布料和捣实，两次施工时间不应超过首层混凝土的初凝时间。

（6）隔热耐磨双层衬里层应采用手工捣制并配合橡胶锤进行捣实，防止出现空洞现象。侧拉型圆环安装的平整度或圆弧度直接影响衬里层混凝土的表面质量，施工应符合 SH/T 3609的规定，同时龟甲网的安装和质量应符合 SH/T 3609 的规定；隔热耐磨双层衬里层施工可采用手工捣制方法，布料沿厚度方向一次成型，施工应符合 SH/T 3609 的规定。

（7）当混凝土对铝、铁的含量有要求时，耐磨/高耐磨单层衬里层应采用不锈钢锤进行捣实，防止混入铁杂质而影响衬里混凝土的化学性能。

（8）衬里混凝土应留置工程试样。工程试样的制作、养护应与衬里工程相同条件。针对工程试样的要求，GB 50474 的规定比 SH/T 3609 详细和全面，在执行过程中应符合 SH/T 3609 和 GB 50474 的规定。

八、养护

养护应按设计文件或供货商的要求进行。当设计文件无要求时，高强低导浇注料应按 SH/T 3427 规定执行。轻质浇注料严禁用蒸汽养护，也不宜用草袋等物遮盖，应喷水养护，且养护时间应符合 SH/T 3115 的规定；耐火浇注料衬里的养护还应符合 SH/T 3610 的规定；衬里混凝土的养护应符合 SH/T 3609 的规定。

九、成品保护

（1）整个筑炉衬里工程施工过程应防止曝晒、雨淋、受冻。烘炉前，应采取措施进行成品保护，并应符合 SH/T 3610 和 GB 50474 的规定。

（2）冬期施工应在有采暖的环境中进行，施工环境温度、材料预热温度、拌合时拌合水温度和养护温度的控制以及施工完毕至烘炉前的周围环境温度应符合 SH/T 3610 和 SH/T 3609 的规定。

十、配合烘炉

（1）衬里烘炉应由建设单位负责，设计、施工、监理单位参加，并按确定的烘炉方案进行。

（2）衬里烘炉应符合 GB 50474 的规定，烘炉应平稳进行，并应控制升温、降温速度和所需时间及恒温温度和所需时间，降温时不得强制冷却。烘炉应做好记录，并应绘制烘炉曲线。

第十五章 吊装工程

吊装是指利用起重机械或者其他起升工(机)具将设备、结构件等待吊物件吊起,使其位置发生变化的作业过程。吊装工程包括吊装机械和机具、吊装工艺、吊索、吊具、吊耳、地基处理、起重指挥信号等内容。

石油化工建设工程中吊装作业风险高,涉及范围广,一旦发生事故,将会造成重大经济和财产损失,社会危害和影响大。为了确保作业安全,国家和地方有关部门、行业针对吊装作业分别制定了一系列的法律法规、标准,这些法律法规标准在指导作业人员施工、保障吊装作业的安全中发挥了重要作用。

吊装过程包括施工准备、过程与控制、资料整理归档三个环节。

第一节 法律法规标准

吊装工程常用法律法规标准见表 2-15-1。

表 2-15-1 吊装工程常用法律法规标准

序号	法律法规标准名称	标准代号	备注
1	石油化工大型设备吊装工程施工技术规程	SH/T 3515—2017	转企标
2	石油化工工程起重施工规范	SH/T 3536—2011	
3	石油化工设备吊装用吊盖工程技术规范	SH/T 3566—2018	转企标
4	中华人民共和国特种设备安全法	主席令(第四号)2013	
5	特种设备安全监察条例	国务院令第 549 号	
6	建筑卷扬机	GB/T 1955—2008	
7	起重吊运指挥信号	GB 5082—1985	
8	塔式起重机安全规程	GB 5144—2006	
9	起重机试验规范和程序	GB/T 5905—2011	
10	起重机钢丝绳保养、维护、检验和报废	GB/T 5972—2016	
11	钢丝绳夹	GB/T 5976—2006	
12	起重机械安全规程第 1 部分:总则	GB 6067.1—2010	
13	起重机术语第 1 部分:通用术语	GB/T 6974.1—2008	
14	重要用途钢丝绳	GB 8918—2006	
15	粗直径钢丝绳	GB/T 20067—2017	
16	一般用途钢丝绳	GB/T 20118—2006	
17	一般起重用 D 形和弓形锻造卸扣	GB/T 25854—2010	

序号	法律法规标准名称	标准代号	备注
18	立式油压千斤顶	GB/T 27697—2011	
19	建筑地基基础工程施工质量验收标准	GB 50202—2018	
20	起重设备安装工程施工及验收规范	GB 50278—2010	
21	石油化工建设工程施工安全技术标准	GB 50484—2019	
22	石油化工大型设备吊装工程规范	GB 50798—2012	
23	螺旋千斤顶	JB/T 2592—2017	
24	卧式油压千斤顶	JB/T 5315—2017	
25	一般起重用锻造卸扣	JB 8112—1999	
26	起重吊具合成纤维吊装带	JB/T 8521—2007	
27	编织吊索安全性第1部分：一般用途合成纤维扁平吊装带	JB/T 8521.1—2007	
28	编织吊索安全性第2部分：一般用途合成纤维圆形吊装带	JB/T 8521.2—2007	
29	手拉葫芦安全规则	JB 9010—1999	
30	化工工程建设起重规范	HG 20201—2017	
31	化工设备吊耳设计选用规范	HG/T 21574—2018	
32	建筑地基处理技术规范	JGJ 79—2012	
33	建筑施工塔式起重机安装、使用、拆卸安全技术规程	JGJ 196—2010	
34	履带起重机安全规程	JG 5055—1994	

第二节 吊装施工准备

吊装施工准备主要包括技术准备、机索具准备和现场准备。

一、技术准备

技术准备在 GB 50798、SH/T 3515 和 SH/T 3536 中均有相关规定。

1. 熟悉资料与标准

（1）熟悉施工合同，了解吊装施工范围、工程量、特点、难点和施工现场条件；

（2）熟悉装置平面布置图、立面布置图和设备图纸等工程图纸；

（3）根据施工合同、现场情况、所拟定的施工工艺、所选的机械和索具等，确定本工程所需的有效标准。

2. 编制吊装施工组织设计/吊装施工方案

（1）吊装实施前，应编制吊装施工方案并经报审完毕，无吊装方案不得吊装作业。相关要求按 SH/T 3536、GB 50798 执行。

（2）吊装方案的编制依据参照 GB 50798 执行，吊装方案的编制内容参照 GB 50798 和 SH/T 3515，两个条文内容不完全相同，但两者间不冲突，而是互为补充，方案编制时编制人员可结合具体实际增减一些相关内容。根据设备重量、尺寸等设计设备吊耳，根据吊装资源配置、现场条件、人员、费用等情况进行吊装工艺选择和吊装机械选型。

（3）吊装施工方案的编审程序按 SH/T 3515 执行。

（4）吊装施工方案编审人员资格参照 GB 50798、SH/T 3536 和 SH/T 3515 的相关规定，其中 GB 50798 和 SH/T 3515 规定比 SH/T 3536 要求高，原因是 GB 50798 和 SH/T 3515 这两项标准适用的对象是大型设备，所以对编审人员资格提出了较高要求；而 SH/T 3536 适用于各等级的起重吊装，将方案分为重大和一般两个等级分别规定吊装施工方案编审人员的资格条件，对于重大施工方案的编审人员资格与 GB 50798 和 SH/T 3515 两项标准规定是一致的。

（5）与吊装相关的起重机械、设备重量、吊点、吊索具、现场平面等发生变化，应编制变更方案或补充方案，并按原审批程序进行审批。有关要求按 GB 50798、SH/T 3515、SH/T 3536 执行。

3. 吊装方案论证

GB 50798、SH/T 3515 对专家论证进行了规定。石化系统内把设备重量作为界定专家论证的标准，一般会对设备重量超过 100t 的吊装方案组织专家论证，有时会提高要求，将重量放宽到 80t 以上，当然，这是目前的习惯性做法。如果实施条件比较苛刻，非常规吊装工艺，或者经相关方评估风险特别大、实施难度特别大的吊装作业，可以提级管理，将吊装方案的专家论证范围进一步放宽，具体可由各单位自行决定。

4. 技术交底

吊装方案编制完成后，应对相关人员进行技术交底，交底内容包括吊装范围、吊装量、设备相关参数、吊装工艺及操作要求、实施步骤、吊点及吊索具设置、安全主要要求等关键信息。有关吊装施工方案交底的规定参照 GB 50798、SH/T 3515 和 SH/T 3536 执行。

二、机索具准备

机索具准备包括吊装机械、起重机具、吊索、吊具、吊装用料等的准备。有些准备工作需要在吊装方案编审完成之前进行，比如起重机械资源的收集、询比价及签订租赁合同，因为时间长，需提前确定。具体内容如下：

（1）起重机械的询比价；起重机械租赁合同的签订。

（2）起重机械的动迁进场；起重机具的采购与调运。

（3）吊索的采购与调运；吊装用料的采购与调运。

（4）吊具的设计、制作、采购与调运。

（5）所有机索具的场内外检查、确认及相关记录。无质量证明文件及不按方案要求选型设置的机索具不得使用。当发现有起重机械被恶意涂改、擦除型号的现象时，应进行核证并作相应处理。

机索具准备参照 GB 50798、SH/T 3515 执行，但不限于标准中的内容，可根据实际情况调整。

三、现场准备

现场准备包括现场地基处理、现场障碍物清理、吊装施工区域的围设、现场放线、起重机械(或机具)的布设等工作内容，相关要求参照 GB 50798、SH/T 3515 执行，但不限于标准中的内容，可根据实际情况调整。

第三节　吊装工艺

吊装工艺的选择应根据待吊设备结构及安装形式、待吊设备重量及外形尺寸、起重机械（或机具）条件、现场作业空间条件、作业人员的技能水平及经验、费用等多方面因素综合确定。

吊装工程主要施工工序见图 2-15-1。

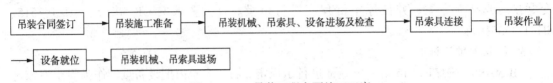

图 2-15-1　吊装工程主要施工工序

一、吊装工艺分类

（1）根据设备的卧式布置还是立式布置的安装形式，吊装工艺分为：

① 对于卧式布置的设备，常用的吊装工艺有直接吊装（提升）法、滑移加顶升（或提升）综合吊装法、夺吊移送法等。直接吊装（提升）法是卧式安装设备吊装的主要方法，吊装实施时，若条件允许，应优先选用。

② 对于立式布置的设备，常用的吊装工艺有抬吊递送法、尾排滑移法、固定尾排吊转法、（铰支）扳转法、滑移加顶升（或提升）综合吊装法及结合以上多种工艺衍生出的夺吊法等。抬吊递送法是立式安装设备吊装的主要方法，吊装实施时，若条件允许，应优先选用。

（2）根据吊装机械（或吊装机具）的形式，吊装工艺常可分为起重机（俗称吊车）吊装法、液压提升（或顶升）系统吊装法、卷扬机提升法、倒链提升法、千斤顶顶升法等。以起重机械（吊车）吊装为主，在条件允许的情况下，一般优先选用起重机作为起重机械进行吊装。近些年，随着设备的大型化、重型化，现有成型起重机已经满足不了吊装要求，液压提升（或顶升）系统凭借其强大的提升能力，在设备吊装现场发挥着越来越大、无可替代的作用。桅杆吊装工艺可参照 GB 50798、SH/T 3536 执行。

（3）立置设备或卧置设备根据主吊装机械（或吊装机具）的数量，吊装工艺常可分为单机械主吊法、双机械主吊法、多机械主吊法等。为了降低多机械的配合难度，减小发生吊装事故风险，应优先选用单机械主吊法。

（4）立置设备根据溜尾机械（或吊装机具）的数量，吊装工艺常可分为单机械溜尾法、双机械溜尾法、多机械溜尾法等。为降低多台机械之间的配合难度，减小发生吊装事故风险，应优先选用单机械溜尾。

二、起重机吊装工艺

采用起重机吊装时参照 GB 50798、SH/T 3515 和 SH/T 3536 执行，现对以上三项标准中不一致的条文进行说明。

1. 有关吊钩滑轮组侧偏角的规定

GB 50798 规定："吊装过程中，吊钩滑轮组侧偏角应小于3°"；SH/T 3515 规定："吊装过程中，吊钩侧偏角应小于1°"；SH/T 3536 规定："使用流动式起重机起吊工件时，吊钩偏角不应超过3°"。三个条款实际描述的是同一件事，但表述稍有不同，规定的偏差值也不尽相同。偏差值3°是多年来一贯采用的，且得到了实践的检验，应该说按照这个偏差值已经能满足安全要求。但采用侧偏角应小于1°的规定，相当于提高了安全要求。为此，如果现场实际吊装时，这个角度便于控制或测量，可以按照1°的偏差值去执行，尤其是当吊钩与起重机臂杆顶部定滑轮间距较小时，更加有利于安全。

2. 有关采用两台起重机作为主吊机械进行抬吊的吊装工艺

GB 50798 和 SH/T 3515 规定当采用两台起重机作为主吊抬吊高、细设备，起重机起重能力宜相同。每台起重机的吊装载荷不得超过其额定起重能力的80%。当设有平衡装置或抬吊对偏载不敏感的粗矮或细长卧式设备时，可按所分配的载荷选择起重机。

SH/T 3536 规定："两台流动式起重机主吊抬吊工件时，两台起重机起重能力宜相同。当两台起重机起重能力不相同时，应采用分载梁进行载荷分配或按较小的起重能力确定吊装载荷"。

SH/T 3536 规定："两台或两台以上流动式起重机主吊抬吊同一工件，每台起重机的吊装载荷不得超过其额定起重能力的75%。"

主起重机抬吊作业时，抬吊起重机的载荷率分别限制在80%和75%以下，导致实施者不知道选用哪个值。为了便于执行，应本着执行最新标准原则选用80%。尽管如此，80%这个载荷率在某些情况下实际上也是不可操作的，标准对此很难规定一个准确数值，因为与各起重机的工况有一定的关联，比如针对一些有超起提升配重的起重机，如果载荷率不达到80%以上，其超起配重就无法离地，起重机就无法实现回转作业，势必迫使减少超起提升配重以提高载荷率，来实现起重机回转或其他动作，这时起重机载荷率超过80%已经违背了标准规定。所以使用者在执行标准时，应根据现场实际情况权衡把握，但必须以保证起重机不超载为原则，正常情况下应符合标准中规定的载荷率要求。GB 50798 和 SH/T 3515 与 SH/T 3536 不抵触，但却与 SH/T 3536 不一致。

另外，SH/T 3536 规定："两台或两台以上塔式起重机抬吊同一工件，每台起重机的吊装载荷不得超过其额定起重能力的75%。"对于塔式起重机，因其无超起提升配重需离地的工况，为此，按此载荷率来控制起重机作业，操作上可行。

三、液压提升(或顶升)系统吊装工艺

GB 50798、SH/T 3515 和 SH/T 3536 对液压提升(或顶升)系统作了明确的规定，可以综合执行此三项标准中的相应条文。

直接吊装(提升)法吊装工艺实施执行 SH/T 3515。抬吊递送法吊装工艺实施参照 GB 50798和SH/T 3515 执行。

第四节　吊装机械和机具

吊装机械和机具主要包括：流动式起重机（主要有汽车式起重和履带式起重机两种）、液压提升（或顶升）系统、塔式起重机、桥门式起重机、卷扬机、葫芦（俗称倒链，含手动、电动两种）、千斤顶、滑轮（组）等。

进入施工现场的吊装机械、机具应符合国家现行技术标准的规定，具有完整的质量证明文件及其他必要的证明文件。进入现场前（后）均应进行检查，确认性能完好，并做好相应的检查记录，检查记录应存档。

一、流动式起重机

流动式起重机是石化工程建设中使用频率最高的起重机械，其性能对工程建设吊装起着极为关键的作用，应引起充分重视。

SH/T 3536 中规定，流动式起重机的使用单位不得改变起重机的结构和所规定的作业工况的配置。流动式起重机作业场地应平整坚实，承载能力应满足产品技术文件的规定。流动式起重机在易燃、易爆区工作时，应按规定办理作业手续。流动式起重机作业区域应设置警戒标志。起重机吊臂下及起重机部件旋转范围内不得有人员停留或走动。流动式起重机不得靠近架空输电线路作业，当必须在线路近旁作业时，起重机吊臂或吊物与架空输电线的最小安全距离应符合相关规定，并应设专人监护或隔离防护。

起重机吊臂或吊物与架空输电线路的最小安全距离按 SH/T 3536 的附表以及 GB 50798 的附表执行。两表中针对小于 1kV 电压时的安全距离不一致，建议实施时按 2m，即按偏安全选择。

GB 50798 规定，起重机械应有有效的安全检验合格证。起重机械的安装、使用和维修保养应执行国家质量技术监督局《特种设备质量监督与安全监察规定》和《特种设备注册登记与使用管理规则》的规定。起重机械的烟气或废气排放应符合环保排放标准的要求。废弃的油料应回收集中处理，不得随地倾倒或就地掩埋。起重机使用前应进行安全技术性能检验，检验应按相关的起重机厂家技术文件和国家标准规定进行。设备吊装载荷不得超过起重机在该工况下的额定起重载荷，即不得超载使用。

起重机选择时应考虑的因素按 GB 50798 规定。

主起重机的选择执行 GB 50798，辅助（或溜尾）起重机的选择执行 GB 50798。主起重机、辅助（溜尾）起重机的布置执行 GB 50798。

二、液压提升（或顶升）系统

液压提升（或顶升）系统的塔架、横梁等受力构件性能应完好，强度、刚度和稳定性应满足安全使用要求，并具有质量证明文件以及其他必要的证明文件。

塔架、中孔千斤顶使用、夹紧千斤顶、动力包、控制系统以及绞线与方钢的使用都执行 GB 50798 的规定。

三、塔式起重机

塔式起重机除应遵守 GB 5144 外，还应遵守 SH/T 3536 的规定，两者间不矛盾，SH/T 3536 只是从石化行业角度对 GB 5144 进行的补充。

四、桥门式起重机

桥门式起重机执行 SH/T 3536 的有关规定。

五、卷扬机

卷扬机以执行 GB/T 1955 为主，结合执行 SH/T 353 和 GB 50798 的有关规定。卷扬机的使用还应注意做好防雷接地及防倾覆措施。

六、葫芦(俗称倒链)

手拉葫芦执行 JB 9010、GB 50798、SH/T 3536 的有关规定。电动葫芦无现行相关标准，现场使用时主要参照电动葫芦的使用说明书，电动葫芦与手拉葫芦相似部件的使用规定参照前述手拉葫芦相关标准。

七、千斤顶

(1) 立式油压千斤顶执行 GB/T 27697。

(2) 卧式油压千斤顶执行 JB/T 5315。

(3) 螺旋千斤顶执行 JB/T 2592。

除上述各标准外，各种千斤顶还应执行 GB 50798 和 SH/T 3536 有关规定。

八、滑轮组

滑轮(组)执行 GB 50798 有关规定。

第五节　吊　　索

石化工程建设吊装中常用的吊索主要包括钢丝绳、钢丝绳扣、无接头钢丝绳绳圈、合成纤维吊装带、麻绳等，吊索应有质量证明文件，不得使用无质量证明文件或试验不合格的吊索，严禁超载使用吊索。属于吊索范畴的吊装链很少用，也未见相关标准。

进入施工现场的吊索应具有完整的质量证明文件并符合国家现行标准的规定。进入现场前(后)均应进行检查，确认性能完好，并做好相应的检查记录。

一、钢丝绳

钢丝绳是石化工程建设中的主要吊索，吊装工程中常把它加工成钢丝绳扣和无接头钢丝绳绳圈，用于设备的吊装作业。未经加工的原钢丝绳主要用作卷扬机跑绳、缆风绳、牵引绳，有时也作为吊装绳使用，但常与钢丝绳夹配合使用。

跟钢丝绳有关的标准有 GB/T 20067、GB 8918、GB/T 20118、GB 50798、SH/T 3536 和 SH/T 3515 等。

GB/T 20067、GB 8918、GB/T 20118 规定了钢丝绳的分类、订货内容、材料、技术要求、检查、试验、验收方法、包装、标志及质量证明书，是从钢丝绳产品的分类、材料、制造、检验、验收的角度进行的一系列规定，并未规定钢丝绳的使用及钢丝绳的二次加工。而 GB 50798、SH/T 3536 和 SH/T 3515 等三项标准是从使用、报废的角度对钢丝绳作了一些明确的规定，所以这三个标准是 GB/T 20067、GB 8918、GB/T 20118 这三个标准的补充。

考虑到钢丝绳内部材质可能存在不均匀、使用过程中冲击或动载荷、不利环境、设备重量不准确、操作不平稳、不可避免的弯曲、不可避免的挤压或磨损等多方面对钢丝绳不利的因素，为确保吊装安全，使用钢丝绳时应考虑一定的安全系数。

GB 50798 和 SH/T 3515 均规定钢丝绳的使用安全系数 K 应符合：用作拖拉绳时，$K \geqslant 3.5$(此安全系数要求比 SH/T 3536 规定的 $K \geqslant 3$ 值要高，使用时可根据使用环境等因素自己选定)；用作卷扬机的走绳时，$K \geqslant 5$；用作捆绑绳扣使用时，$K \geqslant 6$；用作系挂绳扣时，$K \geqslant 5$；用作载人吊篮时，$K \geqslant 14$。

钢丝绳在绕过不同尺寸的销轴或滑轮，使钢丝绳产生弯曲的情形时，钢丝绳的比例系数、效率系数及强度能力应按 GB 50798 和 SH/T 3536 的规定进行计算。

钢丝绳使用时还应遵守 GB 50798 的规定，钢丝绳放绳时应防止发生扭结现象；钢丝绳插接长度宜为绳径的 20~30 倍，较粗的绳应用较大的倍数；接长的钢丝绳用于吊装滑轮组时，其接头的固结力应经试验验证，并且接头能安全顺利地通过滑轮绳槽；切断钢丝绳时，应预先用细铁丝扎紧切断处的两端，切断后立即将断口处的每股钢丝熔合在一起；钢丝绳不得与电焊导线或其他电线接触，当可能相碰时，应采取防护措施；钢丝绳不得与设备或构筑物的棱角直接接触，否则应采取保护措施；钢丝绳不得折曲、扭结，也不得受夹、受砸而成扁平状。尽管 GB 50798 没有明确规定插接的钢丝绳不能用于吊装滑轮组上，但为安全起见，采用插接接长的钢丝绳尽量不要用于吊装滑轮组上，正如 SH/T 3536 所规定的"接长的钢丝绳不宜用于起重滑轮组上"。除此之外，目前国内还未出台禁止将通过插接方式接长的钢丝绳应用于吊装中其他用途的有关规定，为了安全起见，实际吊装工程中不建议采用插接接长的钢丝绳用于现场吊装作业。

二、钢丝绳绳扣

钢丝绳绳扣使用安全系数执行前述对钢丝绳使用安全系数的规定。

钢丝绳绳扣不得使用的几种情形如下：

(1) GB 50798 规定，压制的接头有裂纹、变形或严重磨损；钢丝绳扣插编或压制部位有抽脱现象；钢丝绳出现 GB/T 5972 中规定的缺陷；无标牌。

(2) SH/T 3536 规定，压制的钢丝绳扣接头滑移、变形或裂纹；接头出现集中断丝或断丝在根部附近。

三、无接头钢丝绳绳圈

无接头钢丝绳绳圈使用应符合 GB 50798 的相关要求，绳圈为纤维芯时，其安全使用温度为-40~100℃；绳圈为钢芯时，其安全使用温度为-40~150℃；负载时发生异常变化，应立即停止使用；绳圈不能绕任何曲率半径小于 2 倍钢丝绳圈绳体直径的锐角弯曲，否则应采取保护措施；绳圈必须有明显的载荷能力标志、规格范围，无标志的无接头钢丝绳圈不允许使用；绳圈使用时，绳圈上标有禁吊标记的禁吊点应平行于受力方向，不得挂在吊钩或吊点位置；绳圈应在额定承载力范围内使用。

（1）GB 50798 规定了绳圈不得使用的几种情形：

① 禁吊标志处绳端露出且无法修复；

② 绳股产生松弛或分离，且无法修复；

③ 无接头钢丝绳圈的钢丝绳出现 GB/T 5972 规定的缺陷；

④ 无标牌。

（2）SH/T 3536 也规定了与前面不同的两种情形：绳股抽脱；绕结无接头钢丝绳圈的钢丝绳上的断丝数达到了 SH/T 3536 规定的数量。

四、合成纤维吊装带

合成纤维吊装带基于其柔软、重量相对较轻但承载能力大、便于拴挂、有利于保护设备表面等优点，在石化工程建设现场经常会使用。但合成纤维吊装带有易老化、内部缺陷难以判断、易被钢结构破坏的缺点，在使用过程中有较大的安全风险，近些年，用吊带执行吊装时发生事故不少见，应引起足够的重视，为此，建议现场吊装时尽可能避免使用合成纤维吊装带。针对合成纤维吊装带的标准主要有 JB/T 8521、JB/T 8521.1、GB 50798、JB/T 8521.2、SH/T 3515 和 SH/T 3536 等。

（1）合成纤维吊装带的使用应执行 GB 50798：吊装设备时宜选用圆形截面的圆环吊装带；丙纶吊装带使用环境温度宜为-40~80℃，聚酯及聚酰胺合成纤维吊装带使用环境温度宜为-40~100℃，高分子量聚乙烯合成纤维吊装带使用环境温度宜为-60~80℃；吊装带不允许叠压或扭转使用；吊装带不允许在地面上拖曳；当接触尖角、棱边时应有保护措施。

（2）合成纤维吊装带当出现 GB 50798 规定的相关情形时不得使用，吊装带本体被损伤、带股松散、局部破裂；合成纤维出现变色、老化、表面粗糙、合成纤维剥落、弹性变小、强度减弱；吊装带发霉变质、酸碱烧伤、热熔化、表面多处疏松、腐蚀；吊装带有割口或被尖锐的物体划伤；无标牌。

五、麻绳

在吊装工程中，麻绳一般用作溜绳，其使用应遵守 GB 50798 和 SH/T 3536 的相关规定。

第六节 吊　具

石化工程建设吊装中常用吊具主要包括卸扣、平衡梁(吊梁)、钢丝绳夹、拉板式吊具、板滑轮、吊钳等，现场使用的吊具应有质量证明文件，不得使用无质量证明文件或试验不合格的吊具，吊具严禁超载使用。卸扣、平衡梁(或吊梁)、钢丝绳夹和拉板式吊具已有现行标准，板滑轮和吊钳尚无现行标准。

进入施工现场的吊具应具有完整的质量证明文件并符合国家现行标准的规定。进入现场前(后)均应进行检查，确保性能完好并做好相应的检查记录。

一、卸扣

卸扣是吊装中使用最多的吊具之一，它常用作连接件，与钢丝绳(或钢丝绳扣)一起用于吊装工程中。卸扣的标准主要有 GB 50798、SH/T 3536、SH/T 3515、GB/T 25854 和 JB 8112 等。前三项标准从使用角度作了规定，而后两项标准则是从卸扣结构、性能等方面作了规定。日常现场吊装使用时执行前三项标准即可。

1. 卸扣的使用

(1) 基于卸扣的结构特点，为确保吊装安全，同时避免卸扣在吊装过程中受到损坏，国家相关标准对卸扣的受力方向有严格的规定。GB 50798、SH/T 3536 和 SH/T 3515 都规定了"卸扣使用时，只应承受纵向拉力"。但有些时候，在实际吊装过程中，由于设备吊点结构的局限、设备吊装过程中状态的变化，卸扣受力方向不可避免地会发生相应改变，不符合标准中"只应承受纵向拉力"的规定。为此，遇有这种情形时，建议卸扣应根据受力计算结果适当选大些。

(2) 卸扣属于受力结构件，其承载能力有一定的极限，为此，在吊装工程中必须使用有额定负荷标记并且完好的卸扣，严禁超载。这在 GB 50798、SH/T 3536 和 SH/T 3515 都作了相应规定。

(3) SH/T 3536 和 SH/T 3515 规定，卸扣使用前应进行外观检查，表面应光滑，不得有毛刺、裂纹、尖角、夹层等缺陷，不得使用有永久变形和有裂纹的卸扣，也不得利用焊接的方法修补卸扣的缺陷。

(4) GB 50798 规定，卸扣应做好维护保养，其表面应防锈保护，不允许在酸、碱、盐、腐蚀性气体、潮湿、高温环境中存放。

2. GB 50798 规定，当卸扣出现以下情形时，不得使用

(1) 各部位磨损量超过原尺寸的 5%；

(2) 扣体和销轴发生明显变形，销轴不能取下；

(3) 扣体和销轴肉眼看出有横向裂纹。

二、平衡梁(吊梁)

平衡梁(吊梁)应执行 GB 50798、SH/T 3515 的规定。

1. 平衡梁(吊梁)的使用

(1) 应有明显的载荷标记，不得超载使用；

(2) 平衡梁使用时应符合设计使用条件。自行设计、制造的平衡梁，其设计文件与校核计算书应随吊装施工技术方案一同审批；

(3) 使用前应检查确认；

(4) 使用中出现异常响声、结构有明显变形等现象应立即停止；

(5) 使用中应避免碰撞和冲击等。

2. 平衡梁的维护保养

平衡梁的维护保养应遵守 GB 50798 的规定。平衡梁使用后应清理干净，放置在平整坚硬的支垫物上，并由专人保管；平衡梁不应允许在酸、碱、盐、腐蚀性气体及潮湿环境中存

放；不应在高温环境中存放；转动部位应定期加注润滑油或润滑脂。

3. 平衡梁不得使用的情形

当平衡梁出现 GB 50798 中各项情况之一时，不得使用：

（1）主要受力件出现塑性变形或裂纹；

（2）吊轴的磨损量达到原件尺寸的 5%；

（3）转动件转动不灵活或有卡阻现象，经修复达不到吊装技术要求；

（4）平衡梁锈蚀严重。

三、钢丝绳夹

（1）吊装工程中应使用符合 GB/T 5976 要求的钢丝绳夹。

（2）钢丝绳夹应按 GB 50798—2012 图 8.5.2 所示安装，钢丝绳夹夹座应扣在钢丝绳的工作段上，U 形螺栓扣在钢丝绳的尾段上，钢丝绳夹不得在钢丝绳上交替布置。钢丝绳绳夹使用规格及每一连接处钢丝绳绳夹数量应符合 GB 50798 的要求。

（3）GB 50798 规定，绳头的长度宜为钢丝绳公称直径的 10 倍，但不得小于 200mm；钢丝绳搭接使用时，使用数量应按 GB 50798 数量增加一倍；安装绳夹时应规则排列，宜使 U 形螺栓弯曲部分在钢丝绳的末端绳股一侧，并应将绳夹拧紧使钢丝绳压扁至绳径的 2/3；钢丝绳在用绳夹夹紧后，宜在两绳夹间做出观察钢丝绳受力状态的标识。

（4）SH/T 3536—2011 表 7 中部分内容与 GB 50798—2012 表 8.5.3 不一致时，以 GB 50798—2012 表 8.5.3 为准。

（5）SH/T 3536 规定，绳夹宜选用马鞍型的绳夹。螺母应自由拧入，但不得松动。绕结的钢丝绳在不受力状态下固定时，安装绳夹的顺序从近护绳环处开始，即第一个绳夹应靠近护绳环；绕结的钢丝绳在受力状态下固定时，安装绳夹的顺序应从近绳头处开始，即第一个绳夹应靠近绳头，绳头的长度宜为绳直径的 10 倍，不得小于 200mm。

四、拉板式吊具

对拉板式吊具只有 SH/T 3536 进行了规定：

（1）拉板式吊具应根据其最大受力进行各构件的设计；

（2）拉板式吊具制造经质量检验和检测合格后，应经 1.25 倍额定能力的载荷试验；

（3）拉板式吊具应存放在干燥的环境，在吊具配合间隙处及销孔内壁宜涂抹黄油或二硫化钼；

（4）拉板式吊具部件锈蚀量超过其原有厚度的 3% 时应核算其强度能力。

第七节 吊 耳

吊耳是安装在设备上用于提升或牵引设备的构件。石化工程建设吊装中常用的吊耳有板式吊耳(有顶部板式吊耳、侧壁板式吊耳、板钩式吊耳)、管轴式吊耳(分为管式和实心轴式两种)和提升盖式吊耳(如提升盖、吊盖)。现场使用的吊耳应符合国家现行技术标准的规定，具有完整的质量证明文件及其他必要的证明文件。进入现场前(后)均应对吊耳进行检查，确保符合设计文件和满足使用要求，并做好相应的检查记录。

一、基本要求

GB 50798 对吊耳作了下列规定：

（1）设备吊耳应由施工单位提出技术条件，并应由设计单位确认。设备吊耳宜与设备制造同步完成。

对于可以直接从 HG/T 21574 中选择吊耳结构形式及吊耳结构尺寸的，原则上应优先选用，提交设计单位确认。对于无法从 HG/T 21574 中直接选择的，目前通常的做法是，由施工单位设计出图并进行强度核算后，提交设计单位确认。如果施工单位不具备设计能力的，则由有关方委托设计单位设计。为了保证吊耳的制作质量、避免损伤设备同时减少安装现场的焊接工作量，设备吊耳一般都应在设备制造厂内与设备制造同步完成。

（2）规定了设备吊耳位置和数量的确定原则，应保证设备吊装平稳；应满足设备结构稳定性和强度要求；吊索、吊具等应有足够的空间；负荷分配满足吊装要求；利于设备就位及吊索、吊具的拆除。

（3）规定了吊耳应满足最大吊装载荷下吊耳的自身强度和设备局部强度的要求。

（4）规定了不锈钢和有色金属设备的吊耳补强板应与设备材质相同，其余材质设备的吊耳补强板的材质应与设备材质相同或接近。

（5）规定了制作吊耳的材料应有质量证明文件，不得有裂纹、重皮、夹层等材料缺陷。

（6）规定了吊耳与设备的焊接应按设备焊接工艺进行。整体热处理的设备，吊耳应在设备热处理前焊接，并应一同热处理。

（7）规定了吊耳与设备连接焊缝应按设计文件规定进行检验。吊耳所有焊缝均应进行外观检查，不得存在裂纹与未熔合等焊接缺陷。钢板卷焊成的管轴，其对接焊缝应经过 100% 的 X 射线检测，符合 NB/T 47013 Ⅱ 级为合格。其余焊缝除管轴式吊耳的内筋板、内加强环板外，还应进行磁粉或渗透检测，Ⅰ 级合格。

（8）规定"吊耳设计时应考虑动载、不均衡等因素的影响，设计系数宜大于等于 1.5"。该系数比 HG/T 21574 中要求的系数略小。有关吊耳的设计系数取值问题，目前国内外争议还是很大，取值不一，很难定出一个合适的能让大家都公认的系数。根据多年的吊装实践认为，如果之前的有关强度核算方法正确并且核算值贴近实际值，采用 1.5 倍的设计系数能满足设备的安全吊装要求。实际上，吊耳在吊装中能否满足安全吊装使用要求，受多种因素的影响，除吊耳本身材料质量、吊耳安装位置设备材料质量以及吊耳焊接制作质量外，还应考虑设备重量误差、吊装所使用的机械情况、吊装作业人员的操作技能、吊装作业环境、吊装工艺方法、强度核算方法等多方面的因素。一般来说，吊耳设计在确保安全的前提下，应考虑经济、实用。

二、板式吊耳

板式吊耳受力方向受到一定的限制，同一个板式吊耳，受力方向不一样，其承载能力就会相差很大。为此，GB 50798 规定："板式吊耳的吊耳板应平直，吊耳板方向应与受力方向一致。设备吊装过程中，对于受力方向会随起升过程变化的吊耳，应在吊耳板的两侧设置筋板。"HG/T 21574 除侧壁板式吊耳设有侧向筋板外，其他板式吊耳未设置侧向筋板，所以使用者在选用 HG/T 21574 中的板式吊耳时，可根据板式吊耳的实际受力情况，在 HG/T 21574 所提供吊耳的基础上，可适当增加一些筋板，对吊耳承载能力、设备本体强度的提高是有益的，使用者可灵活掌握。

吊装时，板式吊耳与吊索直接连接，在载荷的作用下，吊耳板会损伤吊索而影响吊装安全，为此 GB 50798 规定："板式吊耳与吊索的连接应采用卸扣，不得将吊装绳索与板式吊耳直接相连。"吊索与板式吊耳通过卸扣连接是通常做法。除卸扣外，有时吊索与板式吊耳之间连接会采用其他板管组合式的连接件，但不多见，因为采用卸扣作为吊索与板式吊耳之间的连接件一般都能满足要求了。

三、管轴式吊耳

管轴式吊耳因其有着受力条件较好、承载能力大、对吊索损伤小、连接吊索方便、设备就位后一般不需要登高拆除绳索利于安全等显著优点，在吊装工程中被广泛采用，但其焊接量相对较大、设计非标准管时卷制相对较麻烦。石化工程建设吊装工程中，常采用的是空心管的管轴式吊耳，实心轴的管轴式吊耳用的相对少。

(1) GB 50798、SH/T 3536 规定，立式设备的主吊耳宜选用管轴式吊耳。对于可以直接在 HG/T 21574 中选用的管轴式吊耳，原则上应优先采用。针对塔类等吊耳安装部位有附件的设备，为了避免吊索受设备上的保温支撑圈等附件影响，应在 HG/T 21574 中管轴式吊耳的基础上按 GB 50798—2012 附图 5.4.1 所示增加外筋板和内挡圈。但因为增加外筋板和内挡圈，吊耳管轴需相应加长，会增加吊耳在吊装受力时的吊耳根部弯矩，也增大设备壳体的局部应力。为此，在这种情况下，吊耳管轴、加强垫板等尺寸应相应选大些，以强度核算满足安全条件为原则。

(2) 为了使吊装用的吊索不从管轴中脱出、管轴不损伤吊索，GB 50798 规定，管轴式吊耳设计与使用应符合下列要求：
① 吊耳宜垂直受力，其受力张角不得大于 15°，且应有防止钢丝绳脱落的挡圈；
② 吊耳管轴的选用长度应满足钢丝绳的排列股数和设备绝热层厚度的要求；
③ 吊耳的管轴外表面应圆整光滑，与钢丝绳的接触面之间应采取润滑措施。

(3) GB 50798 分别规定了 I 型和 II 型管轴式吊耳系列中管式吊耳的焊接顺序和要求。HG/T 21574 中规定了 AXA 型、AXB 型、AXC 型管轴式吊耳的焊接顺序和要求。

四、吊盖(提升盖)

在石化工程建设中，有一些特殊设备(如反应器等)，一般不允许在壳体上焊接吊装用吊耳，而是专门设计一个与设备顶部法兰相匹配的盲法兰式吊盖作为此类设备的吊装主吊点。吊盖适用于作为顶部设有接管法兰并能承受设备整体吊装时重量的主吊耳。

SH/T 3566 系统地规定了吊盖的设计、结构型式、制造、检验与验收、安装与使用、维护与存放等要求。它是集 GB 50798、SH/T 3536 中与吊盖有关的规定并加以细化、完善后的吊盖专项标准，所以现场使用时执行 SH/T 3566 即可。

五、其他形式的吊点或吊耳

除以上三种常用的吊耳外，现场有时也用到吊环、抱箍式吊耳、背杠、直接捆绑点、直接捆兜点、废旧设备上的割孔等作为吊装的吊点。针对这些吊点，目前尚无现行标准的规定，使用时应进行相应的强度核算，确定安全后再使用。

第八节　地基处理

石化工程建设吊装中，吊装现场的地基承载能力是决定着吊装安全的关键因素之一，历年来，吊装现场地基达不到要求酿成吊装事故的案例在吊装类事故中占有很高的比重。因为吊装现场地下具有地下隐蔽不便于吊装实施者准确把握、地下土质条件不均等特点，加上人们对吊装地基这种临时性的非建筑类地基的处理方法持不同的观点，目前也缺乏吊装类临时性地基的相关标准，地基处理执行缺乏可靠的依据。由于吊装地基属于吊装临时性使用的，极端情况下吊装现场地基若均匀沉降也不会造成吊装失败，若按建筑类地基进行处理，显然偏于保守，也不经济，但如果不处理，也很难满足吊装时的安全使用条件。为此，石化系统组织了相关吊装专家，总结多年的吊装现场地基实践经验，正在编制吊装现场地基处理的专用标准。

吊装现场地基处理的标准主要有 GB 50798、SH/T 3536 和 SH/T 3515，三项标准间差异较大。

SH/T 3515 在正文中规定了地耐力检测方法，在附录 G 中提供了常用的几种地基处理方法，地耐力检测方法和地基处理方法这两项内容在 GB 50798 和 SH/T 3536 中均未提及，可单独使用，应遵守。

GB 50798 和 SH/T 3536 对地基处理的规定表述差异大，但相关规定并不冲突，所以可将两项标准结合起来使用。现将 GB 50798、SH/T 3536 对地基处理的具体规定全部列出。

（1）GB 50798 对地基处理的规定如下：

① 在制定吊装地基处理方案前，应完成下列工作：搜集工程所在地的地质勘察资料；根据吊装类型、起重机具、载荷大小及对地接触方式计算其接地压强；了解邻近建筑、地下工程和地下设施等情况。

② 地基处理应符合现行行业标准《建筑地基处理技术规范》JGJ 79 等的有关规定。

③ 地基处理应按吊装地基处理方案进行，并应有专人负责质量监控和监测，同时应做好施工记录并检验合格。

④ 吊装场地承压地面及现场设备运输道路的处理有特殊要求时，应绘制详细图纸。

⑤ 在进行设备吊装平面规划时，对吊装区域内地下设施应采取保护措施。

⑥ 对于设备吊装区域内的主要承载区的地下设施宜在设备吊装完毕后进行。

⑦ 吊装地下设施在设备吊装前施工时，宜与吊装场地处理同时进行。

⑧ 地下设施保护措施应根据所处位置、地质情况和地下设施的允许承载力确定。

（2）SH/T 3536 对地基处理的规定如下：

① 应根据工程情况拟定地基处理规划。

② 应根据地基的承载要求和其承载能力确定地基处理的方法、处理范围和处理后要求达到的技术指标。

③ 地基处理的方案和处理后承载能力的核算可参考 JGJ 79 的有关规定。

④ 地基处理应有施工技术方案，地基处理的施工应由专业人员进行；地基处理完成后按方案验收。

⑤ 起重施工应根据吊装平面布置确定对吊装区域内已建地下设施的保护项目。

⑥ 吊装区域主要承载区内尚未开工的地下设施应在工件吊装完毕后施工。

第九节 地 锚

地锚是用于锚固卷扬机、导向滑轮、缆风绳、起重机或桅杆平衡绳等设施，埋设于地下的特殊固定装置。在液压提升(或顶升)系统吊装工艺和设备安装后的固定或调整过程中会用到地锚，地锚的承载能力也是影响吊装施工作业安全的关键因素。

地锚的标准有 GB 50798、SH/T 3536 和 SH/T 3515。GB 50798 和 SH/T 3536 对地锚的规定在正文，而 SH/T 3515—2017 对地锚的规定主要在附录 B。SH/T 3515 与 GB 50798、SH/T 3536的规定不一致时，应以 GB 50798 或 SH/T 3536 相应条文为准。

地锚的适用条件、结构形式及隐蔽工程记录表参照 SH/T 3515—2017 附录 B。

GB 50798 和 SH/T 3536 对地锚的规定基本相同。两项标准不同的条文如下：

(1) GB 50798 规定"每个地锚均应编号，埋入式地锚应以绳扣出土点为基准在吊装施工方案中给出坐标，并应在埋设及回填后进行复核"。SH/T 3536 则规定"每个地锚均应编号并以受力点为基准在平面布置图中给出坐标，埋设及回填时应保证其位置、方向符合设计文件的要求"。执行时应将两条文结合，更加稳妥。

(2) GB 50798 比 SH/T 3536 仅多了"埋入式"三字，这样表述更加严密，因为该条文的规定不适用于压重式地锚。应执行 GB 50798 的规定。

(3) GB 50798 规定"地锚的制作和设置应按吊装施工方案的规定进行。埋入式地锚在回填时，应使用净土分层夯实或压实，回填高度应高出基坑周围地面 400mm 以上，且不得浸水，并做好隐蔽工程记录"。SH/T 3536 则规定"地锚的制作和设置应按起重施工技术方案的规定进行。埋入式地锚在回填时，应使用净土分层夯实或压实，回填高度应高出基坑周围地面，并做好隐蔽工程记录"。两者间基本相同，但 GB 50798 多了"400mm 以上，且不得浸水"的要求，这样更加严密，也便于现场操作控制。

(4) GB 50798 规定"埋入式地锚设置后，受力绳扣应进行预拉紧"。SH/T 3536 规定"地锚设置后，受力拖拉绳应以不小于 100kN 的拉力进行预拉伸"。两条文差异较大，如地锚的结构形式、预拉伸值规定不一致，为确保安全，应执行 SH/T 3536。

(5) GB 50798 规定"地锚应设置许用工作拉力标志"。SH/T 3536 规定"主地锚应设置许用工作拉力标志，不得超载使用"。两条文之间，SH/T 3536 仅限于主地锚，不妥。为安全稳妥，应将两条文结合起来使用，即遵守"地锚应设置许用工作拉力标志，不得超载使用"。另外，GB 50798 规定"主地锚需经拉力试验符合设计要求后再使用"，应遵守，这在SH/T 3536中没有规定。

(6) GB 50798 规定"在山区施工中，地锚的位置在前坡时，应选在自然或人工开出的局部小平地上。坑口前方的挡土厚度不得小于基坑深度的 3 倍"。SH/T 3536 则规定"在山区施工中，地锚的位置在前坡时，应选在自然或人工开出的局部小平地上"。GB 50798 多了"坑口前方的挡土厚度不得小于基坑深度的3倍"的要求，更加严密。

（7）GB 50798规定"利用混凝土柱或钢柱脚作为地锚使用时，受力方向应水平，受力点应设在柱子根部，并应根据受力大小核算柱子相关部位的强度"；第8.8.10条规定"利用混凝土柱或钢柱脚作为地锚使用时，柱子的棱角应予以保护"。两条文针对利用混凝土柱作为地锚时进行了规定，这在SH/T 3536没有相关规定，现场遇有利用混凝土柱作为地锚受力点时，应遵守GB 50798。

（8）SH/T 3536规定"地锚埋设区域四周坑深2.5倍的平面范围内不得挖掘沟槽，且不得浸水"和"主地锚使用时宜在拖拉绳上装设测力计，在观测受力变化的同时还应观察地锚的稳定性"。这在GB 50798没有规定，现场实施时应遵守SH/T 3536的规定。

第十节　起重指挥信号

起重指挥信号的准确性、规范性、及时性、畅通性及有效性，直接影响着吊装作业安全。目前，国内与起重指挥信号有关的标准只有GB 5082。标准中规定了手势（手势又分为通用手势和专用手势）、信号旗和音响信号中的哨音三种指挥信号。近年来，设备大型化、装置模块化的发展，使用上述三种指挥信号已经满足不了部分场合吊装时的信号传递要求，这时使用对讲机作为信号传递的工具，发布吊装动作指令，能很好地解决手势、信号旗和哨音这三种在现场信号传递不佳的问题。为此，吊装作业中，应本着准确、规范、及时、畅通及有效的基本原则，合理选用手势、信号旗、哨音、对讲机四种中的指挥信号。这四种信号中手势应与哨音结合使用，信号旗应与哨音结合使用，对讲机可单独使用。用手势、信号旗及哨音作为指挥信号执行GB 5082，使用对讲机作为指挥信号时应结合对讲机使用说明书及对讲机相关管理规定进行。

一、手势信号

1. 通用手势信号

通用手势信号参照GB 5082规定，其中规定了预备、要主钩、要副钩、吊钩上升、吊钩下降、吊钩水平移动、吊钩微微上升、吊钩微微下降、吊钩水平微微移动、微动范围、指示降落方位、停止、紧急停止、工作结束等操作的手臂动作及手势要领。

2. 专用手势信号

专用手势信号参照GB 5082的规定，其中规定了升臂、降臂、转臂、微微伸臂、微微降臂、微微转臂、伸臂、缩臂、履带起重机回转、起重机前进、起重机后退、抓取（吸取）、释放、翻转等操作的手臂动作及手势要领。

船用起重机（或双机吊运）专用手势信号参照GB 5082的规定。

二、旗语信号

信号旗语信号参照GB 5082的规定，其中规定了预备、要主钩、要副钩、吊钩上升、吊钩下降、吊钩微微上升、吊钩微微下降、升臂、降臂、转臂、微微升臂、微微降臂、微微转臂、伸臂、缩臂、微动范围、指示降落方位、履带起重机回转、起重机前进、起重机后退、停止、紧急停止、工作结束等操作时的信号旗规范动作。

三、音响信号

1. 哨音

哨音信号参照 GB 5082 的规定，其中规定了预备、停止、上升、下降、微动、紧急停止等操作时的哨音。

2. 对讲机语言

使用对讲机作为传递指挥信号的工具时，对讲机中使用的语言除应遵守 GB 5082 起重吊运指挥语言中的相关规定外，可结合现场实际使用利于交流和传递信号的语言。GB 5082 中规定"指挥人员用起重吊运指挥语言指挥时，应讲普通话"，针对这条规定，条件具备时原则上应遵守；使用其他语言时，应表达清晰，沟通顺畅。

四、信号的配合使用

信号的配合使用参照 GB 5082 执行。

五、对指挥人员和司机的基本要求

对指挥人员和司机的基本要求参照 GB 5082 执行。

第十六章　运输工程

石化工程建设中，需运输的设备和构件规格庞杂、数量巨大、耗用时间长、占用劳动力多，施工组织的效率将直接影响工程的建设。特别是一些关键设备或构件能否按期运抵施工现场将直接关系到工程的总体进度，因此选定合理的运输方案是石油化工装置建设中的一项重要工作内容。

按运输地域可分为厂外运输和厂内运输。按运输路径可分为陆路运输（公路运输和铁路运输）、水路运输（内河运输和海洋运输）、航空运输等。其中水路运输的限制条件较少，而公路运输、铁路运输的限制条件较多。在陆路运输中，沿途障碍物、道路宽度、坡度、限高、桥梁承载能力等均是选择运输方式的制约因素。在项目初期应充分考虑项目的建设地点和设备制造地点，制定具体的应对措施。目前设备运输通常采用公路运输和水路运输；铁路运输受限于通行能力、车站站点等限制，多用于大宗散杂材料的运输。

第一节　法律法规标准

运输工程常用法律法规标准见表 2-16-1。

表 2-16-1　运输工程常用法律法规标准

序号	法律法规标准名称	标准代号	备注
1	石油化工大型设备吊装工程施工技术规程	SH/T 3515—2017	
2	石油化工工程起重施工规范	SH/T 3536—2011	
3	石油化工大型设备运输施工规范	SH/T 3557—2015	
4	中华人民共和国特种设备安全法	主席令（第四号）2013	
5	中华人民共和国内河交通安全管理条例	国务院令第 355 号	
6	特种设备安全监察条例	国务院令第 549 号	
7	公路工程技术标准	JTG B01—2014	
8	超限运输车辆行驶公路管理规定	交通运输部令 2016 年第 62 号	
9	交通运输部关于修改《国内水路运输管理规定》的决定	交通运输部令 2016 年第 79 号	
10	中华人民共和国民用航空法		

第二节　技术管理

货物装卸、运输作业的技术准备包括信息收集、方案策划、方案编制及审批、技术交底等内容。

（1）信息收集主要包括以下内容：

① 阅读委托运输货物的资料，明确规格，并在其上标明重心位置；

② 设备的起运地点、交付地点和交货状态；

③ 设备运输距离、要求交货的工期和经济指标、设备交货计划；

④ 明确装车方位的要求或征求委托方对货物装卸的要求；

⑤ 货物装卸的重量、吊点、顶点、推（拉）点、牵引点位置；

⑥ 货物的物理性能，如防止冲击振动、防尘、防变形能力、特殊部位的允许受力等特殊要求；

⑦ 货物的化学性能，如设备内有无液体、有无防潮防水等要求；

⑧ 装卸场地、运输沿途勘查测量与记录（包括线路路面承载力、沿途宽高、路障、装卸场地条件等）；

⑨ 承运方的人员技术状况、劳动力配置、机具配备情况等；

⑩ 有关法律、法规和规范等要求；

⑪ 有关会议要求；

⑫ 招标文件和合同文件；

⑬ 有关设计文件；

⑭ 地质资料、气象资料及作业环境。

（2）装卸、运输方案包括以下内容：

① 工程概况；

② 装卸和运输组织体系；

③ 待装卸、运输货物的基本参数和件数；

④ 装车方位的要求或征求委托方对货物装卸的要求；

⑤ 货物的交货状态、特点和装卸运输难点；

⑥ 装卸、运输顺序；

⑦ 装卸工艺方法、步骤和要求；

⑧ 起运地点和交付地点；

⑨ 货物运输配载、运输方法和运输线路及安全注意事项；

⑩ 工作计划和人员配置计划；

⑪ 运输机索具配置计划；

⑫ 风险评估及健康、安全、环保措施和应急预案；

⑬ 有关施工图纸，装卸作业施工图、运输线路图、货物装卸车及封车图、运输车辆配载图、线路清障处理图、加固图（道路、桥梁、涵洞和码头等）、机具图等；

⑭ 有关计算文件；

⑮ 运输车辆选型及其技术参数；

⑯ 运输线路路面宽度、转弯半径及路面承载力要求及处理；

⑰ 线路途经的桥涵高度及桥梁的承载能力及处理；

⑱ 线路途经的地面及空中障碍物的分布情况及处理。

（3）装卸、运输需要评估的风险包括：

① 货物本身的特性可能造成的风险；

② 对运输安全可能造成重大影响的机械故障风险；

③ 装卸及运输场地可能造成的风险；

④ 操作人员误操作可能造成的风险；

⑤ 货物装卸及运输时设备配合可能造成的风险；

⑥ 对环境可能造成的风险；

⑦ 气候可能造成的风险；

⑧ 其他因素可能造成的风险。

（4）装卸及运输风险的防范措施包括：

① 了解大型设备的特性，针对不同的特性采取相应的防范措施；

② 对需要使用的设备和机具进行检查，确保其安全正常使用；

③ 对场地和周边环境进行勘察，排除各种高空和场地障碍；

④ 作业人员应具有与其所承担岗位职责相适应的知识、技能，经过专业培训并考核合格，特殊工种应持证上岗；

⑤ 安排现场指挥人员，对运输作业中各设备的工作进行统一调度；

⑥ 装卸和运输的过程中，控制可能造成环境污染的因素，防止环境污染的发生；

⑦ 确定运输作业方案后，密切关注当地天气情况，选择最有利于装卸的时间进行作业。大雪、大雨、大雾、大风、雷雨等特殊天气，或夜间照明不足、视线不清，不得进行装卸作业。

（5）技术交底至少包括以下内容：

① 待装卸、运输货物的基本参数和件数；

② 货物装车方位的要求；

③ 货物的交货状况、特点和装卸运输难点；

④ 装卸、运输顺序；

⑤ 装卸工艺方法、步骤和要求；

⑥ 启运地点和交付地点；

⑦ 货物运输配载、运输方法和运输路线及安全注意事项；

⑧ 运输货物的保护和加固措施；

⑨ 运输线路沿途临时障碍的处理方法；

⑩ 警戒和通信；

⑪ 有关法律、法规及运输沿途地方规定。

第三节　装车与卸车

装车是指将货物从地面或其他支撑物上装运到运输设备上的过程。卸车则是与装车相反的过程，也是指将货物从其运输设备上卸到地面或其他支撑物上的过程。装车与卸车可以使用吊车、千斤顶等起重设备，也可以使用滚排、斜道等方法完成。

1. 吊车装卸法

吊车装卸法是指使用起重机械将设备直接装卸车的方法，是最常见最简易的方法。采用起重机械进行装载时，应符合下列要求：

（1）起重机械吊装作业应按 GB 50798 相关规定执行；

（2）吊装用索具应符合载荷要求；

（3）装卸前应根据设备重心位置选择设备吊点位置，装卸时应保持设备平衡；

（4）与绳索接触的设备棱角处或设备不能承受绳索挤压的部位应进行保护。

2. 滚杠装卸法

应用滚动摩擦原理，设置工具克服滚动摩擦阻力并保持系统结构稳定性，实现设备沿坡道滚动行进的装卸方法。滚杠装卸机构一般由钢排、滚杠、卷扬机、滑车组、钢丝绳、滚动轨道、斜垛等组成，使用该方法需要计算牵引力和设备稳定性，其计算结果作为工具设计的主要依据。

3. 运输车自装卸法

自装卸法是指利用液压轴线平板运输车自身具有的液压升降功能实施设备装卸方法。此时要求设备的运输鞍座下部有液压平板车进入的空间（长、宽、高均要满足平板车驶入的要求），利用车辆自有的液压升降功能，托起/降落设备后，拆除/安装设备鞍座的临时支撑物，使设备落到/离开运输车板的过程。该方法在重量大、体积大或空间受限环境的设备及结构的运输装卸中有广泛的应用，即充分发挥了运输车辆具有自我升降的功能，也节省了大型吊装设备的使用。

自装卸法实施的前提条件是需要运输的设备或结构，在制造组装阶段将其支垫在支架上，以确保有运输平板车驶入的空间。一般液压轴线平板车有大约 600mm 行程的自顶升功能，通过顶升平板车，将设备的重量转移到平板车上并脱离支架，将支架撤出，调整平板车的高度驶出。

根据 SH/T 3557，设备装卸支吊点应符合下列要求：

（1）设备上已有明确支吊点标志的，应采用标志位置作为装卸吊点。无支吊点标志的，应通过计算确定装卸支吊点；

（2）设备装卸支吊点数量不得少于两点，支吊点的设置应避开设备外部接管、保温支撑圈等设备的零部件，且宜设置在设备内部有支撑位置；

（3）设备各支吊点的载荷应和设备各段最大弯矩绝对值相接近；

（4）带衬里的设备、大直径或薄壁设备可采取局部加固措施。

第四节　公路运输

一、超限运输

国家对于超限设备运输的管理工作实行"统一管理、分级负责、方便运输、保障畅通"的原则。国务院交通主管部门主管全国超限运输车辆行驶公路的管理工作。超限运输车辆行驶公路的具体行政管理工作，由县级以上地方人民政府交通主管部门设置的公路管理机构负责。

1. 超限运输车辆（超限运输）

在公路上行驶的车辆的轴载质量应当符合《公路工程技术标准》的要求，但对有限定荷载要求的公路和桥梁，超限运输车辆不得行驶。根据《超限运输车辆行驶公路管理规定》（中华人民共和国交通运输部 2016 年第 62 号），超限运输车辆是指下列情形之一的货物运输车辆：

（1）车货总高度从地面算起超过 4m；

（2）车货总宽度超过 2.55m；

（3）车货总长超过 18.1m；

（4）二轴货车，其车货总质量超过 18000kg；

（5）三轴货车，其车货总质量超过 25000kg；三轴汽车列车，其车货总质量超过 27000kg；

（6）四轴货车，其车货总质量超过 31000kg；四轴汽车列车，其车货总质量超过 36000kg；

（7）五轴汽车列车，其车货总质量超过 43000kg；

（8）六轴及六轴以上汽车列车，其车货总质量超过 49000kg，其中牵引车驱动轴为单轴的，其车货总质量超过 46000kg。

超限运输车辆限定标准的认定，还应当遵守下列要求：

（1）二轴组按照二个轴计算，三轴组按照三个轴计算；

（2）除驱动轴外，二轴组、三轴组以及半挂车和全挂车的车轴每侧轮胎按照双轮胎计算，若每轴每侧轮胎为单轮胎，限定标准减少 3000kg，但安装符合国家有关标准的加宽轮胎的除外；

（3）车辆最大允许总质量不应超过各车轴最大允许轴荷之和；

（4）拖拉机、农用车、低速货车，以行驶证核定的总质量为限定标准；

（5）符合《汽车、挂车及汽车列车外廓尺寸、轴荷及质量限值》（GB 1589）规定的冷藏车、汽车列车、安装空气悬架的车辆，以及专用作业车，不认定为超限运输车辆。

2. 超限运输管理

载运不可解体物品的超限运输（以下称大件运输）车辆，应当依法办理有关许可手续，采取有效措施后，按照指定的时间、路线、速度行驶公路。未经许可，不得擅自行驶公路。

大件运输的托运人应当委托具有大型物件运输经营资质的道路运输经营者承运，并在运单上如实填写托运货物的名称、规格、质量等相关信息。大件运输车辆行驶公路前，承运人应当按下列规定向公路管理机构申请公路超限运输许可：

（1）跨省、自治区、直辖市进行运输的，向起运地省级公路管理机构递交申请书，申请机关需要列明超限运输途经公路沿线各省级公路管理机构，由起运地省级公路管理机构统一受理并组织协调沿线各省级公路管理机构联合审批，必要时可由交通运输部统一组织协调处理。

（2）在省、自治区范围内跨设区的市进行运输，或者在直辖市范围内跨区、县进行运输的，向该省级公路管理机构提出申请，由其受理并审批。

（3）在设区的市范围内跨区、县进行运输的，向该市级公路管理机构提出申请，由其受理并审批。

（4）在区、县范围内进行运输的，向该县级公路管理机构提出申请，由其受理并审批。

申请公路超限运输许可的，承运人应当提交下列材料：

（1）公路超限运输申请表，主要内容包括货物的名称、外廓尺寸和质量，车辆的厂牌型号、整备质量、轴数、轴距和轮胎数，载货时车货总体的外廓尺寸、总质量、各车轴轴荷，拟运输的起讫点、通行路线和行驶时间。

（2）承运人的道路运输经营许可证，经办人的身份证件和授权委托书。

（3）车辆行驶证或者临时行驶车号牌。

（4）车货总高度从地面算起超过4.5m，或者总宽度超过3.75m，或者总长度超过28m，或者总质量超过100000kg，以及其他可能严重影响公路安全、畅通情形的，还应当提交记录载货时车货总体外廓尺寸信息的轮廓图和护送方案。护送方案应当包含护送车辆配置方案、护送人员配备方案、护送路线情况说明、护送操作细则、异常情况处理等相关内容。

二、运输作业程序

运输作业程序见图2-16-1。

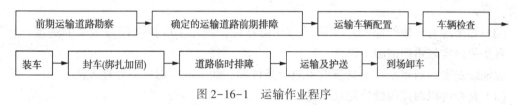

图 2-16-1　运输作业程序

三、道路勘查

了解大型设备运输所途经路段公路等级、公路桥梁的设计载荷标准。详细记录载荷不足、不明或受损的桥梁，并向相关部门进行咨询。查验沿途路基是否坚实牢固，路面宽度、转弯半径、公路坡度是否满足大型设备运输通行要求。查明沿途立交桥、隧道、线缆、广告牌、收费站等建筑物对大型设备运输通行尺寸的限制要求。对于滑坡、坍塌和落石等不良地质灾害频发路段，了解灾害易发时间段、发生几率和影响程度。道路勘查应将运输路线中全部影响运输的环境调查清楚，绘制道路勘查报告，并详细描述每个障碍物、路口运输车辆模拟通行情况等。

四、运输线路协调管理

运输线路是对线路净空、最小转弯半径、道路载荷能力等三个方面的要求。

道路通行净空要求是指大型设备运输过程中所需要的线路最小净高度和净宽度。净高主要取决于沿线上方的桥梁高度、高压输电线路高度、管廊高度、交通标志牌高度、通行线路高度等障碍物，净宽度主要受限于道路自身的路面宽度、道路两旁的树木、交通标志牌、建筑物等。

最小转弯半径是指当转向盘转到极限位置，汽车以最低稳定车速转向行驶时，外侧转向轮的中心在支承平面上滚过的轨迹圆半径。车辆转弯半径可根据SH/T 3557—2015附录A.6计算。运输时，对于长度较长的设备，道路转向位置的转弯半径是需要重点勘察的对象。

道路载荷能力是指道路能够承受的运输车辆施加的载荷能力。在大型设备运输时，必须考虑运输车辆施加于道路（含桥梁）的载荷，并且不能超过其设计许可的最大载荷。

1. 运输线路参数

（1）设备运输前，应获取设备的设计文件，包括其外形尺寸、质量、鞍座分布等；

（2）根据资料制定出最优的运输方案，明确运输路线净空、转弯半径、载荷能力等设备运输参数要求；

（3）依据运输参数，对运输线路进行初选和评估。

2. 运输线路确定

现有的运输线路进行勘察后能够满足设备通行要求的，则确定该线路为运输线路，并要提醒业主方或相关方在设备到达前的一段时间内，保留该线路的通行条件。

现有线路不能满足设备通行要求的，则应进行下一步工作：

（1）提出可供业主评估的运输线路，包括线路现有的通行条件以及满足设备通行所需要的清障工作；

（2）共同对初选运输线路进行评估，选出最优的运行线路，并明确线路清障内容与要求；

（3）如果现有运输线路经过清障后存在可行性，则业主应依据设备运输的进度，有计划、有步骤地实施道路清障工作。

运输线路现在与将来都不具备设备通行条件的，业主应考虑以下处理方法：

（1）是否可以对障碍处修建临时通行线路；

（2）设备采取工厂分段制造、现场组装的方式；

（3）在净高受限的路段，是否可以选择降低运输车辆高度的方法，例如降位方法，以满足通行要求；

（4）设备设计与制造中，是否可以压缩尺寸，例如附属的管口、吊耳等在设备运输到现场后再行安装。

3. 运输路线的清障

（1）净高的清障。为提高线路通行净高，交通标志牌可以临时拆除或转向，通常是在设备运输前安排临时处理，在设备运输后复位。

线路上方的管廊，可以考虑提前拆除、预留或抬高或重新布设走向，若管廊管道布置密集，不能临时抬高，则应修筑临时道路。

线路上方的通信缆线等，可以考虑其余量，在运输时临时抬高通过。

桥梁、高压电线与管廊等不易拆除的位置，可以考虑在障碍物处降低路面高度；路面下降后，将形成凹型路面，为保证运输车辆的通过，需要一定长度的缓冲坡道。此种方法不适用于有地下设施，如管道，或道路的交叉路口等复杂部位。

（2）净宽的清障。运输线路的宽度可分为两部分，一是道路路面自身的宽度，能够满足运输车辆通行的要求；二是道路两侧空间宽度，能够满足设备运输中扫空区域的要求。

道路两侧空间宽度主要受限于道路两旁的树木、照明灯具、交通标志牌、建筑物等，为保证设备运行所需要的最小道路净宽，树木可以修剪、移植或砍伐，交通标志牌可以临时移位、拆除，照明灯具和临时建筑物可临时拆除。

（3）弯道拓宽。超大、超长设备的运输，车辆通常利用道路的最大转弯半径来实现转弯；当道路的最大转弯半径不符合要求时，应进行拓宽处理。

（4）承载能力的核定。为防止在设备运输过程中发生道路凹陷、坍塌等，必须校核运输线路的承载能力。校核的重点是泥土或碎石路段、桥梁与涵洞、线路转弯处、地下管网敷设处。

当运输车辆选定后，可以根据设备的质量计算出轮胎的胎压，以核定道路承载能力是否能够满足要求。对于不能满足要求的局部泥土或碎石路段，可通过铺设适当厚度的钢板以提高其强度。大范围不能满足运行要求的路段，则需要重新修建。线路转弯处，由于车辆转弯需要多次碾压，因此要求路面的承载能力更高。

运输线路选定后，还要查看线路的管网、沟渠、电缆等地下设施。在有地下设施的部位，应经核算后确定相应防护措施，避免地面凹陷等造成地下设施损伤或破裂而影响其使用。

五、运输车辆管理

运输车辆的选择，应根据货物质量、规格及线路等情况决定。运输大件时，一般所需要的机具为运输车辆、封车索具、设备支垫、保护与加固材料、装卸车所需要的设备、运输通信设备、警戒标识、架线作业车等。

装卸、运输用的机索具在使用前，应核查其维修、保养、检验记录，确认其技术性能符合安全质量要求，必要时应进行安全性核算。

对需要拼装的运输车辆，应在设备装车前完成拼装和整体检查。

六、运输方法

1. 滚杠运输法

滚杠运输法是利用滚杠与轨道之间滚动摩擦阻力较小的原理实施物体的运输方法。滚杠运输机构一般由滚杠、下轨道、上轨道、设备承重排、下轨道承重排、牵引卷扬机、滑车组、钢丝绳等组成。

在需要运输机构尽可能小的占据立面空间或没有车辆运输通道的现场环境情况下，施工现场设备或结构的短距离倒运可采用滚杠运输法解决。

牵引力和滚杠数量可参照 SH/T 3536 计算。

2. 搬运坦克车运输法

搬运坦克车是将滚杠原理集成化的设备，其可在槽型轨道内或轨道梁上行进，承重盘以上部分还可以装配转盘解决被运输件转向问题。具有载重能力大、滚动摩擦阻力小、易于操作的特点。

3. 液压滑移运输法

液压滑移运输法是以液压千斤顶为动力，以低摩擦系数材料（如聚四氟乙烯塑料垫块）为相对滑移面的运输方法。该方法可大幅降低运输设备高度，具有承载能力大，运行平稳等特点。滑道组件由滑移轨道、滑移梁和聚四氟乙烯滑片组成。技术条件如下：

（1）轨道铺设应确保直线度、轨道平行度；

（2）滑移轨道中心线应放置在承载路基箱中心线位置；

（3）滑移梁下方聚四氟乙烯垫块最小数量需根据单块聚四氟乙烯承载能力确定；

（4）动力千斤顶应安装于滑移轨道中心线上，减小滑移过程中滑移梁侧面与滑移轨道摩擦；

（5）推拉千斤顶群使用的载荷系数应小于其额定推拉力的80%，动力包选型需根据千斤顶的流量和油压选择，具体要求参见 SH/T 3536。

4. 液压轴线平板车运输

随着装置大型化、设备制造深度化、结构制造模块化的发展，液压多轴线平板运输车成为大件设备运输的重要装备资源。

液压轴线板车运输需考虑的牵引力计算、车辆行驶阻力计算、承载力计算、车辆稳定性计算和转弯半径计算等可参考 SH/T 3557—2015 附录 A 的相关内容。

第五节　铁路运输

铁路运输受到宽度、高度及沿途桥梁承重能力的限制，此种运输方式局限性较大。使用铁路运输应将货物运输参数提交铁路部门，了解铁路运输线路状况及桥涵、隧道通行能力，由铁路部门提供是否可以承运的结论或相应整改要求和通行措施。

根据货物的超限程度，超限货物分为一级超限、二级超限和超级超限三个等级。

（1）一级超限：自轨面起高度在1250mm及其以上超限，但未超出一级超限限界者（见图2-16-2）。

（2）二级超限：超出一级超限限界而未超出二级超限限界者，以及自轨面起高度在150mm至未满1250mm间超限但未超出二级超限限界者（见图2-16-3）。

（3）超级超限：超出二级超限限界者。

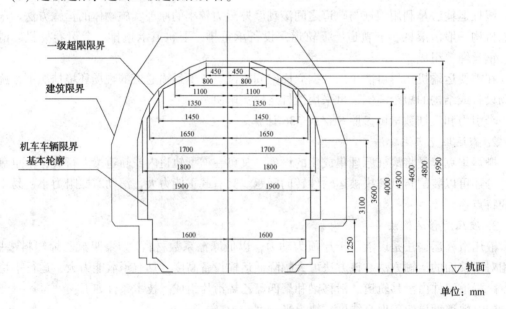

图 2-16-2　一级超限限界

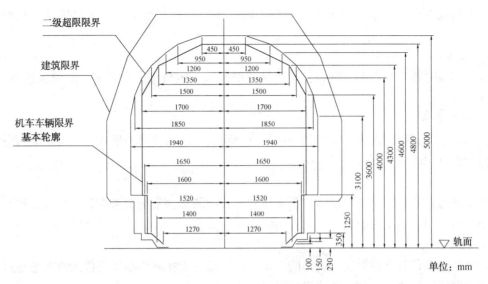

图 2-16-3 二级超限限界

第六节 水路运输

水路运输是指使用船舶及其他航运工具，在江河湖泊、运河和海洋上运载货物的一种运输方式。水路运输可以分为内河运输和海上运输两种方式。其优点是运载能力大，适合运输体积和质量较大的货物，几乎不需排障；但受自然条件的影响较大，运输速度较慢，运输时间较长，装卸和搬运费用较高。与其他运输方式相比，水路运输的综合成本相对较低，物流中通常利用水路运输运量大、运距长、对时间要求不高和运输费用负担能力较低的货物。由于水路运输几乎不存在运输限制条件，当石油化工装置靠海临江时，水路运输具有明显的优势，并可将超大型设备整体运输到场，减少现场施工量，加快工程建设。

根据中华人民共和国交通运输部令 2016 年第 79 号令，承运单位应有《国内水路运输经营许可证》和相应船舶的《船舶营业运输证》。

水路运输应了解所经航道的类别和等级，航道各段的水深、水中和空中障碍情况，航道水位变化规律及途经船闸关口、码头及泊位的情况，并校验船舶通过能力。

《中华人民共和国内河交通安全管理条例》(国务院令第 355 号)第二十二条"船舶在内河通航水域载运或者拖带超重、超长、超高、超宽、半潜的物体，必须在装船或者拖带前 24小时报海事管理机构核定拟航行的航路、时间，并采取必要的安全措施，保障船舶载运或者拖带安全"。

第七节 航空运输

航空货物运输时一种现代化的运输方式，其优点是运输速度快，不受地面条件限制。其缺点是运输成本高，运量相对较少。航空货物运输的方式有很多，具体包括以下几种组织形式：

1. 班机运输

班机运输时指根据班期时刻表，按照规定的航线、定机型、定日期、定时刻的客、货、邮航空运输。

2. 包机运输

包机运输是指包机人为一定目的包用航空公司飞机运载货物的形式，包机运输可分为整架包机和部分包机两种形式。

3. 集中托运

集中托运是将若干票单独发运的、发往同一方向的货物集中起来作为一票货，填写一份总运单发运到同一到站的做法。

4. 航空快递

航空快递是指具有独立法人资格的企业将进出境的货物或物品从发件人所在地通过自身或代理的网络运达收件人的一种快递运输方式。

航空货运单应当包括的内容由国务院民用航空主管部门规定，至少应当包括以下内容：

（1）出发地点和目的地点；

（2）出发地点和目的地点均在中华人民共和国境内，而在境外有一个或者数个约定的经停地点的，至少注明一个经停地点；

（3）货物运输的最终目的地点、出发地点或者约定的经停地点之一不在中华人民共和国境内，依照所适用的国际航空运输公约的规定，应当在货运单上声明此项运输适用该公约，货运单上应当载有该项声明。

第十七章　交工及施工过程技术文件

石油化工工程施工过程形成了交工技术文件和施工过程技术文件。交工技术文件是工程总承包单位或设计、采购、施工、检测等承包单位，在建设工程项目实施过程中形成并在工程交工时移交建设单位的工程实现过程、使用功能符合要求的证据及竣工图等技术文件的统称；施工过程技术文件是施工单位在建设工程项目施工过程中形成的质量管理文件、质量控制记录等技术文件的统称。

交工技术文件主要包括：施工图会审记录；工程施工开工、工程中间交接、工程交工验收等工程文件；土建、安装工程施工质量检验、检测、验收文件；特种设备安全监察机构和特种设备安装监督检验机构等监督检验文件；设备、材料质量证明文件及材料的检测、复验报告；工程联络单、设计变更文件；竣工图。

施工过程技术文件主要包括：施工组织设计；施工技术方案或技术措施；施工工艺文件或作业指导书；检验试验计划或工序质量控制计划；单位工程、分部、分项工程的划分；项目质量管理体系文件及运行记录；接受政府行政主管部门、工程质量监督机构监督检查所形成的文件；与施工相关的监理程序运行记录；工程质量验收记录；施工过程质量控制记录，包括土建、设备、管道、电气、仪表等专业工程；施工图纸及其他文件。

交工及施工过程技术文件主要形成过程如图 2-17-1 所示。

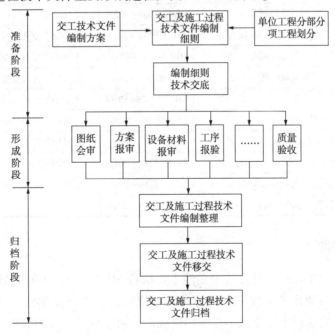

图 2-17-1　交工及施工过程技术文件主要形成过程

交工及施工过程技术文件是装置今后检维修、升级改造、工程质量创优、特种设备取换证、单位资质升级，甚至安全质量事故调查的重要参考资料。

第一节 法律法规标准

项目开工前，根据工程合同、工程范围、设计技术文件和法规要求制定项目所需的标准明细，列出清单，作为项目交工及施工过程技术文件编制的依据。

一、常用标准

石油化工工程交工及施工过程技术文件常用标准，包括质量验收规范、交工技术文件规定、施工过程技术文件规定、档案管理规范等见表2-17-1。

表2-17-1 交工技术文件常用标准

序号	法规、标准名称	标准编号	备注
1	石油化工安装工程施工质量验收统一标准	SH/T 3508—2011	主要用于石化工程划分及质量验收
2	石油化工建设工程项目交工技术文件规定	SH/T 3503—2017	主要用于石化工程交工文件编制、整理及移交
3	石油化工建设工程项目施工过程技术文件规定	SH/T 3543—2017	主要用于石化工程施工过程文件编制、整理及移交
4	石油化工建设工程项目施工技术文件编制规范	SH/T 3550—2012	主要用于石化工程施工技术文件编制
5	石油化工建设工程项目监理规范	SH/T 3903—2017	主要用于石化工程监理文件
6	石油化工建设工程项目竣工验收规范	SH/T 3904—2014	主要用于石化工程竣工文件
7	建筑工程施工质量验收统一标准	GB 50300—2013	主要用于建筑工程划分及质量验收
8	工业安装工程施工质量验收统一标准	GB 50252—2010	主要用于工业安装工程划分及质量验收
9	建设工程文件归档规范	GB/T 50328—2014	主要用于建设文件归档
10	建设项目档案管理规范	DA/T 28—2018	主要用于项目档案归档
11	省/市建筑工程施工统一用表		主要用于建筑工程交工技术文件
12	火电建设项目文件收集及档案整理规范	DL/T 5210—2012	主要用于火电项目档案编制
13	电力建设施工质量验收及评价规程	DL/T 5210—2018	主要用于电力行业质量验收
14	《建设工程项目档案管理规范》	Q/SH 0704—2016	

二、主要标准

石油化工工程交工及施工过程技术文件主要执行 SH/T 3503、SH/T 3543 两项标准，是编制、整理和移交石油化工工程交工文件的核心依据。其他行业如建筑、电力、石油、长输、电站、铁路等应执行本行业或本地区相应规范。对于锅炉、压力容器、压力管道、起重机械、电梯等特种设备安装工程还应执行特种设备安全技术监察机构的规定。

（1）SH/T 3503、SH/T 3543 两项标准仅是针对石油化工行业新建、扩建和改建的工程施工阶段(从土建基础开工到工程交工验收)过程中形成的设计、采购、施工及检测等技术文件的编制、整理和交付。

(2) SH/T 3543 所指"施工过程技术文件",是工程实现过程安全质量、使用功能符合要求、质量控制符合程序要求的证据性文件,包括工程建设实施过程中所形成的质量管理文件、质量控制记录、工程安全质量见证等质量管理体系有效运行的见证性文件和记录。SH/T 3543 对这些文件的内容、积累、编汇、组卷和归档做出了统一规定。

(3) SH/T 3503 所指"交工技术文件",是"施工过程技术文件"的一部分,是反映工程安全质量和使用功能符合要求,且对建设项目交付和检维修有指导意义需提交建设单位保存的质量见证性文件。SH/T 3503 对设计、采购、施工(总承包)、检测等单位应向建设单位移交的这部分技术文件记录的内容、积累、编汇、组卷和归档做出了统一规定。

(4) GB 50300 规定了建筑工程施工质量的验收,该规范是建筑工程各专业验收规范编制的统一准则。

(5) GB/T 50328 规定了建设工程归档文件范围及质量要求,工程文件的立卷,工程文件的归档,工程档案的验收与移交。

(6) DA/T 28 规定了建设项目档案工作的组织及职责任务,确立了建设项目文件的形成、归档要求与项目档案管理的原则、方法和要求。该标准适用于新建、改建、扩建和技术改造等建设项目的档案管理。

(7) DL/T 5210 规定了火电建设项目建设单位和参加单位的档案管理职责、项目文件收集、整理、移交、验收和评价。该规范适用于火力发电建设项目及核电常规岛工程。

第二节 技术准备与策划

为做好交工及施工过程技术文件的编制和整理,提高交工文件的交付质量,特别对于大项目,做好前期技术准备和策划至关重要。技术准备与策划重点包括以下几方面。

一、单位工程、分部分项工程划分

工程项目开工前,按照 SH/T 3503 要求,建设单位应按 GB 50300 和 SH/T 3508 组织划定工程项目的单项工程、单位(子单位)工程,作为参建单位编制交工及施工过程技术文件的指导性文件。总承包单位/施工单位应根据建设单位单项工程/单位工程划分对分部分项工程进行划分。划分的主要依据是:对于建筑工程应按照 GB 50300;对于安装工程应参照 GB 50252、SH/T 3508。通过单项工程、单位工程及分部、分项工程的划分,为质量验收、交工文件编制、分类组卷等提供依据。

二、交工技术文件编制方案

SH/T 3503 明确要求工程项目开工前,建设单位应根据项目特点或具体要求明确交工技术文件编制方案;各参建单位应根据项目具体情况及建设单位的交工技术文件编制方案,制定本单位交工及施工过程技术文件编制细则。

建设单位编制的交工技术文件方案主要包括项目名称、单项工程名称、交工技术文件编制依据、质量要求、分类组卷原则、整理要求、归档数量、电子版制作要求以及审查、移交要求等。参建单位编制交工技术文件编制细则主要包括项目名称、单元名称、单位工程及分部分项工程名称、表格名称、书写格式、交工技术文件明细、档案明细、补充相关表格、填写注意事项以及组卷、装订、移交、电子文档要求以及审查、移交程序和要求等。

三、交工及施工过程技术文件编制方案交底

交工及施工过程技术文件编制方案或编制细则完成后，建设单位和参建单位应开展交工及施工过程技术文件方案分层级的技术交底，以确保相关要求让参与编制的技术管理人员了解和熟知，以提高交工及施工过程技术文件的编制质量，减少返工。

四、交工及施工过程技术文件的形成策划

施工过程技术文件、交工技术文件应随施工的进程同步生成，并能真实反映工程实体状况。

1. 原始记录的形成

施工前每个专业、每台或每种设备需要填写自检或试验的原始记录、表格中各检查项目的允许值应在施工方案和技术交底时给予明确。施工班组长或试验人员应是表格原始记录数据填写的第一责任人，将检查数据手工填写在原始记录中，填写日期并签字。

2. 审查原始记录

施工技术人员需对原始记录数据进行审查，符合规范要求后签字确认。

3. 核查原始记录

施工单位专职质量检查人员应对班组检测的原始记录数据进行实测复查，复查合格后，在原始记录中签署合格意见。

4. 规范化施工技术文件

作为交工技术文件的记录需录入计算机，技术人员应核查录入数据的准确性。

5. 工序交工文件的确认

建设/监理及总包单位有关责任人员需在工序质量报验时对施工单位编制的纸质版记录进行审查，并按规定比例对实体质量进行复查，核对记录的有效性，签字确认。

6. 其他交工文件的确认

单位及人员资质报审、设备材料报审、施工组织设计、施工技术方案报审、工程质量验收、特种设备告知及监检等应按照项目工程检试验计划进行审核、复查，并签字确认。

7. 交工及施工过程技术文件的存放

施工单位应妥善保管原始记录和总包、监理/建设等单位确认过的技术文件记录等。

8. 相关管理措施策划

通过编制报验文件编码、上墙销号的方式，确保档案真实、系统、自然形成，做到可追溯。可按以下规则进行编码：单位代码+装置代码+单元号+专业代码+文件类型+流水号。如某对二甲苯装置及配套工程技术文件中有关施工组织设计/方案、人员资质报验、企业资质报验、工机具入场报验等，其报验文件编码为：FCC-PX02-106-G-FA-001，单位代码为FCC，装置代码（PX02）为第二套对二甲苯装置及配套工程，单元号为106，专业代码（G）为管道，文件类型（FA）为方案类，流水号为001。

第三节 交工技术文件编制及整理

参建单位应按照 SH/T 3503 要求，按照"谁设计谁负责，谁采购谁负责，谁施工谁负责"的原则对交工技术文件进行编制，并确保与工程同步形成。

一、交工技术文件的编制要求

（1）SH/T 3503 明确了交工文件的主要内容和各参建单位具体负责编制的范围。

（2）SH/T 3503 规定责任人员应用符合档案要求的书写工具签字确认，指交工技术文件涉及责任人（设计、施工、监理、建设等单位）签字，以及第三方签署的结论性意见，应采用碳素墨水、蓝黑墨水等耐久性强的书写材料进行签署确认，不能代签，不可采用红色墨水、纯蓝墨水、圆珠笔、复写纸、铅笔等易褪色的书写材料。这也是 GB/T 50328 对归档文件的书写材料的质量要求。另外，GB/T 50328 还规定工程文件的纸张应采用能长期保存的韧力大、耐久性强的纸张，70g 以上白色书写纸等。

（3）SH/T 3503 规定了检测报告和管道无损检测结果汇总表的要求。明确了交工技术文件的版面要求，包括字体、页边距，通常不要改动，以及电子版的要求。

（4）SH/T 3503 引入档案"案卷"概念，交工技术文件整理成果为规范的案卷，以达到交工技文件移交归档后可直接装盒入库上架的目的。

（5）按照 SH/T 350 要求，交工技术文件的编制单位按单项工程编制。施工文件、材料质量证明文件、设备出厂资料、竣工图应按专业分类。明确了交工文件按单项工程编制，以保持每个单项工程交工文件的完整性。

（6）按照 SH/T 3503 要求，一个单项工程交工技术文件由 8 部分组成。如某石化装置交工技术文件可参考图 2-17-2 组卷。

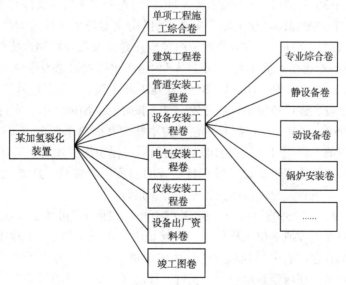

图 2-17-2 某石化装置交工技术文件组卷示意图

（7）按照 SH/T 3503 的要求，动设备安装工程安装记录可参考图 2-17-3 组卷。

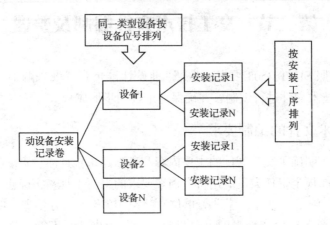

图 2-17-3　某项目设备安装工程动设备安装记录组卷示意图

二、通用表格填写要求

SH/T 3503—2017 附录 A（规范性附录）通用表共 45 张，主要表格的使用说明如下：

（1）A.1~A.2 SH/T 3503-J101A、B"封面"为石油化工建设工程项目交工技术文件案卷封面。其中"卷号"系根据档案管理规定编排的归档编号。

SH/T 3503-J101A、B 用作综合卷交工技术文件封面。实行工程总承包的工程项目填写表 J101B，未实行工程总承包的工程项目填写表 J101A。

"卷名"构成：一般为"单位工程+专业（可选项）+关键词+文件类型名称"。卷名应简明、准确地提示卷内文件内容，且具有唯一性。

（2）A.3 SH/T 3503-J102"交工技术文件总目录"编列在交工技术文件综合卷。"文件名称"栏内应填写各卷名，表中页数系指各卷的总页数。

（3）A.4 SH/T 3503-J103"交工技术文件目录"为卷的交工技术文件目录。

（4）A.5 SH/T 3503-J104"交工技术文件说明"由交工技术文件编制单位填写。说明交工技术文件编制依据、文件主要内容与相关内容所在卷以及需要特别说明的事项。表中"编制人"为施工单位各专业技术负责人，"审核人"为施工单位项目总工程师。

（5）A.6、A.7 SH/T 3503-J105A、B"工程施工开工报告"在工程开工前由施工单位填写，交监理单位审查，建设单位确认后签发，是考核合同工期的依据。实行工程总承包的工程项目填写表 J105B，由施工单位报总承包单位审核，并由总承包单位报送监理单位审查，未实行工程总承包的工程项目填写表 J105A。在填写过程中注意计划交工日期为合同约束的交工日期，开工日期和施工组织设计报审日期等的前后逻辑关系。J105 表可以作为项目单项工程的施工总开工报告，也可以作为各专业开工报告。

（6）A.8、A.9 SH/T 3503-J106A、B"工程中间交接证书"可作为单项工程的中间交接证书，也可作为单元工程或单位工程的中间交接证书。单项工程的"工程中间交接证书"编入交工技术文件综合卷。表中"接收意见"栏由建设单位填写，"质量监督意见"栏由工程质量监督站或总站直属的现场监督组填写。实行工程总承包的工程项目填写表 J106B，未实行工程总承包的工程项目填写表 J106A。

（7）A.10、A.11 SH/T 3503-J107A、B"工程交工验收证书"在工程进行投料试车生产出合格产品，并经过合同规定的性能考核期后签署。至此，施工承包单位完成合同规定的全部任务。实行工程总承包的工程项目填写表 J107B，未实行工程总承包的工程项目填写表 J107A。

"工程接收意见"栏由建设单位根据设计文件、合同规定的施工内容和试车情况阐明接收的意见；

"工程质量监督意见"栏由工程质量监督站填写，内容为监督单位对工程质量的结论评语。

（8）A.12、A.13 SH/T 3503-J108A、B"交工技术文件移交证书"为承包单位按合同规定日期向建设单位办理交工技术文件移交时签署的文件。实行工程总承包的工程项目填写表 J108B，未实行工程总承包的工程项目填写表 J108A。

（9）A.14 SH/T 3503-J109"重大质量事故处理报告"由事故责任方填写，表内各栏应简明扼要，并注明相关附件名称，各相关单位代表均应签字。签字栏中应加盖各单位公章，不是项目部章。

（10）A.15 SH/T 3503-J110"工程设计变更一览表"及相应设计变更，编入各专业工程卷、材料/设备质量证明卷等交工技术文件的综合卷中，表中"实施图号及变更要点"栏填写工程变更名称及简要内容。

（11）A.16 SH/T 3503-J111"工程联络单一览表"和联络单一起，编入各专业工程卷、材料/设备质量证明卷等交工技术文件的综合卷中，表中"联络单编号、事由、实施情况说明"逐一填写简要内容。

（12）A.17 SH/T 3503-J112"隐蔽工程验收记录"为各专业的通用表格，被后一工序覆盖的部位或被后续作业覆盖的工序均应填写隐蔽工程记录。"检查结果"栏由建设单位专业工程师或监理单位专业工程师填写。

（13）A.20 SH/T 3503-J115"合格焊工登记表"，工程开始施焊前，施工单位填报参加该工程焊接的焊工人数。"合格项目代号"栏应填写用于该工程焊接作业的合格项目代号。

（14）A.21 SH/T 3503-J116"无损检测人员登记表"，无损检测单位应在工程无损检测作业前填写此表，"合格项目代号"为用于该工程的无损检测项目代号。

（15）A.22 SH/T 3503-J117"开箱检验记录"，由采购单位填写。填写时应注意：①参加检验的单位均应检验，并对检验结果达成一致。②施工单位重点检验设备外观、几何尺寸、有无损伤部位等；总包或采购单位重点审核是否符合订货协议及备品备件等。③如检验发现有问题可以增加附件记录。

（16）A.23 SH/T 3503-J118"防腐工程质量验收记录"适用于设备、管道及钢结构等工程的内、外表面防腐，同一防腐类型的设备、管道或钢结构等工程可填写在一张表格内。"防腐前表面状态"栏填写钢材表面除锈等级；"防腐部位"栏填写设备位号、管线号或钢结构编号；"防腐层结构及要求"栏填写设计文件规定的结构形式及主要质量要求；"检查结果"栏由施工单位质量检查员填写"合格"或"不合格"。

"验收结论"栏由建设/监理单位填写检查验收意见。

（17）A.24 SH/T 3503-J119"隔热工程质量验收记录"适用于设备、管道等工程的保温或保冷，同一隔热结构类型的设备或管道填写在同一张表格内。"隔热部位"栏填写设备位号或管线号；"隔热结构"栏填写设计文件规定的结构形式；"检查结果"栏由施工单位质量检查员填写"合格"或"不合格"；"验收结论"栏由建设/监理单位专业工程师填写。

（18）A.27 SH/T 3503-J122"接地电阻测量记录"，"接地电阻测量记录"栏由施工单位测量人员填写，"测量结论"栏由建设/监理单位专业工程师填写。

（19）A.28 SH/T 3503-J123"安全阀调整试验记录"，由试验单位填写。调整试验时，启闭试验不得少于3次。委托单位在和试验单位签署服务合同时，要明确采用该表格的形式。

（20）A.29 SH/T 3503-J124"安全附件安装检验记录"，安全附件包括安全阀、爆破片装置、紧急切断装置等。

安全阀安装就位后，安全阀(爆破片装置)与压力容器之间的切断阀必须处于全开位置并加铅封锁定，并将检验结果填入表中"检查结果"栏，注明"合格/不合格"。

（21）A.30~A.35 SH/T 3503-J125~J127"材料及配件超声检测报告""材料及配件磁粉检测报告""材料及配件渗透检测报告"中的"缺陷情况或缺陷示意图编号"栏存在缺陷时填写，对有缺陷示意图的要填写示意图编号，对无缺陷示意图的要填写缺陷性质和大小。"质量证明文件编号"和"炉/批号"栏，存在时填写。

超声检测使用多种探头时，应编号并在报告中一一列出，通过探头序号与试块及检测部位相对应，探头及其调试栏可视探头数量增减其行数。

磁粉/渗透检测报告中的"检测面"栏，填写内表面、外表面，对没有内表面的检件填写"表面"以示区别。

（22）A.36~A.39 SH/T 3503-J128~J130"超声测厚报告""金属材料化学成分检验报告""硬度检测报告""检测(验)部位编号"栏所填写的内容要具有可追溯性，编号与被检测工件、检测部位要有关联性并有唯一性。"验收标准"栏填写相应的产品标准(材料检测时)或施工质量验收规范(施工过程检测时)。对在一个工件(部件)上检测多点时，要附图示意检测部位，管道设备上检测时可用轴测图、设备图代替或在图上标示。

"金属材料化学成分检验报告"中"质量证明文件编号/炉批号"栏优先填写炉批号，对无炉批号的材料可填写质量证明文件编号，对检验管道上的焊口等类似部位时此栏空白。

（23）A.42~A.43 SH/T 3503-J132~J132-1"材料质量证明文件一览表"及续表中领用单位的材料工程师，为单位现场质量管理体系任命的相关责任人员。

（24）A.44 SH/T 3503-J133"_____安装检查记录"，各专业、各种综合检查、专项检查均可使用，附件涵盖更多内容。

（25）A.45 SH/T 3503-J134"工程影像记录表"是各专业在隐蔽记录表中无法表述，为工程资料的可追溯性设置。可以拍摄工程实体情况，也可以拍摄检查、验收人员和检查验收过程。

第四节　施工过程技术文件编制及整理

SH/T 3543明确了施工过程技术文件的编制、整理及归档要求。

一、施工过程技术文件的编制与整理

（1）SH/T 3543 明确了施工过程技术文件的归档范围。

（2）SH/T 3543 条施工过程技术文件的存档若为复制件，应注明原件存于何处，并加盖施工单位项目部印章。如焊工、起重工、调试人员资格证书复印件要加盖项目部红章，注明原件存放的位置。

（3）SH/T 3543 明确施工单位对施工过程技术文件的编制与整理要求，以及施工过程中形成的质量记录的用表格式要求、整理与组卷的要求。

二、通用表格填写要求

SH/T 3543-2017 附录 A 通用表格 30 张，主要表格的使用说明如下：

（1）A.1 SH/T 3543-G101"封面"用于石油化工建设工程项目施工过程技术文件卷首页。

（2）A.3 SH/T 3543-G103"施工过程技术文件目录"为建设工程项目的施工过程文件目录，编列在施工过程技术文件卷首的次页。

（3）A.4 SH/T 3543-G104"施工过程技术文件编制说明"，由文件的编写人填写。说明施工过程文件的编写依据、文件的概况、文件主要内容和相关文件所在卷以及工程施工中需要特别说明的事项。

（4）A.5 SH/T 3543-G105"施工过程技术文件归档移交证书"为项目部施工过程文件编制人向档案部门接收人移交时签署的文件，该表编入施工过程技术文件的第 1 卷(综合卷)。

（5）A.6 SH/T 3543-G106"质量体系人员登记表"用于在工程项目上 GB/T 19001—2016《质量管理体系要求》和 TSG Z0004—2007《特种设备制造、安装、改造、维修质量保证体系要求》的责任人员的登记，责任人员发生变动时，应及时补办任命手续并进行重新登记或将变更情况记录在登记表里。

（6）A.7 SH/T 3543-G107"特种设备作业人员登记表"，根据原《国家质量监督检验检疫总局关于修改<特种设备作业人员监督管理办法>的决定》(质检总局令第 140 号)(2011 年 5 月 3 日)和《特种设备作业人员作业种类与项目》(质检总局公告 2011 年第 95 号)规定的锅炉、压力容器、压力管道、电梯、起重机械、场(厂)内机动车辆等特种设备的作业人员及其相关管理人员统称特种设备作业人员。特种设备作业人员应经考核合格取得"特种设备作业人员证"方可从事相应的作业或管理工作，包括特种设备生产(安装、改造及维修)和使用两个领域的人员，一是特种设备操作人员，如电梯作业、起重机械作业、场(厂)内机动车辆、锅炉作业、压力容器作业、压力管道作业等人员；二是特种设备生产(安装、改造及维修)，如焊接、无损检测、起重机机械与电气安装维修等作业人员；三是特种设备管理人员。取得《特种设备作业人员证》的人员，应登记此表。

（7）A.8 SH/T 3543-G108"特殊工种作业人员登记表"，根据《特种作业人员安全技术培训考核管理规定》(原国家安全生产监督管理总局令第 30 号)，特种作业人员需要经过考试合格并取得证书才能上岗作业，如电工作业、金属焊接切割、起重机械作业和登高作业等作业人员。

（8）A.9 SH/T 3543-G109"周期检定计量器具清单"施工人员使用的计量器具，应按所对应的国家检定规程规定进行检定/校准。

（9）A.10 SH/T 3543-G110"施工图核查记录"，设计交底前，施工单位由专业技术负责人组织专业工程师进行的图纸核查，填写此表。在工程不同阶段，不同专业可能进行多次"施工图核查"，均应填写此表存档。其中参加核查人员应是项目质量管理体系和项目特种设备质保体系相关责任人员填写。

（10）A.11 SH/T 3543-G111"技术交底记录"，项目部专业工程师向施工作业人员进行的技术交底填写此表。表格不够可采用附表的形式。

（11）A.12 SH/T 3543-G112"工序交接记录"，土建基础完工后向设备、管道、电气、仪表等安装单位的交接，机器设备安装完毕向管道安装单位的交接等各专业工程之间的交接均应填写此表。"组织交接单位/部门"栏根据参建单位的组织形式，可为监理单位，也可以是建设单位或施工单位的管理部门，如技术质量部门或工程管理部门。

（12）A.13 SH/T 3543-G113"质量控制点检查记录"，由施工单位的质量检查部门进行检查的 C 级质量控制点填写此表，A、B 级质量控制点应按 SH/T 3903 规定的有关用表填写。

（13）A.14 SH/T 3543-G114"二次灌浆记录"，二次灌浆指设备、钢结构等的底座与基础(或钢结构柱底板与基础)之间的灌浆。"灌浆料种类"栏应填写型号(标号)与名称，如 C30 细石混凝土等。"配合比"栏填写水、水泥、砂子和石子或水与专用灌浆料的配合比。

（14）A.15~A.21 SH/T 3543-G115~G121 是焊接作业的过程质量控制记录资料，涉及的专业有管道、仪表等相关专业，土建、设备专业如有焊接一并执行。

（15）A.22 SH/T 3543-J122"＿＿＿＿施工检查记录"表格，各专业、各种综合检查、专项检查均可使用。

（16）A.23 SH/T 3543-G123"＿＿＿＿试验/调校记录"为通用表，作为相关专业用表的一种补充，可根据需要自行设置格式。

（17）A.24~A.27 SH/T 3543-G124~G127 是射线、超声、磁粉、渗透 4 种通用无损检测方法的过程记录，按照在可控的前提下尽量简化的原则，将检测工艺卡结合到检测记录中，同时对与工艺卡不一致的偏离情况、实际检测与委托不一致的情况、未完成检测的情况进行重点记录。

附录一 石油化工工程建设国家标准、行业标准(施工)现行目录

序号	标准编号	标准名称	替代标准编号	实施日期	主编单位
1	GB 50156—2012 (2018 局部修订)	汽车加油加气站设计与施工规范	GB 50156—2012	2014-7-29	中国石化工程建设有限公司
2	GB 50461—2008	石油化工静设备安装工程施工质量验收规范	—	2009-5-1	中国石化集团第四建设公司
3	GB 50474—2008	隔热耐磨衬里技术规范	—	2009-7-1	天津金耐达筑炉衬里有限公司/中国石化集团洛阳石油化工工程公司
4	GB/T 50484—2019	石油化工建设工程施工安全技术标准	GB 50484—2008	2019-12-1	中石化第五建设有限公司
5	GB 50517—2010	石油化工金属管道工程施工质量验收规范	—	2010-12-1	中国石化集团第十建设公司
6	GB 50645—2011	石油化工绝热工程施工质量验收规范	—	2012-5-1	中国石化集团第四建设公司
7	GB 50650—2011	石油化工装置防雷设计规范	—	2011-12-1	中国石化工程建设公司
8	GB 50690—2011	石油化工非金属管道工程施工质量验收规范	—	2012-6-1	胜利油田胜利石油化工建设有限责任公司
9	GB 50798—2012	石油化工大型设备吊装工程规范	—	2012-12-1	中石化宁波工程有限公司/中石化第十建设有限公司
10	GB 50996—2014	地下水封石洞油库施工及验收规范	—	2015-2-1	中铁隧道集团有限公司
11	GB/T 51384—2019	石油化工大型设备吊装现场地基处理技术标准	—	2019-12-1	中石化重型起重运输工程有限责任公司/中石化宁波工程有限公司
12	SH/T 3500—2016	石油化工工程质量监督规范	—	2016-7-1	石油化工工程质量监督总站
13	SH 3501—2011	石油化工有毒、可燃介质钢制管道工程施工及验收规范	SH 3501—2002	2011-6-1	中国石化集团第十建设公司/中国石化集团第五建设公司

序号	标准编号	标准名称	替代标准编号	实施日期	主编单位
14	SH/T 3502—2009	钛和锆管道施工及验收规范	SH 3502—2000	2010-6-1	北京燕华建筑安装工程有限责任公司
15	SH/T 3503—2017	石油化工建设工程项目交工技术文件规定	SH/T 3503—2007	2018-1-1	石油化工工程质量监督总站燕山石化分站/中石化第四建设有限公司
16	SH/T 3504—2014	石油化工隔热耐磨衬里设备和管道施工质量验收规范	SH/T 3504—2009	2014-11-1	中石化第四建设有限公司
17	SH/T 3506—2020	管式炉安装工程施工及验收规范	SH/T 3506—2007	待公告	中国石化集团第十建设公司
18	SH/T 3507—2011	石油化工钢结构工程施工质量验收规范	SH/T 3507—2005	2011-6-1	中国石化集团宁波工程有限公司
19	SH/T 3510—2017	石油化工设备混凝土基础工程施工质量验收规范	SH/T 3510—2011	2018-1-1	中石化第十建设有限公司
20	SH/T 3511—2020	石油化工乙烯裂解炉和制氢转化炉施工技术规程	SH/T 3511—2007	待公告	中国石化集团第十建设公司
21	SH/T 3512—2011	石油化工球形储罐施工技术规程	SH/T 3512—2012	2011-6-1	中国石化集团第十建设公司
22	SH/T 3513—2019	立式圆筒形料仓施工及验收规范	SH/T 3513—2009、SH/T 3605—2009	2020-1-1	中石化第四建设有限公司
23	SH/T 3515—2017	石油化工大型设备吊装工程施工技术规程	SH/T 3515—2003	2017-10-1	中石化第十建设有限公司
24	SH/T 3516—2012	催化裂化装置轴流压缩机-烟气轮机能量回收机组施工及验收规范	SH/T 3516—2001	2013-3-1	中石化第十建设有限公司
25	SH/T 3517—2013	石油化工钢制管道工程施工技术规程	SH/T 3517—2001	2014-3-1	中石化第五建设有限公司
26	SH 3518—2013	石油化工阀门检验与管理规范	SH 3518—2000	2014-3-1	中石化第十建设有限公司
27	SH/T 3519—2013	乙烯装置离心压缩机组施工及验收规范	SH/T 3519—2012	2014-3-1	中石化第十建设有限公司
28	SH/T 3520—2015	石油化工铬钼钢焊接规范	SH/T 3520—2004	2015-5-1	北京燕华工程建设有限公司
29	SH/T 3521—2013	石油化工仪表工程施工技术规程	SH/T 3521—2007	2014-3-1	中石化第十建设有限公司
30	SH/T 3522—2017	石油化工绝热工程施工技术规程	SH/T 3522—2003	2018-1-1	中石化第四建设有限公司
31	SH/T 3523—2009	石油化工铬镍不锈钢、铁镍合金和镍合金焊接规程	SH/T 3523—1999	2010-6-1	北京燕华建筑安装工程有限责任公司

续表

序号	标准编号	标准名称	替代标准编号	实施日期	主编单位
32	SH/T 3524—2009	石油化工静设备现场组焊技术规程	SH 3524—1999	2010-6-1	中国石化集团第二建设公司
33	SH/T 3525—2015	石油化工低温钢焊接规范	SH/T 3525—2004	2015-5-1	中石化第十建设有限公司/惠生工程（中国）有限公司
34	SH/T 3526—2015	石油化工异种钢焊接规范	SH/T 3526—2004	2015-5-1	中石化第四建设有限公司
35	SH/T 3527—2009	石油化工不锈钢复合钢焊接规程	SH 3527—1999	2010-6-1	中国石化集团第四建设公司
36	SH/T 3528—2014	石油化工钢制储罐地基与基础施工及验收规范	SH/T 3528—2005	2014-11-1	中石化第四建设有限公司
37	SH/T 3529—2018	石油化工厂区竖向工程施工及验收规范	SH/T 3529—2005	2019-1-1	中石化南京工程有限公司
38	SH/T 3530—2011	石油化工立式圆筒形钢制储罐施工技术规程	SH/T 3530—2001	2011-6-1	中国石化集团第四建设公司
39	SH/T 3533—2013	石油化工给水排水管道工程施工及验收规范	SH 3533—2003	2014-3-1	中石化南京工程有限公司
40	SH/T 3534—2012	石油化工筑炉工程施工质量验收规范	SH 3534—2001	2013-3-1	天津金耐达筑炉衬里有限公司
41	SH/T 3535—2012	石油化工混凝土水池工程施工及验收规范	SH/T 3535—2002	2013-3-1	天津众业石化建筑安装工程有限公司
42	SH/T 3536—2011	石油化工工程起重施工规范	SH/T 3536—2002	2011-6-1	中国石化集团第四建设公司
43	SH/T 3537—2009	立式圆筒形低温储罐施工技术规程	SH 3537—2002	2010-6-1	中国石化集团第二建设公司
44	SH/T 3538—2017	石油化工机器设备安装工程施工及验收通用规范	SH/T 3538—2005	2017-10-1	北京燕华工程建设有限公司
45	SH/T 3539—2019	石油化工离心式压缩机组施工及验收规范	SH/T 3539—2007	2020-1-1	中石化南京工程有限公司
46	SH/T 3540—2018	钢制冷换设备管束防腐涂层及涂装技术规范	SH/T 3540—2007	2019-1-1	中国石化工程建设有限公司
47	SH/T 3541—2007	石油化工泵组施工及验收规范	—	2007-7-1	中国石化集团公司第十建设公司
48	SH/T 3542—2007	石油化工静设备安装工程施工技术规程	—	2008-5-1	中国石化集团第四建设公司
49	SH/T 3543—2017	石油化工建设工程项目施工过程技术文件规定	SH/T 3543—2007	2018-1-1	石油化工工程质量监督总站燕山石化分站/中石化第四建设有限公司

序号	标准编号	标准名称	替代标准编号	实施日期	主编单位
50	SH/T 3544—2009	石油化工对置式往复压缩机组施工及验收规范	—	2010-6-1	中国石化集团宁波工程有限公司
51	SH/T 3545—2011	石油化工管道无损检测标准	—	2011-6-1	南京金陵检测工程有限公司
52	SH/T 3546—2011	石油化工夹套管施工及验收规范	—	2011-6-1	中国石化集团第十建设公司
53	SH/T 3547—2011	石油化工设备和管道化学清洗施工及验收规范	—	2011-6-1	中国石化集团第十建设公司
54	SH/T 3548—2011	石油化工涂料防腐蚀工程施工质量验收规范	—	2011-6-1	中国石化集团宁波工程有限公司
55	SH/T 3549—2012	酸性环境可燃流体输送管道施工及验收规范	—	2013-3-1	中石化第十建设有限公司
56	SH/T 3550—2012	石油化工建设工程项目施工技术文件编制规范	—	2013-3-1	中石化第四建设有限公司
57	SH/T 3551—2013	石油化工仪表工程施工质量验收规范	—	2014-3-1	中石化第十建设有限公司
58	SH/T 3552—2013	石油化工电气工程施工质量验收规范	—	2014-3-1	中石化宁波工程有限公司
59	SH/T 3553—2013	石油化工汽轮机施工及验收规范	—	2014-3-1	中石化南京工程有限公司
60	SH/T 3554—2013	石油化工钢制管道焊接热处理规范	—	2014-3-1	中石化宁波工程有限公司
61	SH/T 3555—2014	石油化工工程钢脚手架搭设安全技术规范	—	2014-11-1	中石化第四建设有限公司/天津星源石化工程有限公司
62	SH/T 3556—2015	石油化工工程临时用电配电箱安全技术规范	—	2015-5-1	中石化炼化工程(集团)股份有限公司
63	SH/T 3557—2015	石油化工大型设备运输施工规范	—	2015-5-1	中石化宁波工程有限公司/中创物流股份有限公司
64	SH/T 3558—2016	石油化工工程焊接通用规范	—	2016-7-1	石油化工工程质量监督总站燕山石化分站
65	SH/T 3559—2017	石油化工循环流化床锅炉施工及验收规范	—	2017-10-1	中石化第五建设有限公司
66	SH/T 3560—2017	石油化工立式圆筒形低温储罐施工质量验收规范	—	2017-10-1	中石化南京工程有限公司
67	SH/T 3561—2017	液化天然气(LNG)全容式钢制内罐组焊技术规范	—	2017-10-1	中石化第十建设有限公司

续表

序号	标准编号	标准名称	替代标准编号	实施日期	主编单位
68	SH/T 3562—2017	石油化工管道工厂化预制加工及验收规范	—	2017-10-1	中石化第十建设有限公司
69	SH/T 3563—2017	石油化工电信工程施工及验收规范	—	2018-1-1	中石化第四建设有限公司
70	SH/T 3564—2017	全容式低温储罐混凝土外罐施工及验收规范	—	2018-1-1	中石化第十建设有限公司
71	SH/T 3565—2018	X80级钢管道施工及验收规范	—	2018-7-1	中石化第十建设有限公司
72	SH/T 3566—2018	石油化工设备吊装用吊盖技术规范	—	2019-1-1	中石化宁波工程有限公司
73	SH/T 3567—2018	石油化工工程高处作业技术规范	—	2019-7-1	中石化第四建设有限公司/湖南星邦重工有限公司
74	SH/T 3568—2019	石油化工火灾自动报警系统施工及验收标准	—	2020-7-1	中石化南京工程有限公司
75	SH/T 3601—2009	催化裂化装置反应再生系统设备施工技术规程	—	2010-6-1	中国石化集团第四建设公司
76	SH/T 3602—2009	石油化工管式炉用燃烧器试验检测规程	—	2010-6-1	中国石化工程建设公司
77	SH/T 3603—2019	石油化工钢结构防腐蚀涂料应用技术规程	SH/T 3603—2009	2020-4-1	中石化上海工程有限公司
78	SH/T 3604—2019	石油化工灌浆材料应用技术规程	SH/T 3604—2009	2020-4-1	中石化上海工程有限公司
79	SH/T 3605—2009	石油化工铝制料仓施工技术规程	—	2010-6-1	中国石化集团第四建设公司
80	SH/T 3606—2011	石油化工涂料防腐蚀工程施工技术规程	—	2011-6-1	中国石化集团宁波工程有限公司
81	SH/T 3607—2011	石油化工钢结构工程施工技术规程	—	2011-6-1	中国石化集团宁波工程有限公司
82	SH/T 3608—2011	石油化工设备混凝土基础工程施工技术规程	—	2011-6-1	中国石化集团第十建设公司
83	SH/T 3609—2011	石油化工隔热耐磨衬里施工技术规程	—	2011-6-1	中国石化集团第四建设公司/天津金耐达筑炉衬里有限公司
84	SH/T 3610—2012	石油化工筑炉工程施工技术规程	—	2013-3-1	天津金耐达筑炉衬里有限公司
85	SH/T 3611—2012	酸性环境可燃流体输送管道焊接规程	—	2013-3-1	中石化第十建设有限公司

序号	标准编号	标准名称	替代标准编号	实施日期	主编单位
86	SH 3612—2013	石油化工电气工程施工技术规程	—	2014-3-1	中石化第四建设有限公司
87	SH/T 3613—2013	石油化工非金属管道工程施工技术规程	—	2014-3-1	中石化第五建设有限公司
88	SH/T 3902—2014	石油化工配管工程常用缩略语	SH/T 3902—2004	2015-6-1	中石化洛阳工程有限公司
89	SH/T 3903—2017	石油化工建设工程项目监理规范	SH/T 3903—2004	2017-10-1	南京扬子石化工程监理有限责任公司/中石化第四建设有限公司
90	SH/T 3904—2014	石油化工建设工程项目竣工验收规定	SH/T 3904—2005	2015-6-1	石油化工工程质量监督总站燕山石化分站
91	SH/T 3905—2007	石油化工企业地下管网管理工作导则	—	2008-5-1	中国石油化工股份公司洛阳分公司

附录二 石油化工工程建设国家标准、行业标准英文版目录（统计截至 2019 年底）

序号	标准编号	标准名称	标准英文名称	主编单位
1	GB 50393—2008	钢质石油储罐防腐蚀工程技术规范	Technical code for anticorrosive engineering of the steel petroleum tank	中国石化集团洛阳石油化工工程公司
2	GB 50453—2008	石油化工建（构）筑物抗震设防分类标准	Standard for classification of seismic protection of buildings and special structures in petrochemical engineering	中国石化工程建设公司
3	GB 50455—2008	地下水封石洞油库设计规范	Code for design of underground oil storage in rock caverns	青岛英派尔化学工程公司
4	GB 50473—2008	钢制储罐地基基础设计规范	Code for design of steel tank foundation	中国石化工程建设公司
5	GB 50474—2008	隔热耐磨衬里技术规范	Technical code for heat-insulation and wear-resistant linings	天津金耐达筑炉衬里有限公司／中国石化集团洛阳石油化工工程公司
6	GB 50475—2008	石油化工全厂性仓库及堆场设计规范	Code for design of general warehouse and lay down area of petrochemical industry	镇海石化工程有限责任公司
7	GB 50493—2009	石油化工可燃气体和有毒气体检测报警设计规范	Code for design of combustible gas and toxic gas detection and alarm for petrochemical industry	中国石化集团洛阳石油化工工程公司
8	GB 50507—2010	铁路罐车清洗设施设计规范	Code for design of railway tank wagon cleaning facilities	中国石化集团洛阳石油化工工程公司
9	GB 50517—2010	石油化工金属管道工程施工质量验收规范	Code for construction quality acceptance of metallic piping in petrochemical engineering	中国石化集团第十建设公司
10	GB 50542—2009	石油化工厂区管线综合技术规范	Technical code for pipelines coordination in petrochemical plant	中国石油化工股份有限公司洛阳分公司
11	GB/T 50609—2010	石油化工工厂信息系统设计规范	Code for design of plant information system in petrochemical industry	中国石化工程建设公司
12	GB 50645—2011	石油化工绝热工程施工质量验收规范	Code for construction quality acceptance of insulation in petrochemical engineering	中国石化集团第四建设公司
13	GB 50650—2011	石油化工装置防雷设计规范	Code for design of protection of petrochemical plant against lightning	中国石化工程建设公司

序号	标准编号	标准名称	标准英文名称	主编单位
14	GB 50690—2011	石油化工非金属管道施工质量验收规范	Code for construction quality acceptance of non-metallic piping engineering in petrochemical engineering	胜利油田胜利石油化工建设有限责任公司
15	GB/T 50770—2013	石油化工安全仪表系统设计规范	Code for design of safety instrumented system in petrochemical engineering	中国石化工程建设有限公司
16	GB 50813—2012	石油化工粉体料仓防静电燃爆设计规范	Code for design of static explosion prevention in petrochemical particulate solids material silo	中石化南京工程有限公司
17	GB/T 50933—2013	石油化工装置设计文件编制标准	Authorized specification for plant design document in petrochemical engineering	中国石化工程建设有限公司
18	GB/T 50934—2013	石油化工工程防渗技术规范	Technical code for seepage prevention in petrochemical engineering	中石化洛阳工程有限公司
19	GB/T 50938—2013	石油化工钢制低温储罐技术规范	Technical code for low temperature storage steel tanks in petrochemical engineering	中石化洛阳工程有限公司
20	GB 50984—2014	石油化工工厂布置设计规范	Code for design of plant layout in petrochemical engineering	中国石化工程建设有限公司/中石化洛阳工程有限公司
21	GB 51006—2014	石油化工建(构)筑物荷载规范	Standard for aseismatic appraisal of electrical facilities in industrial plants	中国石化工程建设有限公司
22	GB/T 51007—2014	石油化工用机泵工程设计规范	Engineering code for rotary machines in petrochemical industries	中石化上海工程有限公司
23	GB 50996—2014	地下水封石洞油库施工及验收规范	Code for construction and acceptance of underground oil storage in rock caverns	中铁隧道集团有限公司
24	GB/T 51026—2014	石油库设计文件编制标准	Standard for compilation of the design document of oil depot	中石化洛阳工程有限公司
25	GB 50484—2008	石油化工建设工程施工安全技术标准	Technical standard for construction safety in petrochemical engineering	中石化第五建设有限公司
26	GB/T 51027—2014	石油化工企业总图制图标准	Standard for general layout drawings in petrochemical industry	中石化洛阳工程有限公司
27	GB/T 51175—2016	炼油装置火焰加热炉工程技术规范	The technical specification of refining fired heater	中国石化工程建设有限公司
28	SH/T 3004—2011	石油化工采暖通风与空气调节设计规范	Design specification for heating, ventilation and air conditioning in petrochemical engineering	中国石化集团宁波工程有限公司
29	SH/T 3006—2012	石油化工控制室设计规范	Design specification for control room in petrochemical industry	中石化宁波工程有限公司

续表

序号	标准编号	标准名称	标准英文名称	主编单位
30	SH 3011—2011	石油化工工艺装置布置设计规范	Specification for design of process plant layout in petrochemical engineering	中国石化工程建设公司
31	SH 3012—2011	石油化工金属管道布置设计规范	Specification for design of metallic piping layout in petrochemical engineering	中国石化工程建设公司
32	SH 3034—2012	石油化工给水排水管道设计规范	Specification for design of water supply and wastewater piping in petrochemical industry	中石化宁波工程有限公司
33	SH/T 3059—2012	石油化工管道设计器材选用规范	Specification for piping material design selection in petrochemical industry	中国石化工程建设有限公司
34	SH/T 3077—2012	石油化工钢结构冷换框架设计规范	Design specification for steel frames supporting coolers and exchangers in petrochemical industry	中国石化工程建设有限公司
35	SH/T 3079—2012	石油化工焦炭塔框架设计规范	Design specification for frame structure of coke column in petrochemical industry	中国石化工程建设有限公司
36	SH/T 3088—2012	石油化工塔盘技术规范	Technical specification of tower trays in petrochemical industry	中国石化工程建设有限公司
37	SH/T 3091—2012	石油化工压缩机基础设计规范	Design specification for compressor foundation in petrochemical industry	中国石化工程建设有限公司
38	SH/T 3096—2012	高硫原油加工装置设备和管道设计选材导则	Material selection guideline for design of equipment and piping in units processing sulfur crude oils	中石化洛阳工程有限公司
39	SH/T 3098—2011	石油化工塔器设计规范	Specification for design of column in petrochemical engineering	中国石化集团宁波工程有限公司
40	SH/T 3129—2012	高酸原油加工装置设备和管道设计选材导则	Material selection guideline for design of equipment and piping in units processing acid crude oils	中石化洛阳工程有限公司
41	SH/T 3139—2011	石油化工重载荷离心泵工程技术规范	Technical specification of centrifugal pumps for heavy duty services in petrochemical engineering	中国石化集团上海工程有限公司
42	SH/T 3140—2011	石油化工中、轻载荷离心泵工程技术规范	Technical specification of centrifugal pumps for medium and light duty services in petrochemical engineering	中国石化集团上海工程有限公司
43	SH/T 3143—2012	石油化工往复压缩机工程技术规范	Technical specification for reciprocating compressor in petrochemical industry	中石化洛阳工程有限公司
44	SH/T 3162—2011	石油化工液环真空泵和压缩机工程技术规范	Technical specification of liquid ring vacuum pumps and compressors in petrochemical engineering	中国石化集团宁波工程有限公司
45	SH/T 3163—2011	石油化工静设备分类标准	Specification for classification of static equipment in petrochemical engineering	大庆石化工程有限公司

序号	标准编号	标准名称	标准英文名称	主编单位
46	SH/T 3165—2011	石油化工粉体工程设计规范	Design specification of material handling in petrochemical engineering	中国石化集团上海工程有限公司
47	SH/T 3166—2011	石油化工管式炉烟风道结构设计规范	Design specification for flue gas & air ducts of tubular heater in petrochemical engineering	南京金凌石化工程设计有限公司
48	SH/T 3167—2012	钢制焊接低压储罐	Steel welded, low-pressure storage tanks	中国石化工程建设有限公司
49	SH/T 3169—2012	长输油气管道站场布置规范	Specification for general layout of oil and gas pipeline station	中国石油天然气管道工程有限公司
50	SH/T 3171—2011	石油化工挠性联轴器工程技术规范	Technical specification of flexible coupling in petrochemical engineering	中国石化集团洛阳石油化工工程公司
51	SH/T 3405—2017	石油化工钢管尺寸系列	Series of steel pipe size in petrochemical industry	中石化洛阳工程有限公司
52	SH/T 3408—2012	石油化工钢制对焊管件	Steel butt-welding pipe fittings in petrochemical industry	中石化洛阳工程有限公司
53	SH/T 3410—2012	石油化工锻钢制承插焊和螺纹管件	Forged steel socket-welded and threaded fittings in petrochemical industry	中石化洛阳工程有限公司
54	SH/T 3516—2012	催化裂化装置轴流压缩机‑烟气轮机能量回收机组施工及验收规范	Specification for construction and acceptance of axial compressor-flue gas expander energy recovery unit in flow catalytic cracking unit	中石化第十建设有限公司
55	SH/T 3536—2011	石油化工工程起重施工规范	Specification for lifting in petrochemical industry	中国石化集团第四建设公司
56	SH/T 3548—2011	石油化工涂料防腐蚀工程施工质量验收规范	Acceptance specification for construction quality of anticorrosive coating in petrochemical industry	中国石化集团宁波工程有限公司
57	SH/T 3550—2012	石油化工建设工程项目施工技术文件编制规范	Specification for preparation of technical documentation in petrochemical construction projects	中石化第四建设有限公司